와인 애호가들을 위한 김만홍의 세 번째 이야기

12일 만에 끝내는
세계 와인의 모든 것

3

와인 애호가들을 위한 김만홍의 세 번째 이야기

12일 만에 끝내는 세계 와인의 모든 것 3 신세계 와인

1판 1쇄 발행 2023년 5월 30일

지은이 김만홍·이종화
펴낸이 정태욱 | 펴낸곳 여백출판사

총괄기획 김태윤 | 편집 안승철 | 마케팅 김미선

출판등록 2019년 11월 25일(제2019-000265호)
주소 서울시 성동구 한림말길 53, 4층 [04735]
전화 02-798-2368 | 팩스 02-6442-2296
이메일 ybbook1812@naver.com

ISBN 979-11-90946-27-8 14590
ISBN 979-11-90946-20-9 14590 (전3권)

와인 애호가들을 위한 김만홍의 세 번째 이야기

12일 만에 끝내는 세계 와인의 모든 것

신세계 와인

김만홍 · 이종화 공저

여백

3권 차례

6일차

**유럽 전통 국가의
강력한 라이벌, 미국**

USA

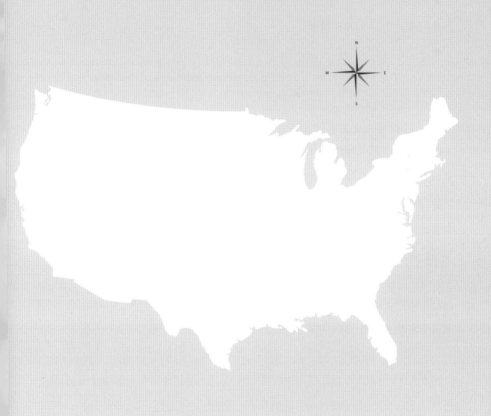

국은 프랑스, 이탈리아, 스페인에 이어 와인 생산량 4위를 차지하고 있는 주요 생산국이자, 가장 요한 소비 시장 중 하나이기도 합니다. 신세계 국가 중에서도 가장 많은 생산량을 자랑하고 있는 국은 와인 생산량의 대부분이 서해안 연안에 위치한 캘리포니아와 오리건, 워싱턴의 3개 주에서 산되고 있는데, 특히 캘리포니아 주는 미국 와인의 전체 생산량에 85%를 차지하고 있습니다.

01 미국 와인의 개요

◆ 북위 33~48도의 서해안에 와인 산지가 분포

◆ 재배 면적 : 441,000헥타르

◆ 생산량 : 23,300,000헥토리터

[International Organisation of Vine and Wine 2017년 자료 인용]

미국은 북아메리카 대륙의 캐나다와 멕시코 사이에 위치한 나라로, 동쪽으로 대서양, 서쪽으로 태평양, 남쪽으로는 멕시코와 카리브해, 북쪽에는 캐나다와 북극을 접하고 있는 광대한 영토를 자랑합니다. 신세계 와인 산지 중 선두주자인 미국은 유럽의 다른 와인 산지에 비해 비교적 짧은 와인 역사를 가지고 있습니다. 1619년경 유럽계 포도를 사용해 버지니아 주에서 최초로 와인 양조가 시도되었고, 1779년경 프란치스코회 수도사들에 의해 캘리포니아 주에서 처음으로 와인 양조가 시작되었습니다. 대략 400년 전부터 와인을 생산해왔지만, 본격적으로 와인 산업이 발전하기 시작한 것은 제2차 세계대전 이후였습니다. 또한 미국 와인이 세계 와인 시장에서 주목 받은 시기는 1970년대 후반으로 비교적 최근의 일입니다.

1976년 개최된 파리의 심판The Judgement of Paris을 계기로 미국 와인, 특히 캘리포니아 와인은 세계 유수의 와인과 어깨를 나란히 하며 미국 와인의 우수성을 알리게 되었습니다. 파리의 심판은 영국 와인 전문가 스티븐 스퍼리어Steven Spurrier에 의해 개최된 행사로, 당시 무명의 캘리포니아 와인과 프랑스 최고급 와인을 블라인드 테이스팅으로 비교 시음하는 행사였습니다. 미국에도 나름대로 뛰어난 와인이 있다는 것을 세상에 알릴 목적으로 시작된 행사는 미국 와인이 프랑스 와인을 제치고 화이트 와인과 레드 와인 부문에서 1위를 차지하는 순간 희대의 사건으로 발전하였고, 미국 와인을 일약 스타로 만들어주었습니다.

미국 와인은 파리의 심판이라는 역사적인 행사 이후, 세계적인 위상과 함께 고품질 와인 생산국의 이미지를 얻게 되었습니다. 또한 현재 프랑스와 어깨를 나란히 할 정도의 높은 품질 평가를 받고 있으며 가격적인 면에서도 뒤지지 않을 정도로 높아지고 있습니다.

캘리포니아 주를 중심으로 발전한 미국 와인

미국은 프랑스, 이탈리아, 스페인에 이어 와인 생산량 4위를 차지하고 있는 주요 생산국이자, 가장 중요한 소비 시장 중 하나이기도 합니다. 신세계 국가 중에서도 가장 많은 생산량을 자랑하고 있는 미국은 와인 생산량의 대부분이 서해안 연안에 위치한 캘리포니아, 오리건, 워싱턴의 3개 주에서 생산되고 있는데, 그 중에서 특히 캘리포니아 주는 미국 와인 전체 생산량의 약 85%를 차지하고 있습니다.

미국 와인은 캘리포니아 와인이라 해도 무방할 정도로 캘리포니아 주는 생산량에 있어 우위를 차지하고 있으며 품질 면에서도 미국 와인의 선두를 이끌고 있습니다. 오늘날 미국은 50개 주 전체에서 와인이 생산되고 있고, 캘리포니아 주를 중심으로 오리건, 워싱턴, 뉴욕 주에서도 고품질 와인의 생산이 이뤄지고 있습니다.

TIP!

버라이어탈 와인(Varietal Wine)의 탄생

1930년대 미국에서 우량 품종을 세상에 알리는 개념이 꽃을 피우게 되었는데, 바로 포도 품종의 명칭을 라벨에 표기한 버라이어탈 와인이 탄생한 것입니다. 이 혁신적인 개념을 만든 인물은 프랭크 스쿤메이커 Frank Schoonmaker라는 미국 뉴욕의 와인 수입업자였습니다. 프랭크 스쿤메이커는 1930년대 부르고뉴 지방에서 도멘 자체 병입 운동을 조직한 인물 중에 한 사람이지만, 제2차 세계대전을 즈음하여 자국산 와인으로 거래의 중점을 바꾸게 되었습니다.

1940년 전후, 미국에서는 샤블리Chablis, 샴페인Champagne, 버건디Burgundy(부르고뉴의 영문 호칭), 포트Port, 셰리Sherry 등 유럽의 유명한 원산지 명칭을 사칭해 와인 명칭을 사용하는 것이 일반적이었습니다. 그러나 스쿤메이커가 포도 품종의 명칭을 라벨에 표기하면서 유럽의 원산지 명칭을 모방하던 방식은 점진적으로 사라지게 되었습니다.

스쿤메이커는 자신의 책에 "우수한 포도 품종은 세계적으로 불과 30~40종 정도 밖에 없고, 위대한 와인을 탄생시킬 능력이 있는 것은 불과 12종류 정도 밖에 되지 않는다."라고 서술할 정도로 포도 품종의 중요성을 강조했으며, 라벨에 포도 품종의 명칭을 표기하는 컨셉으로 평판을 얻어 웬테Wente, 루이스 엠. 마티니Louis M. Martini, 알마덴Almaden과 같은 당시 일류 포도원들과 공동으로 제품 개발을 시작하게 되었습니다. 이 새로운 개념은 초창기 와인 업계의 반발이 있었으나, 차츰 소비자의 지지를 얻게 되면서 미국 와인에 보급되어 갔습니다.

미국 와인의 역사

18세기 말, 와인 역사의 시작

오래 전부터 북아메리카 대륙에는 비티스 라브루스카Vitis Labrusca, 비티스 아무렌시스Vitis Amurensis, 비티스 불피나Vitis Vulpina 등의 야생 포도 품종들이 자생하고 있었습니다. 16세기 북아메리카 대륙에 들어온 유럽의 이민자들은 이곳의 야생종을 사용해 와인을 만들었는데, 당시 만들어진 와인은 동물의 역한 향Foxy이라 표현되는 포도 주스나 포도 젤리의 풍미가 강한 것이 특징이었습니다. 북아메리카 대륙의 토착 품종으로 만든 와인은 유럽의 비티스 비니페라 Vitis Vinifera 종으로 만든 와인과는 전혀 향과 풍미가 달랐으며, 또한 이민자들의 기호에도 맞지 않았기 때문에 17세기 들어 프랑스에서 비티스 비니페라 품종을 도입하는 시도가 여러 차례 있었습니다.

1683년, 영국의 신대륙 개척자인 윌리엄 펜William Penn은 북동부에 위치한 펜실베니아 주에서 프랑스계 품종을 재배했습니다. 따라서 이곳에는 북아메리카 포도 나무와 유럽 포도 나무가 공존하게 되었고, 시간이 지나면서 두 종류의 유전자는 무작위로 자연 교배가 진행되어 알렉산더Alexander, 델라웨어Delaware, 카토바Catawba 등의 교잡종Hybrid이 탄생하게 되었습니다. 이러한 교잡종은 동부 해안 지역의 와인 생산에 주력 품종으로 자리를 잡았습니다.

반면 서부 해안 지역에서 와인 양조가 시작된 시기는 18세기 중반입니다. 1769년 프란치스코 회의 유니페로 세라Junípero Serra 신부는 샌 디에이고 근처에 선교회를 설립해 캘리포니아 남부 최초로 양조장과 포도밭을 만들었습니다. 이후 선교사들은 캘리포니아 해안을 따라 북쪽으로 이동했으며 1805년경에는 북쪽의 소노마 지역에도 와인 생산용 포도를 재배했습니다. 당시 선교사들에 의해 재배된 것은 미션Mission 품종입니다. 이 품종은 멕시코에 정착한 초기 스페인 이민자들이 16세기에 본국에서 가져온 비니페라 종으로, 칠레의 빠이스Pais, 아르헨티나의 크리오야 치카Criolla Chica와 동일한 품종입니다. 미션 품종은 비니페라 종임에도 불구하고 품질 면에서는 다소 떨어졌습니다. 그러나 1831년, 프랑스 이민자인 장-루이 비뉴Jean-Louis Vignes가 로스 앤젤레스 인근에 위치한 자신의 포도밭에 유럽산 비니페라 품종을 들여와 재배하면서, 와인 품질은 향상되었고, 1850년에 장-루이 비뉴는 캘리포니아에서 가장 큰 와인 생산자가 되었습니다.

19세기 중반, 캘리포니아 주에 골드 러쉬가 일어나자 이 지역의 인구는 급속도로 팽창하게 되었습니다. 이에 따라 와인 산업도 크게 발전하여 대륙의 서부와 동부, 그리고 주 전체로 확산되었으며, 1870년대부터 1880년대에 이르러 포도밭은 큰 폭으로 증가하게 되었습니다. 샌 프란시스코의 북쪽에 위치한 소노마와 나파 밸리는 와인 생산의 중심지로서 확립되었고, 저가 와인의 주된 공급지인 내륙의 센트럴 밸리에도 포도밭이 개간되기 시작했습니다. 바로 이 시기에, 오늘날 세계 유수의 와인 교육 연구기관인 캘리포니아 대학교의 농학대학 캠퍼스, UC 데이비스Davis Campus of The University of California가 탄생했습니다.

계속된 재앙

1890년대에 접어 들면서 와인의 공급량이 수요를 초과하게 되자, 포도나 와인의 가격이 폭락하기 시작했습니다. 설상가상으로, 재배업자들은 필록세라 해충의 피해로 인해 포도 나무를 옮겨심기를 해야 했고 그에 따르는 막대한 비용의 부담을 지게 되었습니다. 이 두 번의 타격을 겪고 난 이후, 와인 산업은 회복의 조짐이 보일 무렵 결정적인 일격을 맞게 되었습니다. 1919년부터 미국 전 지역에서 주류의 제조와 판매를 금지하는 금주법이 시행된 것입니다. 무서운 금주법이 시행되면서 포도원들은 차례로 폐업을 하게 되었는데, 당시에는 오직 약용을 목적으로 와인 제조를 인정받은 소수의 생산자만이 소량의 와인 생산을 계속하게 되었습니다.

1919~1933년까지 금주법이 시행되는 동안, 포도원에서 상업적으로 와인을 제조하고 판매하는 것이 금지되었지만, 가정에서 약 750리터까지의 와인을 자가 양조하는 것은 묵인해 주었습니다. 그 결과 자국 내에서 포도에 대한 수요가 급증해 캘리포니아의 포도 재배 면적도

1919~1926년 사이에 2배 가까이 증가했습니다. 하지만 이 시기에 심어진 것은 알리깡뜨 부쉐 Alicante Bouschet와 톰슨 시들러스Thompson Seedless 등의 품질이 떨어지는 품종이 많았기 때문에 금주법 폐지 후의 와인 산업에 좋지 않은 영향을 끼쳤습니다. 1933년 금주법이 폐지되고 난 후에도 대공황의 여파나 제2차 세계대전의 영향으로 인해 와인 산업의 부흥은 더욱 늦어지게 되었습니다.

TIP!

캘리포니아 대학교의 농학대학 캠퍼스, UC 데이비스(Davis Campus of The University of California)

신세계 와인 산지에서 가장 유명한 와인 교육·연구 기관으로는 캘리포니아 대학교의 농학대학 캠퍼스, UC 데이비스를 꼽고 있습니다. 1869년에 개교한 캘리포니아 대학교는 1905년에 샌 프란시스코 교외에 있는 버클리 캠퍼스에 농업 학교를 설립했습니다. 이후 북서쪽으로 110km 정도 떨어진 곳에 위치한 데이비스 시로 이전하면서 지금의 UC 데이비스로 교명을 변경하게 됩니다.

설립 당시 유명한 인물은 미국 현대 토양학의 아버지로 불리는 유진 힐가드Eugene W. Hilgard 교수가 있습니다. 이후 금주법 때문에 연구가 정체되었지만, 제2차 세계대전 이후에는 많은 스타 교수를 배출했습니다. 적산온도에 의한 와인 산지 구분을 확립해 유명해진 윙클러Winkler와 에머린Amerine 두 교수가 있는데, 특히 에머린 교수는 과학적 시음 이론의 확립 등 양조학 분야에서 폭넓은 업적을 남겼습니다. 또 해롤드 올모Harold Olmo 교수는 새로운 품종의 교배나 새로운 클론의 수입 등에서 이름을 알렸으며, 앤 노블Ann C. Noble 교수는 와인 향의 분석을 위한 표준 어휘집 '아로마 휠Aroma Wheel'을 발간했습니다. 그리고 캐릴 메러디스Carol Meredith 교수는 DNA 분석을 통해 샤르도네와 까베르네 쏘비뇽, 씨라, 진판델 등 다양한 포도 품종의 유전적 기원을 밝혀냈습니다.

제2차 세계대전 이후의 비약적인 발전

제2차 세계대전 이후, 캘리포니아 와인 산업은 다시 비약적으로 발전하는 시기를 맞이했습니다. UC 데이비스 대학교에 의한 연구와 산학 협력을 통해 캘리포니아 와인은 기술적 우위성을 갖게 되었습니다. 유럽의 국가들처럼 와인 제조의 긴 역사를 가지고 있지는 않았지만, 캘리포니아의 와인 산업은 과학적인 연구를 기반으로 품질 향상을 위해서 지속적인 노력을 기울인 결과, 깨끗한 와인을 안정적으로 생산하는 기술 확립에 성공을 거두게 되었습니다. 다만, UC 데이비스의 연구가 대기업 포도원이 안정적으로 대량의 와인을 생산하기 위한 상업적인 방법을 우선시하는 경향이 있었기 때문에, 고품질 와인을 목표로 소량 생산하는 포도원에는 적합하지 않다는 비판도 있었습니다.

비약적인 발전 시기를 겪고 난 후, 캘리포니아에서는 와인 생산량뿐만 아니라 고급 품종의 재배 면적도 증가했습니다. 1933년 금주법이 폐지된 직후, 캘리포니아에서는 까베르네 쏘비뇽의 재배 면적이 불과 40헥타르 정도 밖에 되지 않았고 샤르도네는 거의 재배되지 않았습니다. 그러나 1960년에는 까베르네 쏘비뇽 240헥타르, 샤르도네 40헥타르에 불과했던 것이 2004년에는 까베르네 쏘비뇽 29,000헥타르, 샤르도네 37,000헥타르까지 급격하게 확장되었습니다.

1960~1970년대에 걸쳐 나파 밸리와 소노마 지역에는 고품질을 지향하는 소규모 포도원들이 차례로 설립되었고 캘리포니아 와인을 대표하는 모델로 자리매김하게 되었습니다. 이러한 포도원들의 상당수는 비교적 소량의 와인을 생산하며 포도 품종 명칭을 라벨에 표기하고 있었습니다. 그리고 세계를 뒤흔들었던 1976년의 파리의 심판을 계기로 캘리포니아는 세계 유수의 와인 명산지와 어깨를 나란히 하게 되었습니다. 또한 포도원의 수도 계속 증가해 1980년대 말에는 800여 곳이었던 것이 현재는 1,700여 곳에 이르게 되었습니다.

제2차 필록세라 재난과 그 후의 황금기

1890년대 캘리포니아도 필록세라 해충의 습격을 당해서 그 후 미국계 포도 나무를 받침나무로 사용하게 되었습니다. 필록세라의 악몽이 잊혀갈 무렵, 1980년대 미국은 또다시 필록세라 병충해의 피해를 입게 되고 막대한 비용을 들여 포도 나무의 옮겨심기를 진행하게 되었습니다. 이것을 제2차 필록세라 재난이라 부르지만, 실은 인재에 가까운 것이었습니다.

1960년대 이전까지만 해도 캘리포니아에서는 필록세라 해충을 막기 위해 세인트 조지St. George라고 하는 받침나무를 주로 사용해 접목을 했습니다. 하지만 1960년대 이후부터 이전에 사용되어온 세인트 조지에서 AXR-I이라고 하는 받침나무로 주류가 바뀌었습니다. AXR-I은 남부 프랑스에서 재배되고 있는 비니페라 계열의 아라몽Aramon 품종에 미국계 받침나무 품종인 비티스 루페스트리스Vitis Rupestris를 접목해 만든 것입니다. 하지만 이 받침나무는 비니페라 유전자가 들어가 있어 필록세라 해충에 내성이 낮은 것이 단점이었는데, 실제로 1950년대 남아프리카공화국에서 AXR-I을 받침나무로 사용해 필록세라 해충의 피해를 본 전례가 있어 프랑스 연구기관은 이 받침나무의 사용이 위험하다고 경고했습니다. 그럼에도 불구하고 캘리포니아에서는 UC 데이비스 대학교가 AXR-I이 접목을 하기 쉬운데다 품질을 유지하면서 높은 수확량을 거둘 수 있다는 이유만으로 이 받침나무의 사용을 강력하게 추천했기 때문에 재배업자들은 널리 사용했습니다.

결국, 1983년에 나파 밸리의 세인트 헬레나St. Helena에 있는 AXR-I 포도밭에서 필록세라 병충해가 출현했고, 그 이후 필록세라 해충은 무서운 속도로 퍼져 소노마, 멘도시노Mendocino, 레이크Lake 근처의 산지뿐만 아니라, 남쪽의 산타 바바라Santa Barbara 지역까지도 피해를 입혔습니다. 이러한 상황 속에서도 UC 데이비스 대학교는 고집을 꺾지 않고 1989년까지 AXR-I을 추천하여 사태를 더욱 악화시켰습니다.

특히 나파 밸리와 소노마 카운티의 피해가 심각했는데, 절반 이상의 포도밭이 옮겨심기를 피할 수 없게 되었습니다. 필록세라 병충해로 인해 캘리포니아 전체 지역에서 10년간 옮겨심기로 지출된 비용은 20억 달러, 한화 2조 3천억원 정도로 추산되고 있습니다. 그러나 이 필록세라 재난에는 전화위복의 측면도 있었습니다. 옮겨심기를 하면서 재배 농가는 포도 품종, 클론, 받침 나무의 품종, 나무 간격, 수형 등의 여러 가지 요소에 대해서 다시 생각할 수 있는 계기가 되었습니다. 기온만이 아니라 떼루아의 여러 요소를 종합적으로 고려해 적합한 품종을 선택하는 생각이 널리 퍼졌으며, 그 외의 재배상의 여러 요소에 대해서도 새로운 식견이나 기술이 적용되었습니다. 그 결과, 새로운 포도밭에서의 포도의 품질이 비약적으로 좋아져, 1990년대 후반 이후부터 캘리포니아 와인은 다시 황금기를 맞이하게 되었습니다.

1976년에 개최된 파리의 심판에 관해

미국의 독립 200주년을 즈음하는 1976년에 프랑스의 수도 파리에서 전설적인 와인 이벤트가 개최되었습니다. 당시 국제적으로는 완전히 무명이었던 캘리포니아 와인을 프랑스 최고급 와인과 블라인드 테이스팅으로 비교 시음하는 행사였습니다. 화이트 와인은 샤르도네를 주제로 프랑스 부르고뉴 지방의 고급 와인 4종과 캘리포니아 샤르도네 6종이 선정되었고, 레드 와인은 까베르네 쏘비뇽을 주제로 프랑스 보르도 지방의 고급 와인 4종과 캘리포니아 까베르네 쏘비뇽 6종이 선정되었습니다. 이벤트의 개최자는 아카데미 뒤 뱅Académie du Vin과 크리스티스 와인 코스Christie's Wine Course의 설립자인 스티븐 스퍼리어Steven Spurrier로 테이스팅 심사를 한 사람들은 모두 프랑스 와인 업계를 대표하는 중진들이었습니다.

TIP!

피어스 병(Pierce's Disease)

제2차 필록세라 재난이 끝난 다음, 캘리포니아 주의 포도 재배 농가를 다시 두려움에 떨게 한 것은 피어스 병입니다. 이 병은 아메리카 대륙에서 처음 발생한 세균성 병해로, 샤프슈터Sharpshooter라는 매미의 일종이 매개체였습니다. 한번 감염되면 유효한 치료법이 없어, 포도 나무는 수년 내에 고사해버립니다. 미국에서는 19세기 말부터 이 병해가 알려졌으며, 최근에는 글래시 윙드 샤프슈터Glassy Winged Sharpshooter라는 신종 곤충의 출현으로 피해 지역이 확대되고 있습니다. 현재는 엄중한 검역 체제로 피해가 확산되는 것을 막고 있습니다

이벤트의 목적은 미국에도 나름대로 뛰어난 와인이 있다는 것을 세상에 알리는 것이었는데, 주최자인 스티븐 스퍼리어 자신도 설마 캘리포니아 와인이 승리할 것이라고 생각하지 못했습니다. 그러나 결과는 화이트 와인과 레드 와인 각 부문에서 보르도 지방이나 부르고뉴 지방의 고급 와인이 아닌 무명의 캘리포니아 와인이 1위를 차지하였습니다.

화이트 와인의 1위는 샤또 몬텔레나 샤르도네 1973Chateau Montelena Chardonnay이었고, 레드 와인의 1위는 스택스 립 와인 셀러스 까베르네 쏘비뇽 1973Stag's Leap Wine Cellars Cabernet Sauvignon이었습니다. 이 소식은 뉴욕 타임즈를 통해 순식간에 전 세계로 퍼져 나가 캘리포니아 와인의 명성이 단숨에 높아졌습니다. 이 역사적 사건은 그리스 신화의 한 삽화를 인용하여 파리의 심판The Judgement of Paris이라고 불리게 되었습니다.

파리의 심판이 가지는 의의는 많이 있지만, 가장 중요한 것은 와인은 혈통이 전부라고 하는 당시의 신앙을 뒤집고, 프랑스 이외의 산지에서도 세계 최고의 와인을 만들 수 있다는 것을 증명한 일입니다. 캘리포니아 생산자들이 자신감을 갖게 된 것은 물론이고 다른 생산국에도 영향을 끼쳐 현재의 와인 세계화의 초석이 되었습니다. 현재 미국 와인의 세계적인 위상과 고품질 와인 이미지를 만든 역사적인 행사가 바로 파리의 심판인 것입니다.

2006년 리턴 매치(30th anniversary)

파리의 심판 이후, 프랑스 와인의 신봉자들은 '캘리포니아 와인은 숙성이 덜 되었을 때에 맛이 있는데 비해서 프랑스 와인은 충분히 숙성이 되고 나서야 비로소 그 진가가 발휘되기에, 장기간 병 숙성을 한 뒤에 재차 비교하면 프랑스 와인이 승리할 것이다."라고 입을 모았습니다. 이러한 의견에 따라 10년 후인 1986년과 30년 후인 2006년에 다시 1976년 당시와 동일한 레드 와인을 비교 시음하는 리턴 매치를 하게 되었습니다.

결과는 모두 캘리포니아 와인의 승리로 1986년에는 끌로 뒤 발 까베르네 쏘비뇽 1972Clos du Val Cabernet Sauvignon이, 2006년에는 릿지 빈야즈 몬테 벨로 까베르네 쏘비뇽 1971Ridge Vineyards Monte Bello Cabernet Sauvignon이 각각 1위를 차지하였습니다. 특히, 2006년 리턴 매치는 파리의 심판 30주년을 기념하기 위해 영국 런던과 나파 밸리에서 동시에 개최되었는데, 1위부터 5위까지 모두 캘리포니아 와인이 선정되는 극적인 결과가 나왔습니다.

2006년 1위를 차지한 릿지 빈야즈 몬테 벨로 까베르네 쏘비뇽 1971은 1976년에 5위, 1986년에는 2위를 차지한 와인으로, 런던과 나파 밸리 양쪽에서 2위 이하의 와인과 큰 점수 차이가 나는 승리였습니다. 개최자인 스티븐 스퍼리어도 릿지 빈야즈 몬테 벨로 까베르네 쏘비뇽에 최고 점수를 주었습니다. 1976년에 1위였던 스택스 립 와인 셀러스 까베르네 쏘비뇽 1973은 2006년에 2위, 1986년에 1위였던 끌로 뒤 발 까베르네 쏘비뇽 1972은 5위의 순위를 차지했습니다.

TIP!

파리의 심판 승리의 마케팅 효과

1976년, 파리의 심판의 충격적인 결말이 뉴욕 타임지를 통해 알려지자 1위를 차지한 스택스 립 와인 셀러스와 샤또 몬텔레나 포도원의 전화는 계속 울려댔습니다. 직전까지 파리 날리던 두 포도원 앞에는 손님들 차가 줄지어 늘어섰으며, 스텍스 립 와인 셀러스 포도원에서는 차 1대당 1병으로 한정 판매했지만 그마저도 순식간에 전부 팔려나갔습니다. 또한 소매점에 진열된 와인도 순식간에 모습을 감추었습니다. 2주 전까지만 해도 스택스 립 와인 셀러스 와인을 사지 않겠다던 소매점 주인들은 매일같이 포도원에 전화를 걸어 2, 3병이라도 좋으니 넘겨달라고 애원할 정도였습니다. 샤또 몬텔레나의 창업주 중 한명인 짐 바렛Jim Barrett은 파리의 심판에서의 승리를 광고비로 환산하면 400만 달러, 한화로 47억 정도의 가치가 있다고 언급하기도 했습니다.

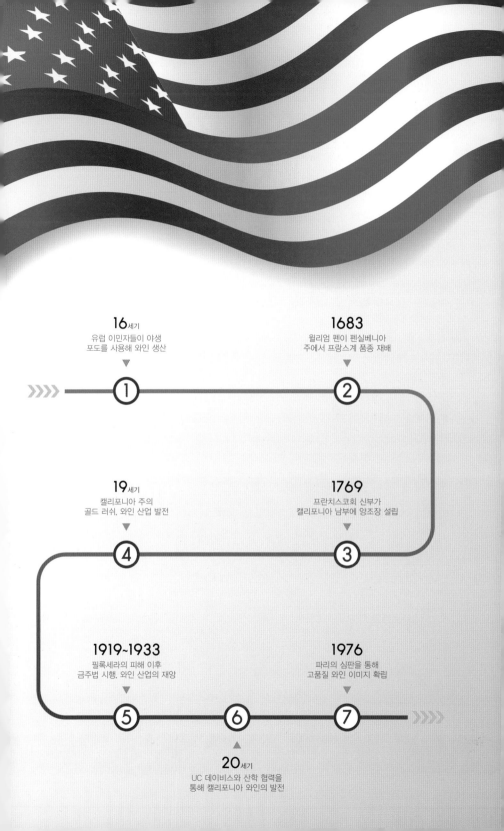

16세기
유럽 이민자들이 야생
포도를 사용해 와인 생산

1683
윌리엄 펜이 펜실베니아
주에서 프랑스계 품종 재배

① ②

19세기
캘리포니아 주의
골드 러쉬, 와인 산업 발전

1769
프란치스코회 신부가
캘리포니아 남부에 양조장 설립

④ ③

1919~1933
필록세라의 피해 이후
금주법 시행, 와인 산업의 재앙

1976
파리의 심판을 통해
고품질 와인 이미지 확립

⑤ ⑥ ⑦

20세기
UC 데이비스와 산학 협력을
통해 캘리포니아 와인의 발전

PARIS TASTING 1976

미국의 독립 200주년을 즈음하는 1976년에 프랑스의 수도 파리에서 전설적인 와인 이벤트가 개최되었습니다. 당시 완전히 무명이었던 캘리포니아 와인을 프랑스 최고급 와인과 블라인드 테이스팅으로 비교 시음하는 행사였습니다. 화이트 와인은 샤르도네를 주제로 부르고뉴 와인 4종과 캘리포니아 샤르도네 6종이 선정되었고, 레드 와인은 까베르네 쏘비뇽을 주제로 보르도 와인 4종과 캘리포니아 까베르네 쏘비뇽 6종이 선정되었습니다.
최종적으로 화이트 와인의 1위는 샤또 몬텔레나 샤르도네 1973, 레드 와인의 1위는 스택스 립 와인 셀러스 까베르네 쏘비뇽 1973이 차지했습니다. 이 소식은 뉴욕 타임즈를 통해 순식간에 전 세계로 퍼져 나가 캘리포니아 와인의 명성이 단숨에 높아졌습니다.

Steven Spurrier

1941-2021

미국 와인 전체 생산량의 약 85% 정도를 차지하는 캘리포니아 주는 남북으로 1,100km 펼쳐져 있으며, 포도밭도 이 길을 따라 길게 늘어서 있습니다. 지역이 광대한 만큼 기후의 범위도 아주 다양하지만 공통적으로 강우량이 부족해 관개가 필수입니다. 지중해성 기후의 캘리포니아 주는 연간 평균 기온은 15도 전후로, 여름에 일조량이 풍부하고 생육 기간에 비가 내리지 않기 때문에 곰팡이 병해가 거의 없습니다.

북반구에 위치한 프랑스와 이탈리아의 경우, 북쪽으로 갈수록 기후가 서늘해 생산되는 와인은 신맛이 뚜렷한 것이 특징이고, 반면 남쪽으로 갈수록 기후가 따뜻해 농후한 스타일의 레드 와인이 생산되고 있지만, 캘리포니아 주는 남북의 위도 차이보다는 태평양의 차가운 해류의 영향이 큰 것이 특징입니다. 해안 지역은 태평양의 차가운 한류로 인해 아침에 서늘한 바닷바람과 안개가 생성되어 기온 차를 발생시킬 뿐만 아니라 필요한 습도도 제공하고 있습니다. 안개는 센트럴 밸리의 뜨겁게 달궈진 대지가 해안 산맥의 틈으로 유입되는 한류와 만나면서 특히 자욱하게 형성됩니다. 이로 인해 포도는 천천히 익게 되고 산도를 유지하면서 강한 과일 풍미를 제공해 와인에 섬세함을 더해주게 됩니다. 반면 센트럴 밸리와 같이 바다에 노출되지 않은 지역에서는 여름 기온이 40도 이상 올라가는 경우가 잦습니다.

캘리포니아 주는 적산온도를 바탕으로 기후 분류 체계를 확립했습니다. UC 데이비스 대학교에서 고안된 도일이라는 새로운 단위를 토대로 미세 기후Micro-Climate와 포도 나무의 조화에 대한 연구가 진행되고 있습니다.

적산온도(Winkler Scale)에 의한 산지 구분

유럽처럼 포도 재배의 역사가 길지 않은 미국에서는 새로운 포도밭에 포도를 심을 때 항상 어느 품종을 심으면 좋을까라는 고민을 하였습니다. 재배 품종이 법률로 구애 받지 않는 미국에서는 시장성이 높은 품종을 심는 것이 중요시되지만 토지의 조건을 무시하고 포도 품종을 결정할 수는 없었습니다.

이 문제에 대한 해결책을 준 것이 UC 데이비스 대학교의 스타 교수인 알버트 윙클러Albert Julius Winkler, 1894-1989와 메이너드 에머린Maynard Amerine, 1911-1998 교수였습니다. 이 두 사람은 1944년에 포도의 생육 기간 중의 기온을 합계한 값을 기초로 하여 포도 산지를 5개의 지역Region으로 분류하는 구조를 고안해 냈습니다. 구체적으로 4월 1일부터 10월 31일까지를 포도의 생육 기간으로 정해서 각 일의 평균 기온에서 화씨 50도섭씨 10도를 넘은 만큼의 수치를 더하고 합계를 냈습니다. 이 합계를 적산온도라고 하여, 도일度日, Degree Days이라는 새로운 단위로 표현하고 있습니다. 여러 가지 기상 조건하에 있는 전 세계의 와인 산지를 윙클러와 에머린 교수는 적산온도 값에 의해 크게 구역Region I~V의 6개 구역으로 나누었으며, 또한 각각의 구역마다 적합한 포도 품종을 정했는데 다음과 같습니다.

- Ia 구역: 적산온도 1,500~2,000도일, 샤르도네, 리슬링, 삐노 누아 등의 포도 품종 재배에 적합
- Ib 구역: 적산온도 2,001-2,500도일, 샤르도네, 리슬링, 삐노 누아 등의 포도 품종 재배에 적합
- II 구역: 적산온도 2,501-3,000도일, 까베르네 쏘비뇽, 메를로, 진팔델, 네비올로 등의 포도 품종 재배에 적합
- III 구역: 적산온도 3,001-3,500도일, 씨라, 산지오베제 등의 포도 품종 재배에 적합
- IV 구역: 적산온도 3,501-4,000도일, 그르나슈, 까리냥, 뗌쁘라니요 등의 포도 품종 재배에 적합
- V 구역: 적산온도 4,001-4,900도일, 그르나슈, 까리냥 등의 포도 품종 재배에 적합

가령, 새롭게 포도를 심으려는 지역의 적산온도가 3,200도일이라면, 구역 III에 해당되며, 같은 지역에 속하는 유럽의 산지에서 성공한 포도 품종 즉, 씨라와 산지오베제 등이 선택되는 시스템입니다. 이 시스템은 매우 알기 쉽기 때문에 캘리포니아 주에서는 널리 사용되고 있지만

너무 단순하다는 비판도 많이 받고 있습니다.

각각의 포도밭에 어느 품종이 적당한가를 엄밀하게 생각하면 기온뿐만 아니라 강우량, 바람 등의 다른 기상 조건과 토양과 품종의 적합성 그리고 주변의 지형 등 여러 가지 요소를 검토하지 않으면 안됩니다. 또한, 기온만을 채택했을 때에도 이 시스템은 밤낮의 온도 차나, 매달의 기온 추이 등의 조건을 고려하지 않았습니다. 예를 들어, 하루 평균 기온은 최고 기온과 최저 기온을 더하고 2로 나누어 산출되는데, 최고 기온이 40도 최저 기온이 10도인 날도 최고 기온 30도 최저 기온 20도인 날도 평균 기온은 똑같이 25도가 됩니다. 그러나, 밤낮의 온도 차가 30도가 되는 경우와 10도 밖에 안 나는 경우, 포도 나무의 생육이나 과실의 성숙 패턴이 완전히 달라질 수 있습니다.

TIP!

왜 화씨50도(섭씨10도)인가?

윙클러와 에머린 교수의 산지 구분은 19세기 중반의 프랑스 연구자인 오귀스땡 피하뮈 드 깡돌Augustin Pyramus de Candolle의 연구를 본보기로 하고 있습니다. 봄이 되어 하루 평균 기온이 섭씨 10도를 넘으면 포도 나무의 생장 활동이 시작되는 것을 알아낸 깡돌 박사는 포도 나무의 생육이나 과실의 성숙에 영향을 주기 위해서는 온도가 섭씨 10도를 넘어야 한다는 것을 알게 되었습니다. 그에 따라, 그 초과 분을 매일 더한 것을 지표로 삼아 포도 재배의 활용 가능 기온을 가늠하게 되었습니다. 다만, 깡돌 박사에 의한 적산온도 계산은 일 년 12개월을 기준으로 하기 때문에 포도의 생육 기간만을 한정하지는 않았습니다.

구역	적산온도	포도 품종
Ia	1,500~2,000 도일	샤르도네, 리슬링, 삐노 누아 등
Ib	2,001~2,500 도일	샤르도네, 리슬링, 삐노 누아 등
II	2,501~3,000 도일	까베르네 쏘비뇽, 메를로, 진팔델, 네비올로 등
III	3,001~3,500 도일	씨라, 산지오베제 등
IV	3,501~4,000 도일	그르나슈, 까리냥, 뗌쁘라니요 등
V	4,001~4,900 도일	그르나슈, 까리냥 등

적산온도에 의한 산지 구분

JC데이비스의 알버트 윙클러와 메이너드 에머린 교수는 1944년에 포도 생육 기간 중의 기온을 합계한 값을 기초로 해, 포도 산지를 5개 지역으로 분류하는 구조를 고안해냈습니다. 구체적으로 4월 1일부터 10월 31일까지 포도의 생육 기간으로 정해서 각 일의 평균 기온에서 화씨 50도를 넘은 만큼의 수치를 더하고 합계를 냈습니다. 이 합계를 적산온도라고 하여, 도일이라는 새로운 단위로 표현하고 있습니다. 여러 가지 기상 조건하에 있는 전 세계 와인 산지를 윙클러와 에머린 교수는 적산온도 값에 의해 크게 구역 I~V의 6개 구역으로 나누었습니다.

미국은 유럽 국가와는 전혀 다른 체계의 와인법을 지니고 있습니다. 유럽의 와인법이 원산지에 따른 고품질 와인의 적용이라면 미국의 와인법은 포도 품종에 따른 고품질 와인의 적용이라 할 수 있습니다. 미국은 포도 품종의 명칭을 라벨에 표기하며, 와인법에 의해 포도 품종 명칭이 표기된 와인을 일반적으로 고품질 와인으로 간주하고 있습니다. 단순한 구조를 지닌 미국의 와인법은 포도 품종 명칭의 표기 유무에 따라 다음과 같이 등급 체계를 분류하고 있습니다.

- 버라이어탈 와인Varietal Wine
- 프로프라이어터리 와인Proprietary Wine
- 제너릭 와인Generic Wine

*프로프라이어터리 등급은 제너릭 등급 내에 포함된 등급

버라이어탈 와인

미국 와인법의 가장 상위 등급은 버라이어탈 와인 등급으로 포도 품종의 명칭을 표기한 와인입니다. 1940년경 미국의 와인 수입상인인 프랭크 스쿤메이커에 의해 포도 품종 명칭 표기 와인의 개념이 고안되었는데, 그 당시에 무명의 산지였던 캘리포니아 주에서는 원산지의 명칭보다 포도 품종의 명칭을 와인 라벨에 표기하는 것이 소비자에게 훨씬 다가가기 쉬웠습니다. 또한 '고품질 와인은 고급 포도 품종에서 태어난다'라는 사고 방식이 당시 캘리포니아 와인 업계에 만연한 것도 영향을 주었습니다. 유럽에서의 '고품질 와인은 우수한 떼루아에서 태어난다'라는 생각이 지배적인 것과는 대조적입니다.

버라이어탈 와인의 탄생에 따라 미국에서는 와인 라벨에 대한 규제도 일어나기 시작했습니다. 단일 포도 품종의 명칭을 와인 라벨에 표기하기 위해서는 해당 포도 품종의 사용 비율을 최

소 75% 이상 사용해야 합니다. 탄생 당시 버라이어탈 와인은 고품질 와인으로 정의되어 품종 명칭이 표기 되지 않은 제너릭 와인에 비해 상위 레벨에 위치했습니다. 하지만 최근에는 파이팅 버라이어탈Fighting Varietal, 1980년 탄생한 용어, 또는 밸류 브랜드Value Brand라는 저가의 포도 품종 명칭 표기 와인이 보급되면서 버라이어탈 와인은 고품질 와인이라는 이미지가 점차적으로 사라져가고 있습니다.

제너릭 와인

미국에서는 포도 품종 명칭을 표기하지 않은 저가의 와인을 제너릭 와인, 또는 세미-제너릭 와인Semi-Generic Wine 등급이라고 합니다. 여러 가지 포도 품종을 블렌딩한 경우와 표시할 가치가 없는 저급 품질의 단일 품종 와인의 경우에도 제너릭 와인 범주에 포함시킵니다. 제너릭 와인 등급은 레드, 화이트, 로제와 같이 색상만을 표기한 와인으로, 과거에는 샤블리Chablis, 캘리포니아 샴페인California Champagne 등과 같이 유럽의 유명 원산지 명칭을 와인 이름으로 사용한 적도 있었습니다. 이처럼 유럽의 유명 원산지 명칭을 사칭한 와인은 유럽의 원조 와인과는 전혀 상관이 없고, 이미지만 가져다 쓰는 것이기 때문에 최근에는 유럽 국가의 원산지 명칭 사용에 대한 제재를 받아 사용할 수 없게 되었습니다.

프로프라이어터리 와인

일반적으로 메리테지 와인Meritage Wine으로 알려져 있지만 정확한 명칭은 프로프라이어터리 와인 등급입니다. '상표명 와인'을 의미하며 법률상 제너릭 와인 등급에 속해 있지만 제너릭 와인 중에서는 고품질 와인을 의미합니다. 단일 포도 품종을 75% 이상 사용하지 않고 여러 포도 품종을 블렌딩하기 때문에 와인 라벨에 품종 명칭을 표기하는 것이 불가능한 고품질 와인입니다.

국내에 잘 알려진 이 등급의 와인으로는 오퍼스 원Opus One이 있으며 와인 라벨에 포도 품종의 명칭 대신 오퍼스 원이라는 독자적인 상표명을 사용하고 있습니다. 보르도 스타일로 만든 대다수의 와인들이 이 범주에 속해 있는데 지금은 버라이어탈 와인과 동등한 평가를 받고 있습니다.

미국 포도 재배 지정 지역(American Viticultural Area, AVA)

1980년 프랑스의 AOC 제도와 같이 미국의 원산지 명칭을 보호하기 위한 법률 제도가 마련되었는데 이것을 미국 포도 재배 지정 지역, AVA라고 합니다. 노스 코스트 AVA와 같이 매우 넓은 지역을 가리키는 포도 재배 지정 지역도 있으며, 나파 밸리 AVA, 소노마 카운티 AVA와 같이 매우 좁은 범위를 가리키는 포도 재배 지정 지역도 있습니다. 2021년을 기준으로 260개 원산지가 AVA로 있는데, 그 중, 캘리포니아 주에 142개의 AVA가 존재하고 있습니다.

AVA는 와인 산지의 경계선을 규정하고 그 지정된 지역 내의 포도밭에서 생산된 와인에 한해서만 원산지 명칭 사용이 허락됩니다. 하지만 유럽의 원산지 통제 명칭법과는 달리 포도 품종과 재배, 양조에 관한 규정은 따로 없습니다. 따라서 규제가 느슨하기 때문에 생산자는 자신이 선호하는 포도 품종을 선택해 원하는 스타일로 와인을 자유롭게 만들 수 있습니다. 아직까지는 시행 착오가 계속되고 있는 단계로 지역별로 최적의 포도 품종과 최적화된 재배 방법 및 양조 방법이 어떤 것인지 명확하지 않습니다. AVA 제도가 유럽처럼 원산지에 따른 엄격한 규제가 수반되지 않는다면 그저 행정적인 개념의 단위로 밖에 작용하지 못할 것 입니다.

버라이어탈 와인
(Varietal Wine)

프로프라이어터리 와인
(Proprietary Wine)

제너릭 와인
(Generic Wine)

미국 와인의 등급 체계

미국은 유럽 국가와는 전혀 다른 체계의 와인법을 지니고 있습니다. 유럽의 와인법이 원산지에 따른 고품질 와인의 적용이라면 미국의 와인법은 포도 품종에 따른 고품질 와인의 적용이라 할 수 있습니다. 미국은 포도 품종의 명칭을 라벨에 표기하며, 와인법에 의해 품종 명칭이 표기된 와인을 일반적으로 고품질 와인으로 간주하고 있습니다. 단순한 구조를 지닌 미국의 와인법은 포도 품종 명칭의 표기 유무에 따라 위와 같이 등급 체계를 분류하고 있습니다.

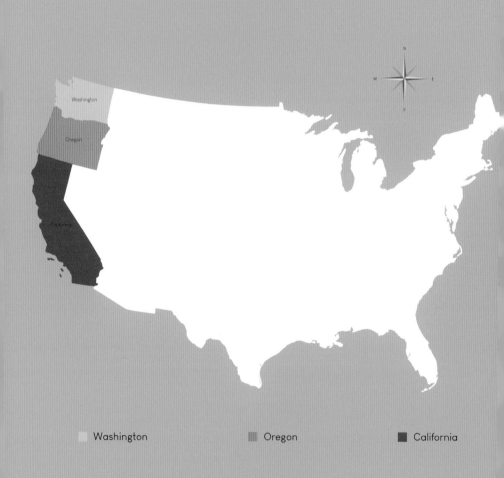

Washington   Oregon   California

1980년, 미국은 프랑스의 AOC 제도와 같이 미국의 원산지 명칭을 보호하기 위한 법률 제도가 마련되었는데 이것을 미국 포도 재배 지정 지역, AVA라고 합니다. 노스 코스트 AVA처럼 매우 광대한 지역을 가리키는 포도 재배 지정 지역도 있으며, 나파 밸리 AVA, 소노마 카운티 AVA와 같이 매우 좁은 범위를 가리키는 포도 재배 지정 지역도 있습니다. 2021년을 기준으로 260개 원산지가 AVA로 있는데, 그 중, 캘리포니아 주에 142개의 AVA가 존재하고 있습니다.

05 미국의 포도 품종

미국에서는 프랑스계 포도 품종을 주로 재배해 와인을 생산하고 있습니다. 대표적인 적포도 품종으로는 까베르네 쏘비뇽, 메를로, 삐노 누아, 씨라, 진판델 등이 있으며, 청포도 품종으로는 샤르도네, 쏘비뇽 블랑, 리슬링 등이 있습니다. 최근에는 캘리포니아 주를 중심으로 이탈리아, 스페인 계열의 포도 품종들의 재배도 시도되고 있습니다.

주요 포도 품종

- 진판델(Zinfandel)

진판델은 캘리포니아 주를 상징하는 적포도 품종으로, 1990년대 후반까지 미국에서 큰 인기를 얻으며 가장 많이 재배되었습니다. 이 품종의 원산지는 크로아티아로, DNA 검사를 통해 크로아티아의 츠를에낙 카쉬텔란스키Crljenak Kaštelanski와 이탈리아 남부에서 재배되고 있는 프리미티보Primitivo와 유전학적으로 동일한 품종으로 밝혀졌습니다.

캘리포니아 주에서는 가벼운 스타일에서 묵직한 스타일까지 다양한 진판델 레드 와인이 생산되고 있으며, 캘리포니아 주 소노마 카운티의 일부 포도원에서 고령목의 올드 바인으로 고품질 와인도 만들고 있습니다. 또한 향이 풍부한 뮈스까, 리슬링과 블렌딩해 세미-스위트 타입의 로제 와인으로도 생산 가능한데, 이럴 경우 '화이트 진판델'로 라벨에 표기하고 있습니다.

진판델 와인은 딸기 계열의 과실 풍미가 강하고 타닌은 강하지 않기 때문에 기본적으로 빨리 마시는 것이 좋습니다. 이 품종은 일반적으로 포도 자체가 고르게 익지 않는 경향이 있어 포도가 완전히 익었을 시기에는 포도 알갱이 중 일부가 건포도 상태가 되어있기도 합니다. 그 결과 생산되는 와인은 농축된 붉은 과실 풍미와 17%까지 올라갈 정도의 높은 알코올 도수를 지니고 있는데, 고품질 와인 생산을 위해서는 골격이 좋은 프티 시라Petite Sirah와 블렌딩해 생산하기도 합니다.

　과거에 큰 인기와 함께 가장 많이 재배되던 진판델 품종이지만 현재에는 프랑스계 품종에 밀려 재배 및 생산이 급감하고 있는 추세입니다.

TIP!

진판델 품종의 루트

진판델이 미국에 들어온 것은 19세기 전반으로, 많은 다른 품종과 함께 오스트리아에서 수입되었습니다. 그러나 수입·번식하는 과정에서 원래 어느 국가의 무슨 품종인지에 대한 정보가 유실되어버리면서 진판델이라는 이름은 미국에서 붙인 새로운 이름입니다. 오랫동안 진판델의 뿌리는 수수께끼로 남아 다양한 억측이 난무했습니다. 이 수수께끼가 최종적으로 풀린 것은 2001년 겨울로, 1990년 이후에 개발된 포도 품종의 DNA 감정 기술에 의해 마침내 뿌리가 크로아티아에 있는 것으로 규명되었습니다.

이것을 규명한 인물은 UC 데이비스의 유전학자인 캐럴 메러디스 교수로, 그녀는 DNA 검사를 통해 진판델 뿐만 아니라 까베르네 쏘비뇽과 샤르도네의 뿌리를 차례로 밝혀내기도 했습니다. 크로아티아에서 츠를예낙 카쉬텔란스키라고 불리던 진판델 품종은 발견 당시에 이미 멸종 위기에 처해 있었습니다. 반면, 츠를예낙 카쉬텔란스키 품종은 이탈리아 남부 풀리아Puglia 주에도 이식되어 거기에서는 프리미티보라는 이름으로 재배되고 있기도 합니다.

ZINFANDEL
진판델

미국을 상징하는 적포도 품종 ─────────────────

캘리포니아 주를 대표하는 진판델은 1990년대 후반까지 미국에서 큰 인기를 얻으며 가장 많이 재배되었습니다. 캘리포니아 주에서는 가벼운 스타일에서 묵직한 스타일까지 다양한 진판델 레드 와인이 생산되고 있으며, 소노마 카운티의 일부 포도원에서 고령목으로 고품질 와인도 만들고 있습니다. 또한 향이 풍부한 뮈스까, 리슬링과 블렌딩해 세미-스위트 타입의 무제 와인으로도 생산 가능한데, 이럴 경우 화이트 진판델로 라벨에 표기하고 있습니다.

과거에 큰 인기와 함께 가장 많이 재배되던 진판델 품종이지만, 현재 프랑스계 품종에 밀려 재배 및 생산이 급감하고 있는 추세입니다.

CALIFORNIA

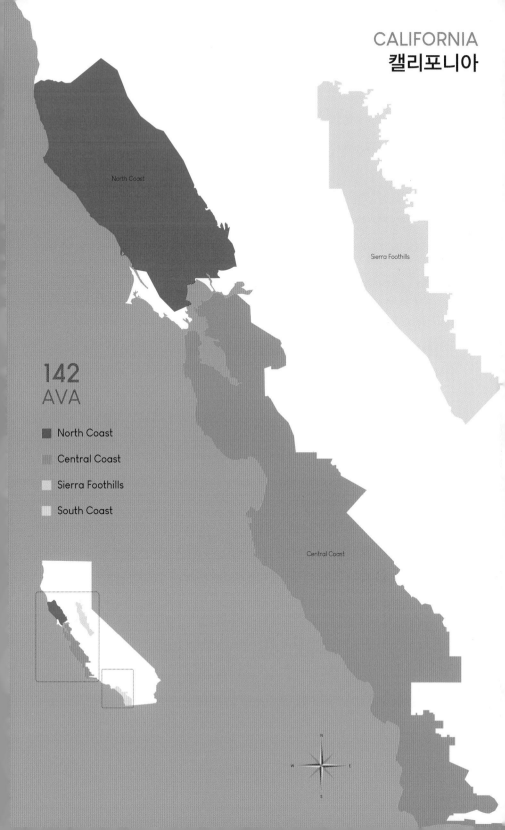

CALIFORNIA
캘리포니아

North Coast

Sierra Foothills

142
AVA

■ North Coast
■ Central Coast
■ Sierra Foothills
■ South Coast

Central Coast

N
W E
S

캘리포니아(California): 248,000헥타르

미국 와인을 상징하는 캘리포니아 주는 지중해성 기후로, 대체로 한해 동안 온난하고 건조한 기상 상태가 지속되며, 포도 생육 기간 동안에는 거의 비가 내리지 않습니다. 캘리포니아 주의 기온 차이는 위도보다는 이 지역에 근접한 태평양의 차가운 해류에 의해 큰 영향을 받으며, 바다와 가까울수록 기후가 서늘해집니다. 바다 근처의 포도밭에서 매일 아침 안개가 피어 오르는 것을 볼 수 있는데 이 안개는 차가운 해풍과 결합해 기온을 낮춰주고 필요한 습도를 제공하는 역할을 해줍니다. 이러한 다양한 기후 패턴의 변화로 인해 캘리포니아 주는 힘있고 농축미가 강한 스타일의 레드 와인에서 중후하고 산뜻한 스타일의 화이트 와인까지 다채로운 와인을 생산할 수 있습니다.

캘리포니아 와인의 대다수는 비옥한 토양의 센트럴 밸리에서 생산되고 있으며, 이곳에서는 수확량을 늘리기 위해 관개를 사용하고 있습니다. 반면 고품질 와인은 나파 밸리와 소노마 카운티, 산타 바바라 등 캘리포니아 주의 해안 지역에서 생산되고 있습니다.

- 나파 밸리(Napa Valley): 18,000헥타르

나파 밸리는 나파 카운티Napa County 안에 있는 AVA로, 샌 프란시스코의 북쪽, 노스 코스트 North Coast 지구의 동남쪽에 위치한 와인 산지입니다. 인디언 언어로 '풍요의 땅'을 의미하는 이곳의 역사는 1830년대까지 거슬러 올라가지만, 1966년에 로버트 몬다비Robert Mondavi가 포도원을 설립하면서 현대사가 시작되었습니다.

나파 밸리는 캘리포니아 주의 역사를 통틀어 제일의 명산지로서 그 이름을 알리고 있고 지금도 세계 최고 수준의 와인들이 다수 생산되고 있습니다. 이곳에는 다양한 포도 품종들이 재배되고 있지만, 가장 높은 평가를 받는 것은 까베르네 쏘비뇽입니다. 나파 밸리에서 생산되는 와인은 유럽의 까베르네 쏘비뇽의 성지인 보르도 지방과 비교하면, 기후가 온난하고 건조해서 과실 풍미가 강하고 큰 스케일을 갖춘 것이 특징입니다. 그 외에 재배되고 있는 포도 품종으로

는 메를로, 진판델, 씨라, 삐노 누아, 쏘비뇽 블랑, 샤르도네 등이 있습니다.

나파 밸리는 동쪽의 바카Vaca 산맥과 서쪽의 마야카마스Mayacamas 산맥의 중앙을 흐르는 나파 강 유역을 따라 펼쳐지는 계곡 지대입니다. 토양은 매우 다양하고 복잡하지만, 재배의 중심지인 계곡 중앙의 평지 부분은 비옥한 점토와 자갈 충적토로 구성되어 있으며, 경사진 동서쪽의 산악 지대는 척박한 토양으로 구성되어 있습니다.

온화한 지중해성 기후의 나파 밸리는 남쪽으로 내려갈수록 기온이 낮아지는데, 이것은 샌프란시스코 만에서 차가운 공기와 안개가 함께 유입되기 때문입니다. 태평양에서 차가운 해류가 흐르는 탓에 캘리포니아 주는 위도보다 바다와의 거리에 의해서 추운 지역과 온난한 지역이 정해집니다. 포도 생육 기간에는 비가 거의 내리지 않지만 바다에 가까운 남쪽 지역에서는 안개의 영향이 강해지는데, 안개는 강렬한 햇빛을 차단하는 것과 동시에 포도 나무에 수분을 제공하는 역할을 합니다. 포도밭은 동쪽과 서쪽의 위치에 따라 차이가 발생하고, 계곡 동쪽의 포도밭이 오후 햇살을 받고 포도가 잘 익기 때문에 서쪽의 포도밭에 비해 와인이 부드럽습니다.

나파 밸리는 남북으로 64km, 동서로 좁은 곳은 2km, 넓은 곳은 5km 정도의 가늘고 긴 산지로, 현재 16개의 하위 원산지 AVA가 인정되고 있습니다. 대표적인 AVA로는 세인트 헬레나 AVASt. Helena, 러더포드 AVARutherford, 오크빌 AVAOakville, 스택스 립 디스트릭트 AVAStag's Leap District, 로스 카네로스 AVALos Carneros 등이 있습니다. 계곡 중앙부의 세로로 늘어서 있는 세인트 헬레나 AVA, 러더포드 AVA, 오크빌 AVA에서는 온난한 기후와 비옥한 충적토에서 '나파 밸리의 전형'이라고 말할 수 있는 풍부한 향의 까베르네 쏘비뇽 와인이 생산되고 있습니다.

세인트 헬레나 AVA는 바카 산맥과 마야카마스 산맥 사이의 계곡 북쪽 끝에 위치하며, 포도밭은 세인트 헬레나 마을을 중심으로 자리잡고 있습니다. 이곳은 나파 밸리 안에서 가장 더운 곳으로, 산지가 모래시계 모양을 하고 있어 낮에는 경사지에서 올라오는 열기를 효과적으로 가둬두고, 저녁에는 서늘한 바람이 유입되게 도와줍니다. 그 결과, 세인트 헬레나는 나파 밸리

AVA 중에서 가장 일교차가 큰 곳으로, 여름철 한낮 기온은 37.8도까지 올라가고 밤에는 4.4도까지 내려갑니다. 이곳에서 생산되는 까베르네 쇼비뇽 와인은 신맛이 강해 다른 품종과 블렌딩하지 않아도 균형감을 갖추고 있는 것이 특징입니다. 세인트 헬레나 AVA를 대표하는 포도원은 찰스 크루그Charles Krug, 루이스 엠. 마티니, 그레이스 패밀리Grace Family, 브라이언트 패밀리Bryant Family, 콜긴 셀러즈Colgin Cellars, 하이츠 와인 셀러즈Heitz Wine Cellars, 조셉 펠프스 빈야즈Joseph Phelps Vineyards 등이 있으며, 이들은 모두 나파 밸리의 컬트 와인을 이끄는 주요 생산자이기도 합니다.

러더포드 AVA는 세인트 헬레나 AVA의 아래쪽에 위치하고 있으며, 캘리포니아의 뽀이약Pauillac이라 불릴 정도로 까베르네 쇼비뇽의 재배 비율이 높습니다. 이곳은 UC 데이비스의 적산온도 구분에 따라 구역 III에 해당하며, 토양은 배수가 잘되는 자갈, 양토Loam 및 모래, 그리고 화산 퇴적물과 해양 퇴적물로 구성되어 있습니다. 이러한 떼루아에서는 태양의 복사 에너지 값이 높아 포도가 빨리 익기 때문에 러더포드에서 생산되는 와인은 다른 나파 밸리의 와인보다 풍미가 강렬한 것이 특징입니다. 또한 러더포드 먼지Rutherford Dust라 불리는 특유의 미네랄 향도 느낄 수 있지만, AVA 경계선이 워낙 넓다 보니 품질이 일정하지 않은 것이 단점입니다. 러더포드 AVA를 대표하는 포도원은 보리유 빈야즈Beaulieu Vineyards, 러더포드 힐Rutherford Hill, 레이몬드 빈야즈Raymond Vineyards, 그리고 영화감독 프랜시스 코폴라가 소유한 잉글누크 와이너리Inglenook Winery가 있습니다.

TIP!

나파 밸리의 판매 전략

2008년 리먼 브라더스 사태에 따른 금융 위기 이후, 와인 유통회사들 역시 타격을 받고 폐업하는 수가 많아졌습니다. 그 동안 와인 유통회사를 통해 판매를 해 온 포도원들은 점점 줄어들고 있는 유통회사에 의지하지 않고 소비자에게 직접 판매하는 방식을 선택했습니다. 이러한 판매 방식은 나파 밸리의 포도원을 시작으로 소노마 카운티와 그 외 다른 산지의 포도원까지 퍼져 나갔으며, 이들은 와인 테이스팅 룸을 만들어 찾아오는 관광객에게 판매하거나 또는 온라인을 통해 소비자에게 직접 판매를 하고 있습니다.

오크빌 AVA는 러더포드와 욘빌Yountville 사이의 계곡 중앙에 위치하고 있습니다. 여름철 한 낮 기온은 34~35.5도 중반 정도를 유지하며, 샌 파블로 만San Pablo Bay에서 불어오는 서늘한 바람과 안개를 욘빌 언덕이 막아주고 있기 때문에 기후는 적당히 따뜻합니다. 포도밭은 40~305미터 표고 사이에 자리잡고 있으며, 토양은 서쪽과 동쪽이 분명한 차이를 보이고 있습니다. 서쪽은 자갈질의 충적 양토Alluvial Loams인 반면, 동쪽은 서쪽보다 화산 영향을 더 받아 점토가 섞인 모래질의 양토로 구성되어 있는데, 두 지역 모두 배수가 잘 되는 토양입니다. 이곳은 보르도 품종의 성공적인 산지로 잘 알려졌으며, 까베르네 쏘비뇽, 메를로, 까베르네 프랑 등의 보르도 품종을 주로 재배하고 있습니다.

오크빌 AVA는 나파 밸리 최고의 보르도 스타일 와인을 만들고 있는데, 이곳에서 생산되는 와인은 민트, 허브 향과 함께 견고하고 풍만한 타닌을 지닌 것이 특징입니다. 또한 오크빌 AVA에서는 로버트 몬다비에 의해 탄생한 퓌메 블랑Fumé Blanc 와인도 유명합니다. 몬다비는 1960년대 말, 캘리포니아 주에서 전혀 관심을 갖지 않던 쏘비뇽 블랑을 작은 오크통에서 숙성시켜 퓌메 블랑이라는 새롭게 고안한 이름으로 판매하기 시작했습니다. 이것은 루아르 지방의 푸이-퓌메 와인의 별칭인 블랑 퓌메Blanc Fumé를 빗댄 이름이지만 오크통 숙성에 의해 스모키한 뉘앙스를 의식한 이름이기도 합니다.

오크빌 AVA를 대표하는 포도원으로는 로버트 몬다비, 할란 에스테이트Harlan Estate, 마르타스 빈야드Martha's Vineyard, 파 니엔테Far Niente, 오퍼스 원Opus One, 실버 오크Silver Oak, 스크리밍 이글Screaming Eagle, 달라 발레Dalla Valle 등이 있으며, 이들은 모두 나파 밸리의 컬트 와인을 이끄는 주요 생산자이기도 합니다.

욘빌 바로 동쪽에 위치한 스택스 립 디스트릭트 AVA는 나파 밸리에서 가장 작은 AVA이지만, 1976년 파리의 심판 이후 큰 명성과 함께 주목 받고 있는 산지입니다. 이곳의 지명은 계곡 동쪽 끝에 위치한 현무암 절벽에서 유래되었는데, 절벽의 바위는 오후의 햇빛을 저장했다가 따뜻한 공기를 방출하며, 오후에 불어오는 바닷바람이 그 열기를 식혀주고 있습니다. 계곡 바닥은 자갈이 많은 화산성 양토로 이루어져 있고, 경사지는 돌이 많아 전반적으로 토양의 비옥도는 낮거나 중간 정도에 해당합니다. 이러한 독특한 떼루아 특성을 기반으로 까베르네 쏘비뇽,

메를로 품종을 주로 재배하고 있으며, 보르도 스타일의 와인을 만들고 있습니다.

스택스 립 디스트릭트 AVA의 보르도 스타일의 와인은 나파 밸리에서 가장 개성이 뚜렷합니다. 이곳에서 만든 와인은 체리, 제비꽃 등의 풍부한 방향성과 함께 벨벳 질감의 타닌, 견고한 구조감과 섬세함을 겸비하고 있습니다.

스택스 립 디스트릭트 AVA를 대표하는 포도원으로는 1976년 파리의 심판에서 1위를 차지한 스택스 립 와인 셀러즈Stag's Leap Wine Cellars를 선두로 끌로 뒤 발Clos Du Val, 쉐이퍼 빈야즈 Shafer Vineyards, 클리프 리드Cliff Lede 등이 있습니다.

최남부에 위치하면서 일부는 소노마 카운티에 속하는 카네로스 AVACarneros에서는 서늘한 기후에 적합한 삐노 누아, 샤르도네 등의 부르고뉴 품종을 사용해 와인을 만들고 있습니다.

나파 밸리는 계곡 중앙을 남북으로 달리는 29번 국도 주변으로 유명한 포도원들이 아파트 단지처럼 늘어서 있으며, 주말엔 와인을 시음하고 구매하려는 방문객으로 항상 붐비곤 합니다. 현재 나파 밸리는 세계에서 가장 많은 관광객을 유치하는데 성공한 산지로, 캘리포니아 주에서는 디즈니 랜드의 뒤를 잇는 방문객 수를 자랑하고 있습니다.

반면 캘리포니아 주는 인구가 급격하게 증가하고 있어 여러 가지 문제로 골머리를 앓고 있습니다. 인구가 급증하면서 주택지는 교외의 포도 재배 지역까지 퍼져나가고 있기 때문에 와인 산업에 종사하지 않는 주민과 포도원, 포도 재배업자 사이에 충돌이나 소송이 잇따르고 있습니다. 충돌의 원인은 농약 살포나 소음 그리고 포도원 측의 환경 파괴입니다. 1990년대, 나파 밸리에 새롭게 포도원을 설립한 부유한 소유주들은 평지에 이용 가능한 토지가 거의 남아 있지 않았기 때문에 산의 경사면에 포도밭을 개간했습니다. 결과적으로 많은 삼림이 벌채되고 포도 밭에서 흘러나온 토사가 하천을 오염시켰습니다. 이러한 문제가 심각해지자 나파 밸리는 산의 경사면을 포도밭으로 개간하는 것을 금지하는 조례를 제정하기도 했습니다.

TIP!

나파의 컬트 와인(Cult Wine)

1990년대, 캘리포니아 주의 실리콘 밸리는 IT산업과 벤처기업들로 인해 첨단 산업 기지로 자리잡게 되었습니다. 이후 성공한 젊은 사업가들에게 나파 밸리에 저택이나 포도원을 소유하는 것은 부유층의 지위를 나타내는 새로운 상징이 되어, 고급 부티크Boutique 포도원들이 다수 탄생하게 되었습니다. 이러한 포도원의 소유주들은 막대한 자금으로 와인 제조에 힘을 쏟고 호화로운 와인을 극히 소량만 생산했습니다. 이들이 만든 와인은 로버트 파커를 비롯한 그 외 평론가들이 극찬을 했기 때문에 공급량을 훨씬 웃도는 수요가 쇄도해 옥션 시장에서 극단적인 가격 상승이 일어나게 되었습니다. 대표적인 와인으로는 스크리밍 이글Screaming Eagle, 브라이언트 패밀리Bryant Family, 달라 발레Dalla Valle, 아라우호Araujo, 콜긴 셀러즈Colgin Cellars, 그레이스 패밀리Grace Family, 할란 에스테이트Harlan Estate 등이 있습니다. 이들 와인의 대부분은 특정 개인 손님이나 레스토랑에 직판으로만 팔리고 있어 포도원의 직판 리스트에 운 좋게 이름이 실려 있지 않은 한은 옥션으로만 구매할 수 밖에 방법이 없습니다.

TERROIR
떼루아

온화한 지중해성 기후의 나파 밸리는 남쪽으로 갈수록 기온이 낮아지는데, 이는 샌 프란시스코 만에서 차가운 공기, 안개가 함께 유입되기 때문입니다. 태평양에서 차가운 해류가 흐르는 탓에 캘리포니아 주는 위도보다 바다와의 거리에 의해서 추운 지역과 온난한 지역이 정해집니다.

나파 밸리는 포도 생육 기간에 비가 거의 내리지 않지만 바다에 가까운 남쪽 지역의 경우, 안개 영향이 강해지는데, 안개는 강렬한 햇빛을 차단하는 것과 동시에 포도 나무에 수분을 제공하는 역할을 합니다. 포도밭은 동·서쪽의 위치에 따라 차이가 발생하고, 계곡 동쪽의 포도밭이 오후 햇살을 받고 포도가 잘 익기 때문에 서쪽의 포도밭에 비해 와인이 부드러운 것이 특징입니다.

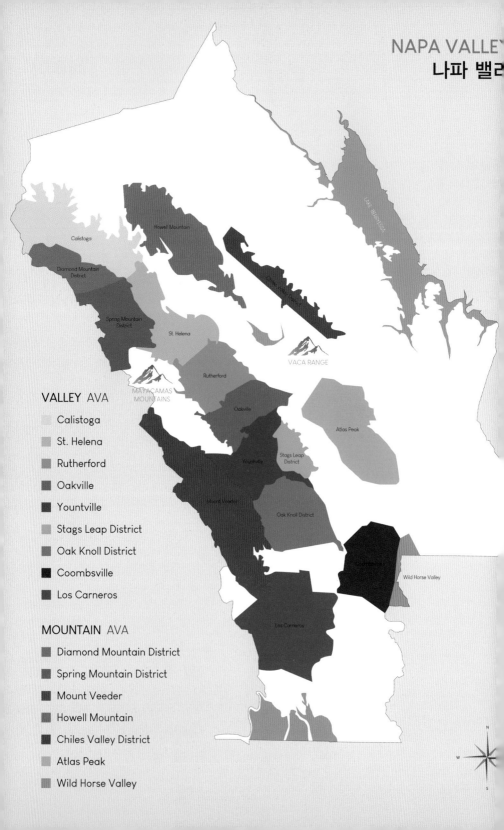

NAPA VALLEY
나파 밸리

VALLEY AVA

- Calistoga
- St. Helena
- Rutherford
- Oakville
- Yountville
- Stags Leap District
- Oak Knoll District
- Coombsville
- Los Carneros

MOUNTAIN AVA

- Diamond Mountain District
- Spring Mountain District
- Mount Veeder
- Howell Mountain
- Chiles Valley District
- Atlas Peak
- Wild Horse Valley

Calistoga

Diamond Mountain District

Spring Mountain District

Howell Mountain

St. Helena

Rutherford

Oakville

Yountville

Stags Leap District

Mount Veeder

Oak Knoll District

Los Carneros

Wild Horse Valley

Atlas Peak

MAYACAMAS MOUNTAINS

VACA RANGE

ROBERT MONDAVI

캘리포니아 와인의 아버지라 불리는 로버트 몬다비는 나파 밸리가 세계 유명 산지로 성장하는 과정에서 셀 수 없을 정도로 많은 공헌을 했습니다. 와이너리 투어의 창시자, 와인을 중심으로 한 유럽 식문화의 보급 활동에서 로버트 몬다비는 위대한 일들을 수없이 남겼습니다.

또한 오퍼스 원과 루체 등 해외 명문 와이너리와의 합작 투자도, 몬다비를 말하는 데 빼놓을 수 없는 업적이기도 합니다. 가족경영의 작은 와이너리로 시작한 로버트 몬다비는 1990년대 들어 미국 굴지의 대형 생산자로 성장하게 되었습니다. 1993년에는 주식을 상장, 더욱 규모 확대에 성공하였지만 그 후, 가족간의 불화로 경영이 잘 되지 않았습니다. 최종적으로 회사 임원들의 쿠데타에 의해 2004년 컨스텔레이션 그룹에 매각되고 말았습니다. 캘리포니아 와인의 번영을 실현한 로버트 몬다비는 매각으로부터 4년 뒤인 2008년, 94세로 생을 마감했습니다.

Robert Mondavi

1990년대, 캘리포니아 주의 실리콘 밸리는 IT산업과 벤처 기업들로 인해 첨단 산업 기지로 자리잡게 되었습니다. 성공한 젊은 사업가들에게 나파 밸리에 저택이나 포도원을 소유하는 것은 부유층의 지위를 나타내는 새로운 상징이 되어 고급 부티크 포도원들이 다수 탄생하게 되었습니다. 이러한 포도원의 소유주들은 막대한 자금으로 와인 제조에 힘을 쏟고 호화로운 와인을 극히 소량만 생산했습니다. 결국, 이들이 만든 와인은 로버트 파커 등의 평론가들이 극찬을 했기 때문에 공급량을 훨씬 웃도는 수요가 쇄도해, 경매 시장에서 비정상적인 가격 상승이 일어나게 되었습니다.

대표적인 컬트 와인으로는 스크리밍 이글, 브라이언트 패밀리, 달라 발레, 아라우호, 콜긴 셀러즈
그레이스 패밀리, 할란 에스테이트 등이 있습니다. 이 와인의 대부분은 개인 손님이나 레스토랑이
직판으로만 팔리고 있어 포도원의 직판 리스트에 운 좋게 이름이 실려 있지 않은 한은 옥션으로딘
구매할 수 밖에 방법이 없습니다.

Screaming Eagle

나파 밸리 최고의 컬트 와인

스크리밍 이글

- 소노마 카운티(Sonoma County): 24,000헥타르

소노마 카운티는 노스 코스트 지구의 해안가, 나파 밸리의 서쪽에 자리 잡고 있는 와인 산지입니다. 캘리포니아 주의 최대 산지 중 하나인 소노마 카운티는 나파 밸리보다 더 다양한 환경을 지니고 있으며, 재배 면적도 훨씬 넓습니다. 이 지역은 19세기 초반 캘리포나아 주에서 처음으로 고급 와인을 생산했으나, 20세기 말 나파 밸리가 캘리포니아 와인의 르네상스를 이끌면서 주도권을 빼앗기게 되었습니다. 현재 소노마 카운티에는 유명한 포도원이 다수 존재하지만, 나파 밸리만큼 관광지화가 진행되지 않아서 아직 한가로운 전원 분위기가 남아 있습니다.

캘리포니아 주는 태평양의 해류와 안개, 그리고 이로 인해 발생하는 구름의 양에 따라 기후가 달라집니다. 소노마 카운티는 태평양과 인접해 있어 차가운 해류와 안개의 영향을 강하게 받기 때문에 나파 밸리보다는 전반적으로 기온이 낮고 훨씬 기후가 서늘합니다. 소노마 카운티도 나파 밸리와 마찬가지로 남쪽은 태평양의 차가운 해류와 안개로 인해 서늘하고, 북쪽으로 갈수록 기온이 올라갑니다. 하지만 이곳의 토지는 매우 광대하기 때문에 기후와 토양은 지역에 따라 차이가 발생하며, 다양한 종류의 포도 품종을 재배하고 있습니다. 주요 포도 품종은 나파 밸리와 비슷하지만, 진판델 품종에 있어서는 캘리포니아 주 내에서도 최고의 포도밭이 소노마 카운티에 집중적으로 밀집되어 있습니다. 또한 바다에 가까운 서늘한 서쪽 지역이나 남쪽의 로스 카네로스 AVA^{Los Carneros}에서는 부르고뉴 품종인 삐노 누아, 샤르도네가 성공적으로 재배되고 있습니다.

소노마 카운티에는 현재 19개의 AVA가 인정되고 있으며, 대표적인 AVA로는 소노마 코스트 AVA^{Sonoma Coast}, 러시안 리버 밸리 AVA^{Russian River Valley}, 로스 카네로스 AVA, 드라이 크릭 밸리 AVA^{Dry Creek Valley}, 알렉산더 밸리 AVA^{Alexander Valley} 등이 있습니다.

해안 지역의 소노마 코스트 AVA^{Sonoma Coast}와 러시안 리버 밸리 AVA의 서쪽 지역은 태평양의 차가운 해류로 인해 기후가 서늘하며, 샤르도네, 삐노 누아 와인으로 잘 알려져 있습니다. 특히 러시안 리버 밸리 AVA는 소노마 카운티에서 가장 서늘한 지역 중 하나로, 2005년 남쪽으로 경계가 확장되어 세바스토폴^{Sebastopol} 남쪽과 페탈루마 갭 AVA 북쪽 사이를 포함하고

있습니다. 이곳은 페탈루마 갭을 통해 오전에 서늘한 안개가 유입되어 일교차가 크게 발생하며, 이러한 떼루아에서 성공적으로 삐노 누아와 샤르도네 와인을 생산하고 있습니다.

남쪽에 위치한 페탈루마 갭 AVA^{Petaluma Gap}는 코스트 산맥의 넓은 침하 구역으로, 이 공간 덕분에 강한 바닷바람과 함께 오후 4시부터 다음날 오전 11시까지 안개가 덮여있는 날이 많아 기후가 가장 서늘합니다. 이곳에서는 샤르도네, 삐노 누아 품종을 주로 재배하고 있으며, 최근 들어 씨라 품종도 성공적이라는 평가를 받고 있습니다. 그리고 소노마 카운티의 최남단에 위치한 로스 카네로스 AVA 역시 서늘한 기후를 띠고 있습니다. 이곳은 행정구역상 나파 밸리와 AVA를 걸치고 있는데, 샤르도네, 삐노 누아 품종을 사용해 캘리포니아 주에서 가장 섬세한 와인을 만들고 있습니다.

반면 러시안 리버 밸리 북쪽의 내륙 지역에 위치한 드라이 크릭 밸리 AVA와 알렉산더 밸리 AVA는 기후가 따뜻한 지역입니다. 금주법 기간 동안, 드라이 크릭 밸리의 재배업자들은 포도 대신 다른 과실로 전환했지만, 1970년대 포도 재배가 부활하면서 진판델을 중심으로 까베르네 쏘비뇽을 재배하기 시작했습니다. 현재 드라이 크릭 밸리 AVA에서는 배수가 좋은 자갈과 적색 점토에서 진판델과 까베르네 쏘비뇽 품종을 재배하고 있으며, 오래된 진판델 포도 나무에서 고품질 와인을 만들고 있습니다.

알렉산더 밸리 AVA는 힐즈버그^{Healdsburg} 북동쪽의 낮은 언덕으로 인해 태평양의 영향을 받지 않아 드라이 크릭 밸리 AVA보다 기온이 더 높습니다. 토양은 충적토가 지배적이며 까베르네 쏘비뇽을 주로 재배하고 있습니다. 이곳에서 생산되는 까베르네 쏘비뇽 와인은 초콜릿 향의 부드러운 질감이 특징이지만, 숙성 잠재력은 나파 밸리 와인에 비해 떨어지는 편입니다. 또한 알렉산더 밸리 AVA에는 릿지 빈야즈의 게이서빌^{Geyserville} 포도밭에서 오래된 수령의 진판델 품종을 블렌딩해 우수한 품질의 와인을 생산하고 있습니다.

TIP!

와인 컨설턴트(Wine Consultant)

캘리포니아 주에서도 이탈리아나 보르도 지방처럼 여러 포도원과 계약하고 조언을 해주는 양조 컨설턴트가 다수 활약하고 있습니다. 그 중 1990년대 후반 대다수 컬트 와인에 관여해 '캘리포니아 와인의 여신'으로 칭송 받는 하이디 피터슨 바렛Heidi Peterson Barrett과 헬렌 털리Helen Turley라는 두 여성 컨설턴트가 대표적입니다. 하이디 피터슨 바렛은 스크리밍 이글, 달라 발레, 그레이스 패밀리를, 헬렌 털리는 브라이언 패밀리, 콜긴을 스타덤에 올려놓았습니다. 현재 하이디 피터슨 바렛은 라 시레나La Sirena, 헬렌 털리는 마카신Marcassin 각자의 포도원을 설립해 자신만의 와인을 만드는데 주력하고 있습니다.

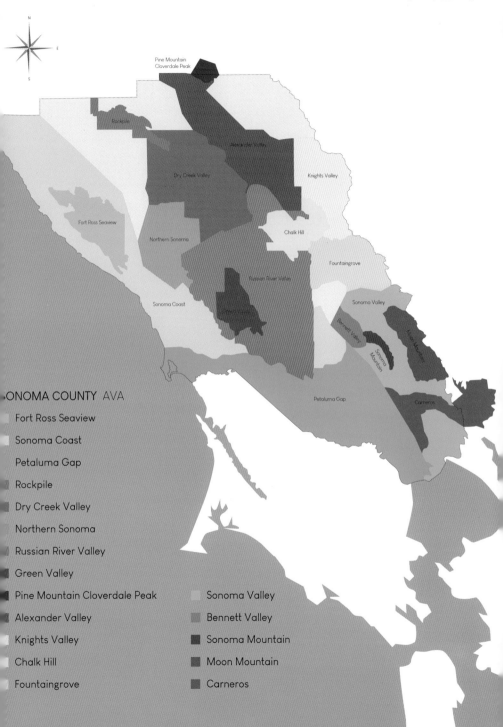

SONOMA COUNTY
소노마 카운티

SONOMA COUNTY AVA

- Fort Ross Seaview
- Sonoma Coast
- Petaluma Gap
- Rockpile
- Dry Creek Valley
- Northern Sonoma
- Russian River Valley
- Green Valley
- Pine Mountain Cloverdale Peak
- Alexander Valley
- Knights Valley
- Chalk Hill
- Fountaingrove

- Sonoma Valley
- Bennett Valley
- Sonoma Mountain
- Moon Mountain
- Carneros

Pine Mountain Cloverdale Peak

Rockpile

Alexander Valley

Dry Creek Valley

Knights Valley

Fort Ross Seaview

Northern Sonoma

Chalk Hill

Fountaingrove

Russian River Valley

Sonoma Valley

Sonoma Coast

Green Valley

Bennett Valley

Moon Mountain

Sonoma Mountain

Petaluma Gap

Carneros

CALIFORNIA
WINES

SAN FRANCISCO

센트럴 코스트(Central Coast): 40,460헥타르

센트럴 코스트는 캘리포니아 주, 중부 해안의 대부분 지역과 샌 프란시스코 만 남쪽의 산타 바바라 카운티까지의 지역을 포함하는 방대한 와인 산지입니다. 주요 산지와 포도밭은 101번 고속도로를 가로질러 뻗어 있으며, 이 길은 1700년대 후반에 왕의 길El Camio Real로 불리었습니다. 과거 프란치스코회 수도사들은 엘 까미오 레알을 따라 북상하며 포도 재배를 전파했습니다.

센트럴 코스트는 남북으로 매우 길게 뻗어 있고, 현재 다수의 AVA가 인정되고 있습니다. 대표적인 AVA로는 산타 크루즈 마운틴즈 AVASanta Cruz Mountains, 몬터레이 카운티 AVAMonterey County, 파소 로블레스 AVAPaso Robles, 산타 바바라 카운티 AVASanta Barbara County, 그리고 산타 바바라 카운티의 하위 원산지 AVA인 산타 마리아 밸리 AVASanta Maria Valley, 산타 이네즈 밸리 AVASanta Ynez Valley, 산타 리타 힐즈 AVASanta Rita Hills 등이 있습니다.

캘리포니아 주 최초의 AVA 산지 중 하나인, 산타 크루즈 마운틴즈 AVA는 산타 크루즈 산맥의 중앙부에 위치한 와인 산지입니다. 이곳의 AVA는 안개 층부터 표고를 기준 삼아 경계선이 정해졌으며, 샌 프란시스코 만의 동쪽 경사지는 240미터까지, 태평양의 서쪽 경사지는 120미터에서 900미터 이상까지 포도밭이 뻗어있습니다. 산악 지형, 태평양, 그리고 샌 프란시스코 만의 영향을 받아 기후는 전반적으로 서늘하지만, 포도밭의 표고와 방향, 안개, 토양 등에 따라 다양한 미세 기후를 지니고 있습니다.

재배 면적은 647헥타르 정도이고 척박한 토양과 서늘한 기후에서 샤르도네, 삐노 누아, 메를로, 진판델, 까베르네 쏘비뇽을 재배하고 있습니다. 특히 이곳에서 만든 까베르네 쏘비뇽 와인은 캘리포니아 주에서 가장 우아하고 섬세한 캐릭터로 평가 받고 있으며, 릿지 빈야즈 포도원의 몬테 벨로 와인이 가장 유명합니다. 몬테 벨로는 릿지 빈야즈가 소유한 가장 높은 곳에 위치한 포도밭에서 만든 와인으로 까베르네 쏘비뇽을 주품종으로 메를로, 쁘띠 베르도 등을 블렌딩해 만든 보르도 스타일의 와인입니다.

몬터레이 카운티 AVA는 중부 해안의 몬터레이 만에서 남쪽으로 샌 루이스 오비스포San Luis Obispo 카운티까지 약 145km 뻗어 있는 샐리나스 밸리Salinas Valley를 따라 자리잡고 있는 와인 산지입니다. 재배 면적은 18,600헥타르로, 이곳에서는 막대한 양의 와인이 생산되는데, 대부분이 샐리나스 밸리 하부의 평지 포도밭에서 생산되고 있습니다. 몬터레이 카운티는 UC 데이비스의 적산온도 구분에 따라 I~III 구역까지 포함하고 있으며, 서늘한 바람이 매일 불어오는 해안 인근 지역에서는 샤르도네, 삐노 누아를 주로 재배하고 있습니다. 반면 샐리나스 밸리를 따라 내륙으로 들어가면 기후가 온난하기 때문에 메를로, 까베르네 쏘비뇽, 씨라 등의 품종을 재배하고 있습니다.

몬터레이 카운티는 몬터레이 카운티 AVA를 포함해 10개의 하위 원산지 AVA가 존재하고 있는데, 그 중에서 마운트 할란 AVAMount Harlan가 가장 유명합니다. 마운트 할란 AVA는 센트럴 코스트의 떨어진 산속에 위치하며, 칼레라 와인 컴퍼니Calera Wine Company가 단독으로 AVA에 인정되고 있습니다. 칼레라 와인 컴퍼니의 설립자인 조쉬 젠슨Josh Jensen은 부르고뉴, 더 정확히는 석회암 토양에 영감을 받아 마운트 할란에 위치한 550~670미터 표고의 석회암 토양에서 삐누 누아를 재배했으며, 이후 독자적인 AVA로 인정을 받게 되었습니다.

샌 프란시스코와 로스 앤젤레스 중간에 있는 파소 로블레스 AVA는 센트럴 코스트의 남부에 위치한 와인 산지입니다. 센트럴 코스트 남부는 산맥이 남북이 아닌 동서로 자리잡고 있어 서늘한 바닷바람이 잘 순환되며, 내륙 쪽으로 갈수록 기후는 I 구역에서 II 또는 III 구역으로 변하게 됩니다. 그 결과 파소 로블레스 AVA는 따뜻한 곳과 더운 곳이 공존하며, 깊고 비옥한 토양에서 비교적 재배하기 쉬운 까베르네 쏘비뇽과 샤르도네 와인을 생산하고 있습니다. 특히 지난 15년간 까베르네 쏘비뇽과 씨라를 집중적으로 재배하면서 급성장했고, 최근에 들어서는 프랑스 론 지방 품종 및 론 스타일의 블렌딩 와인이 높은 평가를 받고 있습니다. 론 지방 품종의 핫 스팟으로 떠오른 파소 로블레스 AVA는 매년 오스피스 뒤 론Hospice du Rhône 행사를 개최하고 있습니다.

산타 바바라 카운티 AVA는 캘리포니아 주의 중남부 해안 가에 위치한 와인 산지로, 동명의 작은 마을의 교외에 포도원이 펼쳐져 있습니다. 로스 앤젤레스로부터 북쪽으로 2시간 정도 떨어진 남쪽에 위치하고 있지만, 서쪽과 남쪽이 모두 바다를 향해 있기 때문에 차가운 해류와 안개의 영향을 강하게 받아서 기후가 매우 서늘합니다.

2004년 개봉된 사이드웨이Sideways 영화의 주요 배경 장소인 산타 바바라 카운티는 캘리포니아 주에 있어 부르고뉴 품종의 메카로 불리며 뛰어난 와인이 다수 생산되고 있습니다. 적산온도는 부르고뉴 지방과 거의 같지만, 여름철의 최고 기온이 부르고뉴 지방보다 낮아서 포도가 천천히 성숙하므로 복합적인 풍미를 지니고 있습니다.

산타 바바라 카운티 AVA 안에는 7개의 하위 원산지 AVA가 있습니다. 산타 마리아 밸리 AVA가 대표적이며, 산타 바바라 카운티 북부에 위치하고 있습니다. 이곳은 태평양을 향해 있기 때문에 지속적인 바다의 영향으로 안개가 자욱하고 차가운 바람이 자주 불어와 기후가 매우 서늘하며, UC 데이비스의 적산온도 구분에 따라 I 구역에 해당됩니다. 대표적인 포도 품종은 삐노 누아, 샤르도네, 씨라이며, 안개 층이 형성되는 표고 180미터 이상의 경사지에서 재배되고 있습니다. 산타 마리아 밸리 AVA에서 가장 유명한 포도원은 오 봉 끌리마Au Bon Climat로, 부르고뉴 와인의 영향을 받은 짐 클렌드넌Jim Clendenen이 1982년부터 고품질의 와인을 생산하고 있습니다.

TIP!

론 레인저스(Rhône Rangers)

론 제인저스는 1980년대에 설립된 캘리포니아 주의 생산자 그룹으로, 퀴페 와인 셀러즈Qupé Wine Cellars 포도원의 밥 린퀴스트Bob Lindquist와 보니 둔 빈야드Bonny Doon Vineyard 포도원의 랜돌 그람Randall Grahm 이 중심 인물입니다. 론 지방의 포도 품종을 사용한 와인의 부흥이 목적이며, 씨라, 비오니에, 그르나슈, 무르베드르 등의 재배 면적은 이 그룹의 활동에 의해 크게 늘었습니다. 현재 멤버로 가입된 포도원은 약 250 곳으로, 워싱턴 주의 생산자도 참여하고 있습니다. 참고로 론 레인저스의 이름은 옛날 미국 인기 드라마인 더 론 레인저The Lone Ranger를 빗대어 만든 것입니다.

CENTRAL COAST
센트럴 코스트

Santa Cru Mountains AVA

San Benito AVA

Monterey AVA

Paso Robles AVA

San Luis Obispo AVA

Santa Barbara County AVA

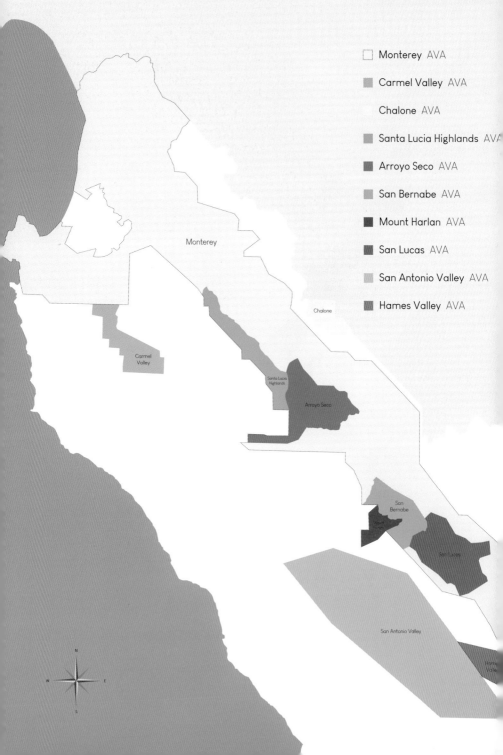

MONTEREY COUNTY
몬터레이 카운티

- ☐ Monterey AVA
- ■ Carmel Valley AVA
- ☐ Chalone AVA
- ■ Santa Lucia Highlands AVA
- ■ Arroyo Seco AVA
- ■ San Bernabe AVA
- ■ Mount Harlan AVA
- ■ San Lucas AVA
- ■ San Antonio Valley AVA
- ■ Hames Valley AVA

Monterey

Chalone

Carmel
Valley

Santa Lucia
Highlands

Arroyo Seco

San
Bernabe

Mount
Harlan

San Lucas

San Antonio Valley

Hames
Valley

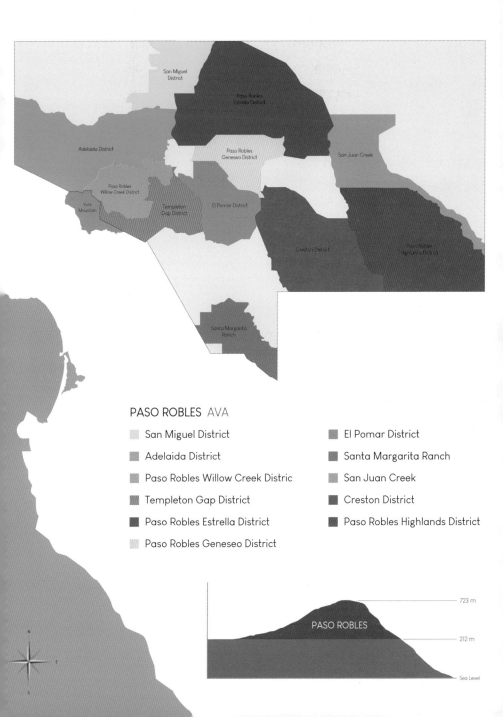

PASO ROBLES
파소 로블레스

PASO ROBLES AVA

- San Miguel District
- Adelaida District
- Paso Robles Willow Creek Distric
- Templeton Gap District
- Paso Robles Estrella District
- Paso Robles Geneseo District
- El Pomar District
- Santa Margarita Ranch
- San Juan Creek
- Creston District
- Paso Robles Highlands District

PASO ROBLES

723 m
212 m
Sea Level

Santa Maria Valley

Santa Ynez Valley

Sta Rita Hills

Ballard Canyon

Los Olivos District

Yinpez Canyon of Santa Barbara

SANTA BARBARA AVA

Santa Maria Valley

Sta Rita Hills

Santa Ynez Valley

Ballard Canyon

Los Olivos District

Happy Canyon of Santa Barbara

오리건(Oregon): 12,317헥타르

태평양 연안 북서부의 주요 산지인 오리건 주는 캘리포니아 주의 북쪽, 워싱턴 주의 남쪽에 위치해 있습니다. 와인 생산량은 캘리포니아, 워싱턴, 뉴욕에 이어 제4위를 차지하고 있지만, 미국 전체 생산량의 약 1.5% 미만에 불과합니다. 현재 오리건 주에는 908곳 이상의 포도원이 존재하며, 대부분 소규모로 운영되고 있는 것이 특징입니다.

오리건 주에서 처음으로 포도 재배가 시작된 것은 1840년대부터이지만, 캘리포니아 주에 밀려 휴지기 상태가 지속 되다가 전환기를 맞이한 것은 1960년대였습니다. 몇몇 선구자들은 샤르도네와 삐노 누아 품종을 재배하기 위해 서늘한 기후를 조사하러 이곳에 정착했는데, 이 시기부터 10년 동안 고품질을 지향하는 포도원들이 계속해서 생겨나게 되었습니다. 그 중에서도 1966년에 윌래멧 밸리Willamette Valley에 처음으로 삐노 누아를 심은 데이비드 레트David Lett는 오리건 주에 있어서 '삐노 누아의 아버지Papa Pinot'라고 불리고 있습니다. 오랜 기간 동안, 윌래멧 밸리는 포도를 재배하기에는 너무 추운 지역으로 여겨져 왔으나, 데이비드 레트가 얌힐 카운티Yamhill County의 던디Dundee 마을에 디 아이리 빈야즈The Eyrie Vineyards 포도원을 설립하면서 본격적으로 와인 생산이 시작되었습니다. 데이비드 레트가 만든 디 아이리 빈야즈 삐노 누아 1975 와인은 1979년, 프랑스 음식 및 와인 전문지 고-미오Gault-Millau에서 주최한 와인 올림픽Wine Olympic에서 삐노 누아 와인 부문 2위를 차지하며 세계적인 시선을 끌었습니다. 1980년대 들어서도 오리건 주에서 만든 와인은 높은 평가를 받았고, 포도원의 수도 크게 증가했습니다. 그 결과, 1984년에 윌래멧 밸리는 오리건 주에서 최초로 AVA로 인정되어, 지금은 부르고뉴 와인과 비교되는 산지로 성장하게 되었습니다.

1990년대 초반, 오리건 주에서도 필록세라의 병충해가 발생했습니다. 현명한 재배업자들은 필록세라에 내성을 갖춘 받침나무에 접목한 포도 나무를 사용해 피해 방지에 주력했습니다. 또한 접목한 포도 나무 외에 새로운 삐노 누아 클론을 도입해 사용했습니다.

데이비드 레트가 최초로 삐노 누아 품종을 재배한 후, 대략 20년간 오리건 주에서 재배되던 삐노 누아 품종의 대부분은 스위스의 베덴스빌 클론Wäedenswil Clone과 캘리포니아 주에서 인기를 끌었던 프랑스의 뽀마르 클론Pommard Clone이었습니다. 그러나 1980년대 이후, 부르고뉴 지방에서 디종 클론Dijon Clone이 수입되기 시작하면서 와인은 복합적인 향과 풍미를 갖추며 한층 더 품질이 향상되었습니다.

오리건 주의 떼루아와 주요 포도 품종

오리건 주는 워싱턴 주와 마찬가지로 캐스케이드 산맥Cascade Mountains이 남북으로 뻗어 있으며, 주요 산지는 캐스케이드 산맥의 서부와 해안 쪽에 위치하고 있습니다. 서부 지역은 코스트 산맥Coast Range이 바닷물을 막아주는 방파제 역할을 하고 있지만, 캐스케이드 산맥보다 훨씬 낮기 때문에 차가운 북태평양 해류가 안개 대신 비를 불러옵니다. 그 결과 갯바람의 영향을 받아 습윤하고 서늘한 기후가 형성되며 10월부터는 우기가 시작되어 수확 연도마다 품질의 차이가 발생하는 것이 특징입니다. 반면 동부 지역은 캐스케이드 산맥이 바다에서 오는 습한 공기와 비구름을 막아줘 건조한 대륙성 기후를 띠고 있으며, 일부 지역은 연간 강우량이 250mm 미만의 사막으로 분류되고 있습니다. 실제로 오리건 주의 동부 지역에는 포도밭이 거의 없습니다.

오리건 주를 대표하는 포도 품종은 삐노 누아로 전체 재배 면적의 60%를 차지하고 있습니다. 오리건 주는 7개의 주요 재배 지역에서 와인을 생산하고 있는데, 그 중 6개 지역에서 91% 정도 삐노 누아로 와인을 만들고 있습니다. 2위 품종은 삐노 그리로 13%를 차지하고 있으며, 그 다음이 샤르도네입니다. 그 외의 포도 품종으로는 메를로, 리슬링, 까베르네 쏘비뇽, 게뷔르츠트라미너, 뮐러-트루가우, 삐노 블랑, 쏘비뇽 블랑 등을 재배하고 있습니다.

오리건 주의 삐노 누아 와인은 유럽의 삐노 누아 와인에 비해 전반적으로 과일의 농축미가 강하고 더 부드러운 편입니다. 반면 캘리포니아 삐노 누아 와인과 비교하면 향과 풍미가 복합적이고 알코올 도수와 과실 풍미가 절제된 것이 특징입니다.

오리건 주는 캐스케이드 산맥이 남북으로 뻗어 있으며, 주요 산지는 캐스케이드 산맥의 서부와 해안 쪽에 위치하고 있습니다. 반면 동부 지역은 캐스케이드 산맥이 바다에서 오는 습한 공기와 비구름을 막아줘 건조한 대륙성 기후를 띠고 있으며, 일부 지역의 경우, 연간 강우량이 250mm 미만의 사막으로 분류되고 있습니다. 실제로 오리건 주의 동부에는 포도밭이 거의 없습니다.

* 비 그늘: 산맥에서 바람이 불어오는 방향의 반대편 사면에 비가 내리지 않는 건조한 지역을 의미

오리건 주의 와인 산지

　　오리건 주의 포도밭은 포틀랜드Portland 시로부터 남쪽을 향해 뻗어있으며, 주요 산지는 북부와 남부로 구분하고 있습니다. 북부 오리건의 기후는 전반적으로 부르고뉴 지방과 비슷하게 서늘하며, 남부 오리건은 상대적으로 온난하지만 언덕과 산 사이에 서늘한 지역도 있습니다. 현재 오리건 주에는 18개의 AVA가 있는데, 그 중 캐스케이드 산맥 동쪽에 있는 3곳은 워싱턴 주에 걸쳐 있기도 합니다. 대표적인 AVA로는 북부 지역의 윌래멧 밸리가 있습니다.

TIP!

오리건 주의 디종 클론 도입

클론이란 같은 유전자를 가진 포도 나무의 개체군으로 품종 아래에 있는 하위 카테고리입니다. 지금의 포도 재배업자들은 포도밭에 포도 나무를 심을 때 클론의 종류를 선택해 묘목 가게에서 모종을 사는 것이 일반적입니다. 1990년대 이후, 미국에서는 삐노 누아로 와인을 만드는 생산자 사이에서 어떤 클론을 선택하는지가 가장 중요한 요소로 작용했습니다. 부르고뉴 지방에서 1960년대 이후에 선발된 디종 클론의 도입은 미국에서는 오리건 주에서 먼저 이루어졌고 캘리포니아가 그 뒤를 이었습니다.

디종 클론은 115, 667, 777 등 3자리 숫자의 코드 번호로 불리며 다수의 종류가 있습니다. 각각의 클론은 서로 다른 풍미와 특징이 있기 때문에 생산자들은 여러 종류의 클론을 포도밭에 심어 블렌딩을 통해 복합적인 향과 풍미를 내는 것이 보통입니다. 디종 클론은 비교적 타닌이 강하고 응축된 풍미를 지닌 와인을 만들기가 쉬운 걸로 알려져 있습니다.

- 윌래멧 밸리(Willamette Valley): 6,978헥타르

캐스케이트 산맥의 서쪽으로 펼쳐져 있는 윌래멧 밸리는 오리건 주에서 가장 큰 와인 산지입니다. 이곳은 오랫동안 포도를 재배하기에는 너무 추운 지역으로 여겨져 왔으나, UC 데이비스 대학교의 3명의 학생들에 의해 그러한 고정 관념이 깨치게 되었습니다. 그 주인공은 데이비드 레트와 찰스 코리Charles Coury, 딕 에라스Dick Erath로, 이들은 오리건 주에서 포도를 재배하는 것이 불가능하다는 대학교 교수들의 조언에도 불구하고 윌래멧 밸리가 삐노 누아, 샤르도네 등 서늘한 기후에 적합한 품종 재배에 이상적인 곳이라고 확신해, 1965년부터 1968년 사이에 포도를 재배하기 시작했습니다. 특히 데이비드 레트가 만든 와인은 즉각적인 성공을 거두었고, 윌래멧 밸리는 최고의 와인 산지로 인정받으면서 주변 동료들의 주장이 틀렸다는 것을 증명했습니다.

윌래멧 밸리는 포틀랜드 시를 가로질러 흐르는 컬럼비아 강에서 남쪽의 세일럼Salem을 지나 유진Eugene 근처의 칼라푸야 산맥Calapooya Mountains까지 이어집니다. 이곳의 기후는 남쪽의 캘리포니아 주와, 북쪽의 워싱턴 주와는 다르게 전반적으로 온화한 편입니다. 윌래멧 밸리의 북부는 태평양의 구름과 습기가 코스트 산맥의 틈새를 거쳐 유입되고, 캘리포니아 주보다 구름이 더 많기 때문에 여름은 서늘하고 습합니다. 그러나 최근 들어 지구 온난화로 인해 건조하고 따뜻한 기후로 변하고 있습니다. 가을과 겨울 역시 습하며, 겨울은 워싱턴 주보다 훨씬 온화한 편입니다. 윌래멧 밸리는 강우량의 대부분이 늦가을과 겨울, 그리고 이른 봄에 발생하며, 특히 겨울에 집중되고 있습니다. 이러한 이유로 이곳에서 포도 재배에 성공하려면 가을비가 내리기 전에 포도가 빨리 완전히 익어야 하기에 프랑스만큼 빈티지의 변화가 심한 편입니다.

토양은 1만년에서 1만 5천년 사이 발생한 미줄라 대홍수The Missoula Floods로 인해 형성된 자갈, 실트Silt, 바위 등 오래된 화산성 현무암이 주를 이루고 있으며, 해양퇴적 사암과 바람에 날려온 황토도 볼 수 있습니다. 약 90미터 이상의 표고에는 배수가 좋은 화산성 토양이, 90미터 아래에서는 퇴적물 기반의 토양으로 구성되어 있습니다.

결과적으로 윌래멧 밸리는 온화한 기후와 태평양의 영향을 받아 삐노 누아를 비롯한 서늘한 기후에 적합한 품종을 재배하기에 이상적인 조건을 지니고 있습니다. 이곳은 오리건 주에서 일

조량이 가장 풍부한 지역이지만, 태평양의 서늘한 기운이 여름의 열기를 식혀주고 있어 포도 생장 기간 동안 낮은 따뜻하고 밤은 서늘합니다. 이러한 큰 일교차로 인해 포도는 자연적인 산도를 유지하면서 복합적인 향과 풍미를 지니게 됩니다. 윌래멧 밸리에서 생산되는 삐노 누아 와인은 부르고뉴 스타일에 가깝지만, 과일 향이 훨씬 더 풍부하고 빨리 숙성되는 경향이 있습니다. 또한 구세계 산지와 신세계 산지의 삐노 누아 스타일의 균형을 유지하고 있으며, 하위 원산지 AVA에 따라 독특한 개성을 지니고 있는 것이 특징입니다.

윌래멧 밸리에는 그 안에 9개의 하위 원산지 AVA가 인정되고 있습니다. 대표적인 AVA는 던디 힐스 AVADundee Hills, 얌힐-칼턴 AVAYamhill-Carlton, 맥민빌 AVAMcMinnville, 에올라-아미티 힐스 AVAEola-Amity Hills, 체할렘 마운틴스 AVAChehalem Mountains, 리본 릿지 AVARibbon Ridge, 밴 두저 코리도어 AVAVan Duzer Corridor 등이 있습니다.

던디 힐스 AVA는 포틀랜드 시에서 남서쪽으로 45km, 태평양에서 내륙으로 약 64km 떨어진 곳에 위치한 산지입니다. 던디 힐스는 데이비드 레트와 딕 에라스, 소콜 블로저Sokol Blosser 등 오리건 삐노 누아의 개척자들에게 큰 사랑을 받았던 곳으로, 이들은 남향의 경사지를 포도밭으로 개간했습니다. 1965년 데이비드 레트가 이 지역 최초로 포도 재배를 시작해 2005년 AVA로 인정을 받았습니다. 현재 재배 면적은 1,038헥타르로 윌래멧 밸리에서 가장 많은 포도밭을 자랑하고 있습니다.

던디 힐스 AVA는 붉은색을 띤 화산성 조리Jory 토양으로 유명합니다. 이 토양은 고대 화산성 현무암으로 실트, 점토, 양토로 구성되어 있습니다. 토양의 깊이는 1.2~1.8미터로 배수가 뛰어나며, 토양의 배수성은 구름이 많이 끼는 오리건 주에서 포도가 잘 익기 위해 매우 중요한 조건으로 작용하고 있습니다. 던디 힐스는 화산 활동 및 태평양 판과 북아메리카 판의 충돌로 인해 발달한 구릉 지대로 우수한 포도밭은 남향에 집중되어 있습니다. 이곳은 삐노 누아가 주요 품종으로, 샤르도네, 삐노 그리 등을 재배하고 있으며, 던디 힐스 삐노 누아 와인은 붉은 체리, 라즈베리, 향신료, 흙 내음, 미네랄 등 향이 풍부하고 실크 질감의 타닌이 어우러진 것이 특징입니다. 대표적인 포도원으로는 데이비드 레트의 디 아이리 빈야즈, 딕 에라스의 에라스 와이너리Erath Winery, 소콜 블로저의 소콜 블로저 와이너리Sokol Blosser Winery, 도멘 서린Domaine Serene, 그리고 프랑스의 조셉 드루앙이 설립한 도멘 드루앙 오리건Domaine Drouhin Oregon 등이 있습니다.

TIP!

조셉 드루앙(Joseph Drouhin)의 오리건 진출

1979년, 프랑스 음식 및 와인 전문지 고-미오는 와인 올림픽을 개최했는데, 33개국의 330개 와인을 대상으로 10개국 62명의 전문가들이 와인을 평가했습니다. 샤르도네 부문에서는 나파 밸리의 트레페덴 빈야즈 샤르도네 1976Trefethen Vineyards Chardonnay이 1위를 차지했고, 까베르네 쏘비뇽 블렌드 부문에서는 스페인의 그랑 코로나스 마스 라 쁠라나 1970Gran Coronas Mas La Plana 1970이 1위를 차지했습니다. 삐노 누아 부문에서는 부르고뉴 지방의 명문 네고시앙인 조셉 드루앙의 샹볼-뮈지니 1959 와인이 1위, 데이비드 레트의 삐노 누아가 2위를 차지했습니다. 이처럼 오리건의 가능성을 발견한 드루앙은 데이비드 레트의 바로 옆에 포도밭을 매입해 1988년에 자회사 도멘 드루앙 오리건을 설립했습니다. 이 포도원은 오늘날에도 오리건 주에서 최고의 평가를 받는 생산자 가운데 하나입니다.

OREGON
오리건

WASHINGTON

Columbia Gorge

Columbia Valley

Walla Walla Valley

CASCADE RANGE

SOUTHERN OREGON

Snake River Valley

Rogue Valley

Applegate Valley

CALIFORNIA

18
AVA

OREGON AVA

- Willamette Valley
- Columbia Gorge
- Columbia Valley
- Walla Walla Valley
- Snake River Valley

SOUTHERN OREGON AVA

- Umpqua Valley
- Rogue Valley
- Applegate Valley

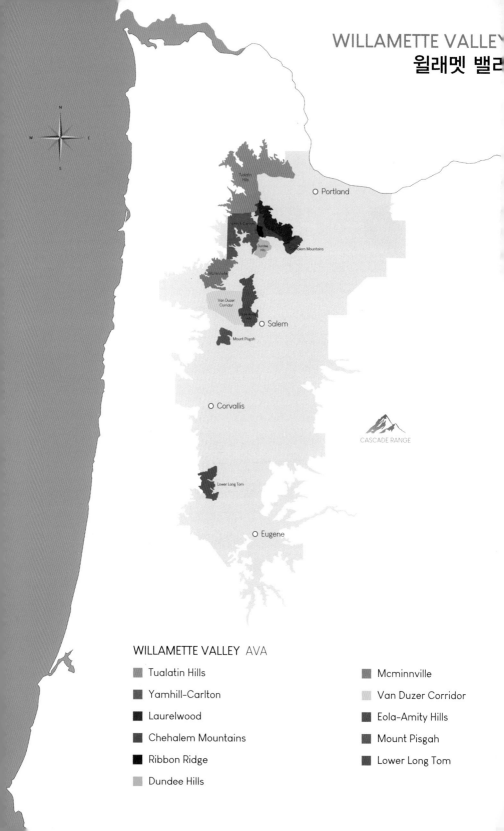

WILLAMETTE VALLEY
월래멧 밸리

O Portland

O Salem

O Corvallis

CASCADE RANGE

O Eugene

WILLAMETTE VALLEY AVA

- Tualatin Hills
- Yamhill-Carlton
- Laurelwood
- Chehalem Mountains
- Ribbon Ridge
- Dundee Hills

- Mcminnville
- Van Duzer Corridor
- Eola-Amity Hills
- Mount Pisgah
- Lower Long Tom

DAVID LETT ─────

릴래멧 밸리는 오리건 주에서 가장 큰 와인 산지로, 이곳은 오랫동안 포도를 재배하기에는 너무
추운 지역으로 여겨져 왔으나, UC 데이비스 대학교의 3명의 학생들에 의해 그러한 고정 관념이
깨지게 되었습니다. 그 주인공은 데이비드 레트, 찰스 코리, 딕 에라스로, 이들은 오리건 주에서
포도를 재배하는 것이 불가능하다는 대학교 교수의 조언에도 불구하고 월래멧 밸리가 삐노 누아,
샤르도네 등 서늘한 기후에 적합한 품종 재배에 이상적인 곳이라고 확신해 1965년부터 1968년
사이에 포도를 재배하기 시작했습니다.

특히 데이비드 레트가 만든 와인은 전문가들 사이에서 즉각적인 성공을 거두었고, 월래멧 밸리는
최고의 와인 산지로 인정받으면서 주변 동료들이 주장이 틀렸다는 것을 증명했습니다.

워싱턴(Washington): 24,281헥타르

미국 서해안의 최북단에 위치한 워싱턴 주는 캐나다와 국경을 접하고 있으며 캘리포니아 주에 이어 두 번째로 많은 양을 생산하고 있는 산지입니다. 2020년 기준, 재배 면적은 약 24,281헥타르로, 아직까지 미국 전체 재배 면적의 5%에 지나지 않지만, 지난 10년 동안 두 배 정도 증가했습니다.

예전부터 과수 재배가 번성했던 워싱턴 주는 1960년대 말까지 미국계 품종인 콩코드Concord 및 라즈베리 등의 과실을 원료로 한 낮은 품질의 와인이 활발히 만들어졌습니다. 당시 워싱턴 주 정부는 캘리포니아 주에서 생산된 와인과 다른 국가에서 수입된 와인에 높은 관세를 부과하고 있었기 때문에 이 지역에서 생산되던 와인은 낮은 품질에도 불구하고 시장을 뺏기는 일이 없었습니다. 그러나 1968년, 캘리포니아 주가 보복의 일환으로 워싱턴 주의 주요 작물인 사과를 불매하는 것을 결정하면서 당황한 워싱턴 주는 보호 정책을 철폐하게 되었습니다. 그 결과, 워싱턴 주의 포도원들은 차례로 문을 닫게 되었고, 샤또 생 미셸Chteau St. Michelle과 컬럼비아 크레스트Columbia Crest 2곳만이 남게 되었습니다. 위기감을 느낀 두 포도원은 유럽계 품종으로 전환해 고품질 와인 생산에 성공을 거두었고 포도원도 하나둘씩 생겨나기 시작했습니다. 1970년까지 워싱턴 주의 포도원은 고작 10곳에 불과했던 것이 지금은 1,000곳으로 증가했습니다. 지금의 워싱턴 주는 뛰어난 품질의 와인이 다수 생산되고 있으며, 점점 중요도가 높아지고 있는 와인 산지로 탈바꿈하게 되었습니다.

워싱턴 주는 북위 46~47도에 위치하고 있으며, 위도상으로는 부르고뉴 지방과 거의 같은 위치에 있습니다. 이 지역에는 해안으로부터 조금 동쪽으로 들어간 지점에 캐스케이드 산맥이 남북으로 뻗어 있는데, 이 산에 의해 서부와 동부의 기후 차이가 발생합니다. 캐스케이드 산맥의 서쪽에 있는 대도시 시애틀은 '비의 거리'로 유명하지만, 서부는 태평양의 영향을 받아 기후는 서늘하고 강우량이 매우 높아 포도 재배에는 적합하지 않습니다. 반면 동부는 캐스케이드 산맥이 차가운 바람 및 습한 공기와 비구름을 차단해주고 있어 포도 재배에 적합하며, 워싱턴 주의 거의 모든 포도밭은 건조한 내륙 동부의 넓고 개방된 지형에 자리잡고 있습니다.

워싱턴 주의 주요 산지인 동부는 대륙성 기후의 반사막 지역입니다. 이곳의 여름 기온은 캘리포니아 주와 비슷하게 높지만 봄, 가을 기온은 캘리포니아보다 낮습니다. 특히 여름철 일조 시간은 고위도에 위치하고 있기 때문에 캘리포니아 주에 비해 대략 2시간 정도 길어집니다. 또한 낮의 최고 기온은 33도까지 올라가고 밤의 기온은 7도까지 떨어져 일교차도 크기 때문에 포도는 자연적인 산도를 유지하면서 잘 익을 수 있어 양질의 포도를 생산할 수 있습니다.

다만, 동부는 극단적으로 건조해 관개가 필수입니다. 연간 강우량이 불과 200mm정도로 관개 용수를 확보할 수 있는 지역에서만 농업이 행해지고 있으며, 그 외의 지역은 사막으로 농업이 불가능합니다. 이곳은 6~10년에 한 번씩 영하 20~30도나 되는 큰 한파가 찾아 드는 지역이기 때문에 포도 재배업자는 동해 대책에 신경을 곤두세우고 있습니다. 토양은 비교적 균일한 편으로, 현무암 위로 마지막 빙하기에 발생한 미줄라 대홍수로 인해 퇴적된 모래가 섞인 양토가 쌓여 있으며, 포도밭은 주로 완만한 언덕의 배수가 좋은 모래 토양에 자리잡고 있습니다.

워싱턴 주의 주요 포도 품종은 시장의 인기 흐름에 따라 변화가 있었습니다. 1970년대 리슬링과 샤르도네, 1980년대 메를로, 1990년대 까베르네 쏘비뇽과 씨라로 주요 품종이 바뀌었고, 현재는 까베르네 쏘비뇽을 가장 많이 재배하고 있습니다. 적포도 품종은 까베르네 쏘비뇽, 메를로, 씨라로 순으로 재배하고 있으며, 주요 청포도 품종은 샤르도네와 리슬링입니다. 리슬링은 드라이 타입과 세미-스위트 타입으로 생산되고 있지만 재배 면적은 감소 추세입니다.

현재 워싱턴 주에는 19개의 AVA가 있으며 시애틀 근교의 퓨젯 사운드Puget Sound를 제외하고는 모두 캐스케이드 산맥의 동부에 자리잡고 있습니다. 대표적인 AVA인 컬럼비아 밸리 AVAColumbia Valley는 다수의 하위 원산지 AVA가 인정되고 있는데, 야키마 밸리 AVAYakima Valley, 왈라 왈라 밸리 AVAWalla Walla Valley가 가장 유명합니다.

컬럼비아 밸리 AVA는 워싱턴 주 면적의 1/4을 차지하고 있는 거대한 산지입니다. 재배 면적은 23,971헥타르로 워싱턴 주 와인 생산량의 99%를 차지하고 있으며, 11개의 하위 원산지 AVA를 가지고 있습니다. 과거 생산자들은 다양한 지역의 와인을 블렌딩하기 위해 컬럼비아 밸리

AVA, 또는 '워싱턴 주'라는 원산지 명칭을 선호했지만, 왈라 왈라 밸리 AVA 와인이 서서히 주목을 받으면서 라벨에 표기를 하고 있습니다. 왈라 왈라 밸리 AVA는 오리건 주의 북동쪽에 걸쳐 있는 산지로 주 내에서 가장 많은 포도원들이 밀집되어 있습니다. 기후는 워싱턴 주 동부와 유사하지만 토양의 대부분은 바람에 의해 퇴적된 황토로 구성되어 있습니다. 배수가 좋은 왈라 왈라 밸리는 시라, 까베르네 쏘비뇽, 메를로가 주요 품종입니다. 대표적인 포도원으로는 샤또 생 미셀, 컬럼비아 크레스트, 레콜 넘버 41L'Ecole No 41, 레오네티Leonetti, 그래머시 셀러즈 Gramercy Cellars 등이 있습니다.

TIP!

워싱턴 주와 필록세라

워싱턴 주는 필록세라 병충해를 입지 않은 지역입니다. 이곳의 모래가 섞인 토양에서 필록세라 해충이 번식하기 어렵기 때문에 오늘날 워싱턴 주의 대다수 포도밭에는 원종 자체의 포도 나무가 심어져 습니다. 원종의 포도 나무는 접목한 모종에 비해 비교적 비용이 저렴해 포도 나무 묘목의 비용을 낮출 수 있는 이점도 지니고 있습니다. 뿐만 아니라, 추위로 의한 위험성 분산 면에서도 유리한데, 심각한 동해 피해가 발생해 땅 위의 포도 나무가 시들어 버려도 땅 속의 뿌리는 살아남는 일이 있기 때문입니다. 원종은 뿌리가 살아남아 있으면 포도밭의 복구가 비교적 쉽습니다. 반면, 접목을 한 경우에는 전면적으로 옮겨심기를 하던지 아니면 재차 받침 나무 부분에 접목을 하던지 결정해야 합니다.

WASHINGTON
워싱턴

CANADA

CASCADE MOUNTAINS

Lake Chelan

Columbia Valley

Ancient Lakes

Naches Heights

Yakima Valley

Wahluke Slope

Red Mountain

Horse Heaven Hills

Walla Walla Valley

Columbia Gorge

Columbia Valley

Lewis-Clark Valley

Puget Sound

OREGON

19
AVA

WASHINGTON AVA

- Puget Sound
- Lake Chelan
- Columbia Valley
- Ancient Lakes
- Naches Heights

- Wahluke Slope
- Yakima Valley
- Rattlesnake Hills
- Snipes Mountain
- Red Mountain

- Columbia Gorge
- Horse Heaven Hills
- Walla Walla Valley
- Lewis-Clark Valley

워싱턴 주는 해안으로부터 조금 동쪽으로 들어간 지점에 캐스케이드 산맥이 남북으로 뻗어 있는데, 이 산에 의해 서부와 동부의 기후 차이가 발생합니다. 캐스케이드 산맥 서쪽에 있는 시애틀은 비의 거리로 유명하며, 서부는 태평양의 영향을 받아 기후는 서늘하지만 강우량이 매우 높아 포도 재배에는 적합하지 않습니다.

반면 동부는 캐스케이드 산맥이 차가운 바람, 습한 공기와 비구름을 차단해주고 있어 포도 재배에 적합하며, 워싱턴 주의 거의 모든 포도밭은 건조한 내륙 동부의 넓고 개방된 지형에 자리잡고 있습니다. 워싱턴 주의 주요 산지인 동부는 대륙성 기후의 반사막 지역으로, 여름 기온은 캘리포니아 주와 비슷하게 높지만 봄과 가을 기온은 캘리포니아보다 낮습니다. 특히 여름철 일조 시간은 고위도에 위치하고 있기 때문에 캘리포니아 주에 비해 대략 2시간 정도 길어집니다. 또한 낮 최고 기온은 33도까지 올라가고 밤의 기온은 7도까지 떨어져 일교차도 크기 때문에 포도의 자연적인 산도와 함께 잘 익어 양질의 포도를 생산할 수 있습니다.

PACIFIC

SEATTLE

OLYMPIC MOUNTAINS

CASCADE MOUNTAINS

COLUMBIA VALLEY

빙하기에 형성된 미줄라 빙하 호수는 얼음 댐의 깊이만 366m에 달했습니다. 미줄라 빙하 호수는 평균 55년 주기로 범람과 재형을 반복했으며, 홍수는 대략 1만 5천년~1만 3천년 전 사이 2,000년 동안 여러 차례 발생했다고 지질학자들은 추정하고 있습니다.

빙하기가 절정을 지난 후, 빙하가 계속 녹으면서 미줄라 빙하 호수의 얼음 댐은 붕괴되었고 몇 일만에 격변적으로 호수를 비우고 길을 냈습니다. 이후, 1주 동안 터진 얼음 댐의 물은 워싱턴 주 동부와 오리건주 북부로 휩쓸었는데, 그 속도는 시간당 100km이상으로 빠르게 휩쓸었습니다. 그 결과, 워싱턴 주의 토양은 이전에 화산 활동에 의해 형성된 현무암 위로 마지막 빙하기에 발생한 미줄라 홍수로 인해 퇴적된 모래가 섞인 양토가 쌓이게 되었으며 현재 워싱턴 주의 포도밭은 완만한 언덕의 배수가 좋은 모래 토양에 자리잡고 있습니다.

SPACE NEEDLE TOWER

184 m

122 m

100km/h

AMERICAN OAK

FRENCH OAK

미국 오크통은 프랑스 오크통에 비해 2~4배 정도 락톤 화합물이 많기 때문에 좀 더 달콤한 풍미와 바닐라 뉘앙스가 강한 것이 특징입니다. 양조가들은 일반적으로 강하고 묵직한 레드 와인과 온난한 기후의 샤르도네 와인에 미국산 오크통을 주로 사용하고 있습니다.

오크통의 재료인 참나무는 미국과 프랑스가 다른 종이며, 기후에 따른 나무 조직의 차이도 있기 때문에 만드는 과정 역시 다릅니다. 프랑스 참나무는 결이 단단하고 밀도도 촘촘하기 때문에 오크통 제조 시, 나무를 자르지 않고 결을 따라 쪼개고 있습니다. 이후 쪼갠 나무는 야외에서 24~36개월 정도 자연 건조 시키는 시즈닝 작업을 진행합니다.
미국 참나무는 가마에서 건조하는 방식으로 시즈닝 작업이 가능하지만, 거의 대다수 미국 오크통 제조업자들은 프랑스와 동일한 방식으로 자연 건조를 시키고 있습니다. 이는 자연 건조가 안 좋은 화학 성분과 쓴 맛의 타닌 성분을 걸러주는 장점이 있기 때문입니다.

경제적인 측면에서 프랑스는 참나무를 쪼개기 때문에 나무의 20~25%만 사용 가능한 반면, 미국은 나무를 기계 톱으로 자르기 때문에 2배 이상의 경제적이지만, 품질적인 측면에서는 프랑스 오크통을 더 우수하다고 인정하고 있습니다.

7일차_____ 오세아니아의 리더, 호주_____

Wine Australi

AUSTRALIA

2003년, 호주 와인 산업은 70% 성장 기록을 달성했고, 2020년 기준으로 세계 와인 생산량의 6위를 차지하고 있습니다. 또한 와인 수출량도 큰 폭으로 증가해 과거 20년 동안에 60배 이상 성장했습니다. 2020년, 호주는 프랑스와 이탈리아, 스페인의 뒤를 잇는 세계 4위 수출국으로 120개 국가에 수출을 하고 있습니다.

현재 와인 산업은 호주 경제를 지탱하는 중요한 축으로써 저렴한 가격대의 대중적인 이미지를 기반으로 세계 시장을 공략하고 있습니다. 아울러 미국과 더불어 신세계 와인 산지를 대표하는 호주는 이제 독자적인 캐릭터를 구축하며 미국의 강력한 라이벌로 대두되고 있습니다.

호주 와인의 개요

◆ 남위 30~40도에 와인 산지가 분포
◆ 재배 면적 : 150,000헥타르
◆ 생산량 : 12,000,000헥토리터

[International Organisation of Vine and Wine 2015년 자료 인용]

호주는 오세아니아를 대표하는 국가로, 남태평양과 인도양 사이의 오스트레일리아 대륙과 태즈메이니아Tasmania 섬 등을 국토로 포함하고 있습니다. 세계 와인 산지 중 비교적 신생 국가에 속하는 호주는 1788년경 첫 개척자인 영국의 이민자들에 의해 와인 역사가 시작되었습니다. 230년이라는 상대적으로 짧은 와인 역사에도 불구하고 가파른 성장세를 보이고 있으며, 최근에는 생산량을 급격히 늘리고 있는 추세입니다. 호주의 와인 산업은 2003년 70% 성장 기록을 달성했고, 2020년 기준으로 세계 와인 생산량의 6위를 차지하고 있습니다. 또한 와인 수출량도 큰 폭으로 증가해 과거 20년 동안 60배 이상 성장했습니다. 2020년 기준, 호주는 프랑스, 이탈리아, 스페인의 뒤를 잇는 세계 4위의 수출국으로 120개 국가에 수출을 하고 있습니다.

현재 와인 산업은 호주 경제를 지탱하는 중요한 축으로써 저렴한 가격대의 대중적인 와인 이미지를 기반으로 세계 와인 시장을 공략하고 있습니다. 아울러 미국과 함께 신세계 와인 산지를 대표하는 호주는 이제 독자적인 캐릭터를 구축하며 미국의 강력한 라이벌로 대두되고 있습니다.

호주 와인의 산업 구조

호주에는 대략 2,500개의 포도원이 존재합니다. 하지만 호주 와인 전체 생산량의 74%가 13개의 다국적 기업형 회사에서 생산되고 있는 극단적인 독과점 상황을 보이고 있습니다. 특히 포스터스Foster's, 컨스텔레이션Constellation, 페르노 리카 퍼시픽Pernod Ricard Pacific, 맥기강 시메옹McGuigan Simeon, 카셀라Casella의 5개 다국적 기업형 회사들은 호주 와인 전체 생산량의 64%, 전체 수출량의 75%정도를 차지하고 있고, 호주 내에 광대한 포도밭을 소유하며 많은 양의 와인을 생산하고 있습니다. 이들은 대형 냉장 트럭을 이용해 수백 킬로미터 떨어진 산지의 포도를 수확·운반한 후 여러 산지의 와인을 블렌딩해 대량 생산에 적합하게 와인을 만들고 있습니다. 이러한 기업형 회사들은 거대한 생산 규모를 바탕으로 생산 비용을 절감할 수 있기 때문에 시장에서 가격 경쟁력이 있을 뿐만 아니라, 대기업 특유의 뛰어난 브랜드 마케팅 효과를 발휘하며 공격적으로 전 세계 와인 시장의 판로를 개척하고 있습니다. 가장 성공한 것이 저렴한 가격의 대량 생산되는 브랜드 와인인 옐로우 테일Yellow Tail이 대표적입니다. 이러한 와인들은 진한 과실 풍미와 함께 캐주얼한 맛을 강조하면서 상대적으로 품질이 뛰어난 것이 특징입니다. 여기에 전략적인 판매와 홍보 활동을 통해 세계 시장에서 큰 성공을 거두고 있습니다. 그러나 최근 들어 세계 와인 시장에서의 심한 경쟁으로 인해 호주의 주요 기업형 회사들이 와인 가격을 파격적으로 싸게 판매하는 결과를 초래하기도 했습니다.

다국적 기업형 회사에서 만든 와인이 일부 와인 전문가들 사이에서 '획일적인 맛을 지닌 와인'이라는 비판을 받고 있기도 하지만, 소비자의 입장에서는 오히려 '저렴한 가격대의 믿고 마실 수 있는 대중적인 와인'이라는 긍정적인 이미지를 만들기도 했습니다. 그렇다고 해서 호주 와인이 기업형 회사들만 존재하는 것은 아닙니다. 생산량이 적은 중·소규모 포도원도 다수 존재하며 이들은 각자의 개성을 담은 우수한 품질의 와인을 제조하고 있습니다. 또한 호주는 와인과 관련된 연구 기관도 충실하게 정비되어 있어 소규모 포도원도 기술적으로 높은 수준의 와인 양조가 이루어지고 있습니다.

옐로운 테일의 폭발적인 성공

2000년대 호주 와인의 수출이 비약적으로 늘어난 것은 옐로운 테일의 폭발적인 성공 때문이었습니다. 이 와인은 카셀라Casella 그룹에서 만든 브랜드 와인으로, 현재 전 세계에 판매되며 큰 인기를 누리고 있습니다. 2001년 연간 생산량 240만병에서 시작한 옐로우 테일은 미국 시장에서 순식간에 대성공을 거두었고, 불과 3년 뒤인 2004년에는 미국에 수입되는 어떤 와인보다 많은 판매량을 기록해 세계 전체 판매량은 대략 1억 5천 만병에 달하고 있습니다.

2010년 기준, 옐로우 테일 한 개 브랜드가 호주 전체 와인 생산량의 9%, 전체 수출량의 15%를 차지하고 있는데, 지금도 미국에 가장 많은 양을 수출하고 있습니다. 참고로 미국에 수입되는 프랑스 와인의 전체 수입량보다 옐로우 테일 브랜드의 수입량이 훨씬 더 많습니다.

호주에는 대략 2,500개의 포도원이 존재하지만, 호주 와인 전체 생산량의 74%가 13개 다국적 기업형 회사에서 생산되고 있는 극단적인 독과점 상황을 보이고 있습니다. 그 중에서 포스터스, 컨스텔레이션, 페르노 리카 퍼시픽, 맥기강 시메옹, 카셀라의 5개 다국적 기업형 회사들은 호주 와인 전체 생산량의 64%, 전체 수출량의 75%정도를 차지하고 있고, 호주 내 광대한 포도밭을 소유하며 많은 양의 와인을 생산하고 있습니다.

☐ FOSTER'S

☐ CONSTELLATION

☐ PERNOD RICARD PACIFIC

☐ McGUIGAN SIMEON

☐ CASELLA

[yellow tail]

An ~~alluring red,~~
bloody ~~crimson in colour,~~
~~with a~~
good, ~~long finish.~~
drop ~~This~~
~~is destined for~~
~~the cellar.~~

[refreshingly simple]

[yellow tail]
SHIRAZ

와인 생산의 여명, 18세기말

1788년, 첫 개척자인 영국의 이민자들에 의해서 호주에 처음으로 포도 나무가 들어왔습니다. 초대 총독인 아서 필립Arthur Phillip 대령은 함대 11척과 1,000여명의 이민자를 이끌고 남아프리카의 케이프 타운을 거쳐 뉴 사우스 웨일스New South Wales 주에 도착해 식민지를 개척했습니다. 이때 남아프리카의 희망봉에서 가져온 포도 나무를 재배했지만, 와인 생산은 결국 실패로 끝나고 말았습니다.

상업적으로 와인 생산이 본격화된 시기는 1820~1840년대로, 와인 산지는 뉴 사우스 웨일스 주를 기점으로 태즈메이니아 섬과, 웨스턴 오스트레일리아, 빅토리아 주로 퍼져 나갔으며, 마지막으로 사우스 오스트레일리아 주까지 확대되었습니다. 그리고 1850~1860년대 골드 러시로 인해 호주의 인구는 10년 만에 2배로 증가했는데, 그에 따라 와인 산업도 번성하기 시작했습니다.

와인 산업의 형성

19세기 후반, 호주의 와인 산업은 서서히 형성되어 점차적으로 성장해 나갔습니다. 영국계 이민자에 의해 뉴 사우스 웨일스 주의 헌터 밸리Hunter Valley, 프랑스와 스위스 이민자의 영향 아래 빅토리아 주의 야라 밸리Yarra Valley, 그리고 독일 이민자에 의해 사우스 오스트레일리아 주의 바로사 밸리Barossa Valley 등 대도시에 비교적 가까운 곳을 중심으로 와인 생산이 이루어졌습니다. 특히 빅토리아 주는 호주에서 가장 중요한 와인 공급지로 와인 산업의 중심지 역할을 했습니다. 포도밭의 면적도 뉴 사우스 웨일스와 사우스 오스트레일리아 주를 합친 것보다 넓었으며, '영국인의 포도'라고 불리는 존 불스 빈야드John Bull's Vineyard에서 만든 빅토리아 주의 와인은 유럽에까지 알려질 정도였습니다.

당시 자국 내 와인 소비는 영국 이민자의 상류 계층을 중심으로 이뤄졌습니다. 그러나 와인을 즐기는 상류 계층에서는 호주에서 만든 와인이 품질이 향상되었음에도 불구하고 대체로 쳐다보지 않았고, 호주 서민들 역시 술에 대한 갈망은 있었지만, 와인에 대한 인식이 부족했기 때문에 소비가 적었습니다.

호주 와인 산업의 시련과 산지의 전환

1875년, 호주에서도 필록세라 병충해가 발생했습니다. 빅토리아 주의 일부 지역에서 처음 발견되었고, 방제할 수단이 전혀 없기 때문에 포도 나무를 뽑아내는 조치 밖에 취할 수 없었습니다. 이시기 빅토리아 주에서는 급속도로 발전하는 사우스 오스트레일리아 주를 견제하기 위해 재배업자들에게 보조금을 지급하며 포도 나무 재배를 확대해 나갔는데, 이것이 필록세라 해충을 확산시키는 원인이 되었습니다. 필록세라 해충이 처음 출현했을 당시 재배업자 대다수가 대수롭지 않게 여겼지만, 이 해충은 빠르게 확산하며 빅토리아 주의 중부와 북부 지역의 포도밭까지 전염시켰습니다. 그 결과 1906년, 빅토리아 주의 포도밭은 괴멸 상태가 되어 막대한 피해를 입게 되었습니다.

19세기 말, 빅토리아 주는 호주 와인 산업의 중심이었지만, 필록세라의 피해가 극심했기 때문에 사우스 오스트레일리아 주로 그 중심이 옮겨지게 되었습니다. 또한 1901년에 호주 연방이 설립되면서, 각 주마다 거래할 때 부과되던 관세가 폐지되었습니다. 그러자 사우스 오스트레일리아 주의 저렴한 와인이 유입되기 시작했고, 이미 필록세라 피해를 입은 빅토리아 주의 와인 산업은 더욱더 심각한 타격을 입게 되었습니다. 결국, 호주 와인 생산량의 50%를 점하고 있었던 빅토리아 주는 침체기를 맞이했으며, 1900년도 초반에 주도적 지위를 사우스 오스트레일리아 주에 물려주게 되었습니다.

1930년경, 사우스 오스트레일리아 주의 와인 생산량은 호주 전체 생산량의 75%에 이르렀고, 바로사 밸리가 최대 중요 거점으로서의 위치를 확립했습니다. 이 시기에 호주는 대부분 주정 강화 와인을 생산하며, 관세 특혜를 받는 영국으로의 수출이 번성했습니다. 또한 머리Murray 강이나 머럼비지Murrumbidgee 강 주변의 관개가 필요한 지역에도 포도밭이 개척되어 저가 와인의 원료 공급지가 되었습니다.

TIP!

제임스 버스비(James Busby)

호주 와인 역사에 선구자로 알려진 제임스 버스비는 호주에서 '포도의 아버지', '헌터 밸리의 창시자'라고 불리고 있으며, 뉴질랜드 최초의 영국인 거주자이자 뉴질랜드에서 처음으로 와인을 생산한 인물이기도 합니다. 1801년 영국의 에든버러Edinburgh에서 태어난 제임스 버스비는 1824년 호주에서 포도 재배의 가능성을 확인하고 부친과 함께 이주해 헌터 밸리에서 포도 재배를 시작했습니다.

1831년, 제임스 버스비는 프랑스 및 스페인의 와인 산지에서 포도 재배와 양조를 배운 뒤 프랑스, 스페인의 포도 나무 묘목을 수집해 호주로 가지고 왔으며, 포도 재배와 교육, 집필 그리고 포도 품종의 수입 등 다양한 활약을 했습니다. 버스비가 프랑스에서 수입한 680여 종에 이르는 포도 품종의 모종은 호주 와인 산업의 주춧돌이 되었고, 현재 중요한 품종인 쉬라즈나 샤르도네의 클론 중에는 그 기원을 거슬러 올라가면 버스비가 수입한 묘목에 이르는 것도 있습니다.

호주 와인의 선구자로 알려진 제임스 버스비는 호주에서 '포도의 아버지, 헌터 밸리 창시자'라고 불리고 있습니다. 1801년 영국의 에든버러에서 태어난 제임스 버스비는 1824년 호주에서 포도 재배의 가능성을 확인하고 부친과 함께 이주해 헌터 밸리에서 포도 재배를 시작했습니다.

1831년, 그는 프랑스 및 스페인의 와인 산지에서 포도 재배와 양조를 배운 뒤 프랑스, 스페인의 포도 나무 묘목을 수집해 호주로 가지고 왔으며, 포도 재배와 집필, 포도 품종 수입 등의 다양한 활약을 했습니다. 버스비가 프랑스에서 수입한 680 종에 이르는 포도 품종의 모종은 호주 와인 산업의 주춧돌이 되었고, 현재 주요 품종인 쉬라즈나 샤르도네의 클론 중에는 그 기원을 거슬러 올라가면 버스비가 수입한 묘목에 이르는 것도 있습니다.

20세기 초반, 주정 강화 와인의 시대

20세기를 경계로 호주의 소비 시장에 변화가 일어났습니다. 영국 이민자가 다수를 차지하는 호주에서는 소비자의 와인에 대한 기호가 점차 달콤한 와인으로 바뀌면서, 산지의 특색을 갖춘 테이블 와인을 만들려는 노력이 차차 수그러들게 되었습니다. 당시 생산자들은 셰리, 포트 등의 달콤한 주정 강화 와인을 만드는데 집중했는데, 시장에서 판매되는 90%정도가 이러한 주정 강화 와인이었습니다.

와인 수출에 관해서도 호주는 상당히 불리한 조건을 갖고 있었습니다. 주요 수출국인 영국까지의 수송 거리가 멀었고, 또 적도를 통과하지 않으면 안 되기 때문에 수송 수단이 발달하지 못한 상황에서 이러한 여건을 견딜 수 있는 와인을 수출해야만 했습니다. 수출 와인의 대다수는 셰리, 포트 등과 같은 주정 강화 와인이었으며, 이 와인들은 높은 알코올 도수의 술을 첨가해 만들었기 때문에 쉽게 변질되지 않았습니다. 또한 풀-바디한 레드 와인도 일부 수출되었는데, 진한 색상의 묵직한 무게감을 지니고 있어 장기간 보존이 가능했습니다. 그러나 주정 강화 와인이나, 풀-바디한 레드 와인이나 영국까지 수출되는 과정에서 고온에 의해 와인이 끓어 넘치는 손상Heat Damage을 입는 경우도 적지 않았습니다. 그 결과, 영국 시장에서 호주 와인에 대한 평가는 좋지 않았고, 한번 떨어진 평가를 회복하는 데에만 반세기 가까운 시간이 걸렸습니다.

1950년대부터의 대변화

1950년대 이후, 현재로 이어지는 호주 와인 산업의 형태가 만들어지기 시작했습니다. 그것은 무엇보다도 주정 강화 와인에서 드라이 타입의 테이블 와인으로의 전환이었습니다. 제2차 세계대전 이후, 유럽의 이민자들이 멜버른Melbourne, 시드니Sydney 등의 대도시에 정착하면서 테이블 와인의 수요가 높아졌습니다. 또한 도항 비용이 저렴해지면서 유럽에서 거주한 경험을 지닌 사람들이 호주에 증가한 것도 테이블 와인의 수요를 높이게 한 이유가 되었습니다. 단조로운 영국식 식사 패턴에서 변화하여 와인 소비량도 증가 했으며, 식사와 함께 와인을 곁들여

마시는 문화가 호주에도 정착해 나갔습니다. 테이블 와인 소비의 증가함에 따라 전성기에 생산량의 90%를 차지했던 주정 강화 와인의 생산량은 점차 줄어들어 현재는 10% 이하까지 떨어졌습니다.

와인 제조의 기술적인 측면에서도 발효 온도 조절 장치가 달린 스테인리스 스틸 탱크가 보급되어 높은 기술 수준의 안정된 와인을 생산하게 되었을 뿐만 아니라 오크통 숙성 방법도 같은 시기부터 확대되었습니다. 규모가 작은 포도원들이 잇따라 생겨났으며, 빅토리아 주와 사우스 오스트레일리아 주의 최남단의 서늘한 지역에서도 포도 재배가 부흥하게 되었습니다.

1950년대부터 시작된 이러한 변화를 상징하는 것이 펜폴즈Penfolds 포도원의 레드 와인, 그렌지Grange의 탄생입니다. 펜폴즈의 양조가인 막스 슈베르트Max Schubert, 1915 ~ 1994는 보르도 지방에서 선진 양조 기술을 배운 뒤 귀국하여, 1951년에 처음으로 그렌지를 생산하였습니다. 이 와인은 현재 호주의 레드 와인 제조에 있어서 표준으로 적용되고 있는 단기간의 침용 및 미국 오크통에서 알코올 발효를 끝내는 기술 등의 시발점이 되었습니다.

1990년대부터 2000년대 초반까지 호주의 와인 수출은 급격하게 증가했습니다. 풍부한 과실 향의 달콤한 오크향을 지닌 옐로운 테일, 울프 블라스Wolf Blass 등의 브랜드 와인을 앞세워 미국과 유럽의 수출 시장에서 호평을 받으며 성공가도를 달리기 시작했습니다. 이에 힘입어 재배업자들은 열광적으로 포도 나무를 재배했고, 세금 감면의 혜택을 노리는 사람까지 가세하기 시작했습니다. 하지만 이러한 현상은 결국 공급 과잉으로 이어져 내수 시장에서의 와인 가격이 파괴되는 결과를 초래했습니다. 또한 늘어난 재배업자들은 수익을 내지 못하고 다국적 기업형 회사에게 잠식당하게 되었습니다.

현재 호주 와인 업계는 '2025년을 위한 전략'이란 장기 방침을 세워 새로운 방향을 모색하고 있는데, 기존의 주요 수출국인 미국과 영국뿐만 아니라 최근에는 중국까지 수출국을 다변화하려고 노력하고 있습니다.

TIP!

그렌지의 고난

1951년, 펜폴즈 포도원에 새로운 양조가인 막스 슈베르트가 등장해 그렌지 와인을 생산할 당시, 혁신적인 한편 너무 강렬한 맛으로 인해 경영진을 포함한 사내에서 강한 비판을 받았습니다. 1957년에 막스 슈베르트는 그렌지 와인의 생산을 중지하라는 경영진의 지시를 받았으나, 1959년까지 비밀리에 생산을 계속했다는 일화가 있습니다. 그렌지의 뛰어난 품질이 사내에서도 인정받아 생산 금지령이 풀린 것은 초창기 만든 빈티지가 숙성 된 후 그 진가를 발휘하기 시작한 1960년의 일입니다. 그 이후부터 그렌지는 호주 최고 가격의 와인이자 장기 숙성이 가능한 와인으로 명성을 확립해 나갑니다. 1951년 양조 책임자로 부임한 막스 슈베르트는 1973년에 펜폴즈 포도원에서 은퇴했으며, 1994년 세상을 떠날 때까지 그렌지 와인의 품질 향상을 위해 모든 것을 받쳤습니다. 그 결과, 그렌지는 1962년부터 여러 국제 품평회에서 입상을 했는데, 1955년 빈티지의 경우, 50개 이상의 금메달을 수상하기도 했습니다.

그렌지 와인은 처음 출시 당시, 최고의 씨라 와인을 만드는 론 지방의 에르미따주 와인을 표방하기 위해 '에르미따주 농가'라는 뜻을 지닌 그렌지 에르미따주Grange Hermitage 명칭으로 판매되었으나, 1990년 프랑스 정부가 원산지 명칭의 도용을 주장하며 사용 금지를 요청했기에 1990년부터 생산한 와인에 그렌지 명칭만으로 표기하고 있습니다.

Penfolds
Grange Hermitage

— *Max Schubert* —

펜폴즈의 양조가인 막스 슈베르트는 보르도 지방에서 선진 양조 기술을 배운 뒤 귀국해 1951년에 처음으로 그렌지를 생산하였습니다. 이 와인은 현재 호주의 레드 와인 제조에 있어서 표준으로 적용되고 있는 단기간 침용 및 미국 오크통에서 알코올 발효를 끝내는 기술 등의 시발점이 되었습니다.

호주 와인의 브랜드화 전략

- 2025년을 위한 전략

1996년, 호주 와인 업계는 '2025년을 위한 전략'이란 장기 방침을 책정했습니다. 2025년까지 호주 와인을 세계에서 가장 영향력을 가진, 가장 이익률이 높은 브랜드 와인의 공급원, 그리고 소비자들이 처음으로 선택하는 라이프 스타일 음료로써의 지위를 확립해 연간 45억 호주 달러, 한화로 4조 348억 3,500만 원의 매출을 달성한다는 목표를 내걸었습니다.

당초 비현실적으로 생각된 이 목표는 과실 맛이 가득하고 변함없는 맛을 지니고 있어 편안하게 마실 수 있는 저렴한 브랜드 와인의 대성공에 따라 불과 10년 만에 달성했으며, '브랜드 오스트레일리아Brand Australia'란 견고한 마케팅 전략을 앞세워 판매 기반을 마련해 주었습니다. 수출 시장에서도 변화가 일어났습니다. 2000년, 영국 시장에 수입되는 호주 와인의 양이 오랫동안 영국의 수입량 1위를 유지해 온 프랑스를 넘어서게 되었습니다. 그 후 옐로우 테일이란 브랜드 와인의 대성공에 의해 미국 시장의 수출도 급증했으며, 현재 호주 와인의 수출량의 3/4정도가 영국과 미국이 차지하고 있습니다.

또한 1996년 세워진 계획에는 당시 63,000헥타르였던 포도밭의 면적을 2025년까지 100,000헥타르 늘리겠다고 계획도 포함하고 있었습니다. 그런데 1999년에 이미 목표 계획을 달성해 120,000헥타르를 넘어섰고, 2008년에는 170,000헥타르를 초과했습니다.

- 생산 과잉 및 가격 하락

호주 와인 업계의 '2025년을 위한 전략'은 비정상적인 속도로 성장했습니다. 그러나 언제까지나 성장이 지속될 리가 없었고, 2008년을 기점으로 호주 와인 수출량은 감소하기 시작했습니다. 수출량의 감소 이유는 2008년 가을에 발생한 리먼 브라더스 사태에 따른 금융 위기와 세계 경기 불황, 그리고 남미 등의 후발 와인 생산국과의 경쟁 격화, 변덕스러운 소비자의 싫증 등 원인이 복합적이었습니다.

생산량이 늘어남에도 불구하고 판로를 찾기 어렵다는 비극적인 상황으로 빠져버린 호주 와인 업계는 공급 과잉에 따른 가격 하락과 생산자들의 생계의 어려움이 시작되었습니다. 2009

년에 발표된 업계의 리포트에 따르면 전체 생산량의 15~30%정도의 와인이 팔리지 않는 상태에 처해있고, 포도밭의 20%는 채산성이 맞지 않는다고 밝혔습니다. 과거 10년 전까지만 해도 기적적인 성공을 거뒀던 '브랜드 오스트레일리아'는 막상 전략을 시작해보니 그 약점이 보이기 시작했습니다. 즉 안정된 품질과 저렴한 가격 이외에는 소비자들을 끌어당겨 붙잡을 수 있는 독자성이 없었던 것입니다.

- 지역성과 다양성 강조의 전환

호주 와인 업계는 역경 속에서 지금 새로운 방향을 모색하고 있습니다. 거대한 기업형 회사에 의한 값싸고 대량 생산되는 와인 산지라는 편견을 불식시키고, 독자적인 개성과 높은 부가가치를 가진 성숙한 와인 생산 국가로 탈피하려 노력하고 있습니다. 대형 브랜드 와인의 그늘에 가려져 있었지만, 원래 호주에는 중·소규모의 포도원들이 다수 존재하며, 지역의 특성이 강한 와인을 소량이긴 하지만 생산하고 있었습니다. 다행스러운 것은 실제로 세계의 와인 소비자들이 생각하고 있는 이상으로 호주에는 다양한 떼루아가 존재하고 있습니다. 문제는 그 점이 세계의 와인 소비자들을 향해 어필되지 않았던 것입니다.

다국적 기업형 회사에서 판매해 온 '병에 담긴 태양'이라는 이미지 때문에 나라 전체가 온난하고 건조하다는 오해를 받았지만, 빅토리아 주, 태즈메이니아 섬은 전체가 꽤 서늘하고, 사우스 오스트레일리아와 웨스턴 오스트레일리아 주에도 일부 서늘한 지역은 존재하고 있습니다. 서늘한 지역에서 생산되는 중·고가 와인 중에서는 최근 들어 눈에 띄게 우아한 스타일을 지닌 와인 생산도 늘어나고 있으며, 이 나라가 가진 다양한 모습이 지금 밝혀지고 있습니다. 이러한 와인들이 홍보 도구가 되어, 개성 있고 독특한 와인을 생산한다면 호주는 세계의 선두 와인 생산국으로서의 입지를 굳건히 할 수 있을 것입니다.

TIP!

호주의 구원 투수, 중국

2000년대 중반부터 호주의 가장 중요한 수출국인 영국과 미국 시장이 흔들리기 시작했습니다. 변덕스러운 미국 시장에서 라벨에 캥거루 등의 동물 그림이 그려진 호주 와인은 이제 한물갔다고 판단했으며, 영국의 대형마켓에서도 호주 브랜드 와인이 너무 비싸졌다고 결론을 내려, 벌크 와인을 수입해 자신들의 브랜드 명칭으로 판매하기 시작했습니다. 이러한 상황 속에서 구원 투수로 등장한 국가가 바로 중국이었습니다. 묵직한 무게감을 지닌 레드 와인과 값비싼 포장을 좋아하는 중국인들이 호주 와인에 열광한 덕분에 호주 와인 산업은 다시 희망을 찾았으며, 중국 수출량 또한 급증했습니다. 현재 중국에서 수입하는 호주 와인의 양은 영국과 미국을 합친 양보다 많습니다. 하지만 코로나 사태 이후 호주와 중국간의 갈등이 깊어지면서 무역 분쟁이 일어났고, 와인에 높은 관세를 부과하면서 호주 와인 업계는 또 다시 새로운 판로를 개척하기 위해 움직이고 있는 상황에 처해있습니다.

03 호주의 떼루아

호주의 주요 산지 대부분은 지중해성 기후를 띠고 있습니다. 하지만 국토가 방대하다 보니 하나로 단정지을 수 없으며, 기후에 따라 다음과 같이 크게 두 지역으로 와인 산지를 나눌 수 있습니다.

- 사우스 오스트레일리아South Australia, 웨스턴 오스트레일리아Western Australia, 빅토리아 Victoria, 태즈메이니아Tasmania 주 등의 남부 지역
- 퀸즐랜드Queensland, 뉴 사우스 웨일스New South Wales 주 등의 북부 지역

첫 번째 지역은 호주 남부에 위치한 산지로 사우스 오스트레일리아, 빅토리아, 웨스턴 오스트레일리아, 태즈메이니아 주가 해당됩니다. 남부 지역에 해당하는 주는 북부 지역에 비해 비교적 서늘한 기후를 지니고 있습니다. 여름과 가을에는 습도가 낮은 맑은 날이 지속되고 여름철의 최고 기온은 높은 편입니다. 바다에 근접해 있지만 비교적 해수 온도가 높기 때문에 바다의 영향을 받지 않아 낮과 밤의 온도 차이가 크지 않습니다. 남부 지역의 와인 산지는 캘리포니아의 UC 데이비스 대학교에서 만든 적산 온도 구분에 따라 Ⅰ~Ⅲ 구역에 대부분 포함되고 있습니다.

남부 지역은 겨울부터 봄에 걸쳐 비가 내리며, 포도 생육 기간 중에는 비가 적게 내리기 때문에 관개가 필수입니다. 관개는 포도의 품질을 높이고 생산량을 늘리기 위한 목적으로 이용되고 있습니다. 이러한 기후 특성으로 인해 쉬라즈, 까베르네 쏘비뇽 등의 적포도 품종을 주로 재배하고 있으며, 과실 풍미가 농축된 레드 와인을 생산하고 있습니다.

두 번째 지역은 비교적 위도가 낮은 북부에 위치한 산지로 퀸즐랜드, 뉴 사우스 웨일스 주가 해당됩니다. 북부 지역에 해당하는 주는 아열대 기후로 전반적으로 기후는 온난하지만 1년 동안 끊임없이 비가 내리기 때문에 습도가 높은 편입니다. 특히 뉴 사우스 웨일스 주의 헌터 밸리

처럼 태평양 연안에 위치한 산지는 온난한 지역인 IV 구역에 속하지만, 포도 생육 기간에 비교적 비가 많이 내립니다. 이러한 기후 특성으로 인해 주로 샤르도네, 쎄미용 등의 청포도 품종을 주로 재배하고 있으며, 중후한 스타일의 화이트 와인을 생산하고 있습니다.

호주는 국토가 큰 만큼 토양도 다양하게 구성되어 있습니다. 모래, 점토가 풍부한 양토Loam, 자갈, 사암, 충적토 등 산지에 따라 다채로운 토양이 존재하며, 포도밭의 대부분은 평지 또는 완만한 언덕에 자리잡고 있어 기계화 작업을 통해 포도를 재배하고 있습니다.

호주 와인의 60%는 벌크 와인으로 수출되고 있는데, 대부분이 광활한 내륙 지역에서 생산되고 있습니다. 웨스턴 오스트레일리아 주를 제외한 다른 주의 와인 대부분은 내륙 쪽에 위치한 머리Murray 강 유역의 광대한 지역에서 포도를 재배해 생산하고 있습니다. 대표적인 곳이 호주 전체 생산량의 50%를 차지하는 가장 큰 산지인 사우스 오스트레일리아 주의 리버랜드 Riverland, 빅토리아 주와 뉴 사우스 웨일스 주에 걸쳐 있는 머리 달링Murray Darling, 뉴 사우스 웨일스 주의 리베리나Riverina로, 3대 관개 지역으로 불리고 있으며, 이곳은 관개를 하지 않고는 포도를 재배할 수 없는 지역입니다.

그러나 최근 들어 지구 온난화가 가속화됨에 따라 연간 강우량이 크게 줄어 더욱더 용수 확보에 어려움을 겪고 있습니다. 특히 가뭄이 든 해에는 용수 공급이 불가능할 정도이며, 리버랜드와 머리 달링 지역에 용수를 공급해주던 머리 강도 점점 말라가고 있어 지역 내에서는 이곳의 포도밭을 없애자는 의견도 나오고 있습니다.

가뭄에 연관된 문제에 직면하면서 호주의 와인 생산자들은 20년 전부터 끊임없이 고급 와인 생산에 더 유리한 서늘한 지역을 찾아 나서고 있는 중입니다. 이에 따라 빅토리아, 태즈메이니아 주를 비롯한 호주 최남단 해안 지역뿐만 아니라 웨스턴 오스트레일리아 주의 표고가 높은 곳에서도 포도 재배 면적이 빠르게 확장되고 있습니다.

TIP!

호주에서 쉬라즈로 불리는 이유

메를로Merlot 품종은 프랑스어로 '메를로' 영어로 '멀롯'으로 발음하며 이처럼 동일한 품종도 발음에 따라
다르게 불리는 경우가 있습니다. 하지만 씨라 품종의 경우, 발음뿐만 아니라 스펠링의 차이도 있습니다.
동일한 품종임에도 불구하고 다른 스펠링을 사용하는 것은 프랑스와 호주의 와인 스타일에 크게 차이가
있기 때문입니다.

고급 씨라 와인의 표본이라 할 수 있는 프랑스의 북부 론 지방의 씨라 와인은 후추, 계피 등의 향신료와 제
비꽃의 복합적인 향과 함께 강한 떫은 맛의 강인한 골격을 갖추고 있습니다. 반면 호주의 쉬라즈 와인은 검
은 자두 향, 오크통 숙성에 의한 초콜릿 향과 함께 부드러운 떫은 맛의 농후함과 풍만함을 갖추고 있습니
다. 이처럼 호주의 쉬라즈 와인 스타일 자체가 원산지인 프랑스 씨라 와인과 매우 상반되는 캐릭터를 가지
고 있기 때문에 호주에서는 다른 스펠링으로 표기하고 있습니다. 현재 호주의 쉬라즈 와인은 호주만의 독
특한 스타일로 자리매김하며, 품질적인 면에서도 높은 평가를 받고 있습니다.

TERROIR

떼루아

호주의 와인 산지 대부분은 지중해성 기후를 띠고 있습니다. 하지만 국토가 워낙 크기 때문에 하나로 단정지을 수 없으며, 기후에 따라 게 두 지역으로 와인 산지를 나눌 수 있습니다.

첫 번째 지역은 호주 남부에 위치한 산지로 웨스턴 오스트레일리아, 사우스 오스트레일리아, 빅토리아, 태즈메이니아 주가 해당됩니다. 남부 지역에 위치한 주는 북부 지역에 비해 비교적 서늘한 기후를 지니고 있으며, UC 데이비스의 적산 온도 구분에 따라 Ⅰ~Ⅲ 구역에 대부분 포함되고 있습니다.

두 번째 지역은 비교적 위도가 낮은 북부에 위치한 산지로 퀸즐랜드, 뉴 사우스 웨일스 주가 해당됩니다. 북부 지역에 해당하는 주는 아열대 기후로 전반적으로 기후는 온난하지만, 1년 내내 끊임없이 비가 내리기 때문에 습도가 높은 편입니다. 특히 뉴 사우스 웨일스 주의 헌터 밸리처럼 태평양 연안에 위치한 산지는 온난한 지역인 Ⅳ 구역에 속합니다.

호주는 미국의 와인법과 유사한 등급 체계를 사용하고 있습니다. 미국 와인법에서는 고급 포도 품종을 블렌딩한 와인에 대해 프로프라이어터리 와인 카테고리를 설정한 것에 반해 호주 와인법에서는 버라이어탈 블렌드 와인이라는 등급으로 따로 분류해 다음과 같이 3단계의 등급 체계를 사용하고 있는 것이 특징입니다.

- 버라이어탈 와인Varietal Wine
- 버라이어탈 블렌드 와인Varietal Blend Wine
- 제너릭 와인Generic Wine

버라이어탈 와인

호주 와인법의 가장 상위 등급은 버라이어탈 와인으로 '포도 품종 명칭 표기 와인'을 의미합니다. 미국과 동일한 방식으로 단일 포도 품종의 명칭을 라벨에 표기하는 고급 와인입니다. 포도 품종의 명칭을 표기하기 위해서는 해당 포도 품종의 사용 비율이 최소 85% 이상 되어야 합니다.

버라이어탈 블렌드 와인

버라이어탈 블렌드 와인은 여러 종류의 포도 품종을 블렌딩한 와인으로, 사용 비율이 높은 순서대로 품종 명칭을 라벨에 표기합니다. 두 품종을 블렌딩한 것이 대부분이지만 3~4개의 품종을 블렌딩한 와인도 있습니다. 호주에서 유명한 버라이어탈 블렌드 와인으로는 프랑스 론 지방의 샤또네프-뒤-빠프Châteauneuf-du-Pape 와인 스타일을 표방한 GSM 와인이 있습니다. GSM은 그르나슈Grenache, 쉬라즈Shiraz, 무르베드르Mourvèdre 품종을 블렌딩한 와인으로, 와인 라벨에 품종의 약자만을 표기하고 있습니다. 또한 쉬라즈·까베르네 및 쎄미용·샤르도네 와인처럼 다른 와인 산지에서는 보기 힘든 독특한 블렌딩 구조의 와인도 호주에서 제조되고 있습니다.

제너릭 와인

포도 품종 명칭을 표기하지 않은 저렴한 가격의 와인을 제너릭 와인 등급이라고 합니다. 과거 미국과 마찬가지로 버건디Burgundy, 샤블리Chablis, 셰리Sherry 등과 같은 유럽의 유명 원산지 명칭을 빌린 와인이 제너릭 와인으로 판매되었지만, 유럽연합과 체결한 1994년 협정에 따라 이러한 명칭의 사용은 단계적으로 폐지되어 현재 사용되지 않고 있습니다.

호주의 원산지 명칭 (Geographical Indications, 지리적 규정)

1993년, 호주는 와인의 원산지 명칭을 보호하기 위해 지리적 규정GI을 발표했습니다. 미국의 AVA 제도처럼 포도 품종과 재배, 양조에 대한 세부 규정은 갖추고 있지 않지만, GI 명칭을 사용하기 위해서는 해당 GI의 포도를 최소 85% 이상 사용해야 합니다. 또한 GI는 지리적 경계 구역에 따라 존Zone·State, 지방Region, 서브-지역Sub-Region으로 분류하고 있습니다. 존은 특별한 자격 사항이 없는 넓은 지역을 의미하며, 사우스 오스트레일리아처럼 주 자체이거나, 또는 사우스 이스턴 오스트레일리아처럼 여러 주를 포함한 광역 명칭을 사용한 것입니다.

호주에서 생산되는 비교적 저렴한 가격의 와인에는 '사우스 이스턴 오스트레일리아'라고 표기되어 있는 것이 많은데, 이것은 사우스 오스트레일리아 주 일부와 빅토리아, 뉴 사우스 웨일스 주 전체, 그리고 퀸즐랜드 주의 일부에서 재배한 포도로 만든 와인 모두에 사용할 수 있는 광역 GI 명칭입니다. 유럽연합에서는 수입되는 '포도 품종 명칭 표기 와인'에 대해서 반드시 공식적인 산지 명칭이 표기되어 있어야 한다는 법령이 있었기 때문에 이러한 광역 GI가 창출하게 되었습니다.

지방Region은 존보다 작은 범위의 지역으로 이웃 지역과 구분되고 일관성 있는 독특한 개성을 가져야 합니다. 서브-지역Sub-Region은 가장 작은 범위의 지역으로 지방 안에 있는 한 부분을 지칭하며, 뚜렷하고 독특한 개성을 가지고 있어야 합니다. 2020년 기준으로 호주는 116개의 GI 책정이 완료되었습니다.

TIP!

미국, 호주의 원산지 명칭에 관한 제도

미국의 AVA와 호주의 GI 모두 프랑스의 AOC 제도를 표방하고 있지만, 프랑스만큼의 세부 규정이 존재하지 않기 때문에 완벽하다고 볼 수 없습니다. 미국과 호주는 지리적 경계선만을 규정하고 있다 보니 특히, 떼루아에 맞지 않는 포도 품종들이 다수의 지역에서 재배되고 있는 것이 실정입니다. 프랑스의 AOC 제도는 원산지 뿐만 아니라 포도 품종, 재배, 양조 등의 세부 규정을 준수해야 부여 받을 수 있는 것이기에 결국, 떼루아에 맞는 포도 품종을 재배한다고 볼 수 있습니다.

원산지의 개성을 가장 잘 보여줄 수 있는 것은 떼루아로, 이 떼루아에 적합한 포도 품종을 선택한다는 것은 와인의 품질과 개성에 있어 매우 중요한 부분입니다. 따라서 호주, 미국 등의 신세계 와인 산지도 좀 더 세부적인 규제가 포함된 원산지 명칭 제도를 가져야 할 것입니다.

버라이어탈 와인
(Varietal Wine)

버라이어탈 블렌드 와인
(Varietal Blend Wine)

제너릭 와인
(Generic Wine)

호주 와인의 등급 체계

주는 미국의 와인법과 유사한 등급 체계를 사용하고 있습니다. 미국 와인법에서는 고급 포도
종을 블렌딩한 와인에 대해 프로프라이어터리 와인 카테고리를 설정한 것에 반해 호주에서는
라이어탈 블렌드 와인이라는 등급으로 따로 분류해 3단계의 등급 체계를 사용하고 있는 것이
징입니다.

1993년 이후, 호주는 GI라고 하는 원산지 명칭이 제정되었고, 2020년 기준에는 116개 GI가 책정되었습니다. GI는 지리적 경계 구역에 따라 존, 지방, 서브-지역으로 분류하고 있습니다.

05　　　　　　　　　　　　　　　　　　　　　　　
호주의 포도 품종

포도 품종에 대해서도 1950년대 이후에 큰 변화가 일기 시작했고 지금까지 계속해서 이어지고 있습니다. 1950년대에는 식용과 양조를 겸한 저품질 포도의 생산량이 전체의 85%를 차지하고 있었던 반면, 고급 양조용 품종의 생산량은 15%에 불과했습니다. 그러나 50년 동안에 그 비율은 완전하게 바뀌어서, 현재 호주의 상업적인 포도 품종은 대략 130종이며 쉬라즈, 까베르네 쏘비뇽, 메를로, 삐노 누아 등 고급 양조용 품종의 재배 비율이 90%까지 차지하기에 이르렀습니다.

1970년대에는 까베르네 쏘비뇽과 샤르도네 등 국제적으로 인기 있는 품종을 많이 재배했지만, 1990년대 후반부터 쉬라즈 품종이 재평가되기 시작하면서 샤르도네, 까베르네 쏘비뇽에 이어 쉬라즈가 호주의 주요 3대 품종으로 자리매김하게 되었습니다. 최근에는 세 품종의 총 재배 면적이 현저하게 증가하여, 1994년 당시 27%정도였던 것이 10년 후인 2004년에는 60%에 달하기도 했습니다.

주요 포도 품종

호주를 상징하는 품종은 당연히 쉬라즈입니다. 과거, 이 품종은 '한눈 팔지 않고 일한다'는 의미로 워크호스 그레이프Workhorse Grape라고 불리며, 가벼운 레드 와인에서 묵직한 레드 와인, 주정 강화 와인, 스파클링 와인, 심지어는 활성탄으로 탈색한 화이트 와인까지 모든 타입의 와인에 재료로 사용되었습니다.

1970년대에 까베르네 쏘비뇽이 인기를 얻게 되자 쉬라즈의 인기는 쇠퇴해 갔으나 1990년대 후반에 품질이 재평가되어 현재는 품질과 양적인 측면에서 호주를 대표하는 품종으로 자리매김했습니다. 2020년 기준, 쉬라즈의 재배 면적은 39,893헥타르로, 적포도 품종 중 가장 많이 재배하고 있는데, 적포도 품종의 46%, 청포도와 적포도 품종을 포함한 전체 품종의 29.5%를 차지하고 있습니다.

호주 쉬라즈 와인은 프랑스 씨라 와인에 비해 보다 묵직하고 농후한 스타일로, 일반적으로 후추 향과 같이 스파이시한 향이 나고 초콜릿 향이 강한 것이 특징입니다. 호주 전 국토에 걸쳐 폭 넓게 재배되고 있고, 바로사 밸리Barossa Valley에는 필록세라 피해를 입지 않은 오래된 수령의 포도 나무가 여전히 많이 남아 있기 때문에 고품질의 와인을 생산할 수 있는 원천이 되고 있습니다.

청포도 품종 중에서 압도적으로 재배 면적이 넓은 것은 샤르도네이지만, 호주에서는 개성이 강한 품종으로 쎄미용도 존재감을 나타내고 있습니다. 프랑스를 제외하고 쎄미용 품종이 넓게 재배되고 있는 지역은 호주가 유일합니다. 호주의 쎄미용은 쉬라즈와 함께 긴 재배 역사를 가지고 있음에도 불구하고 쉬라즈 정도의 높은 인기는 얻지 못하고 있습니다.

현재 호주에서 만들어지는 쎄미용 와인에는 두 가지 스타일이 있습니다. 하나는 뉴 사우스 웨일스 주의 헌터 밸리에서 생산된 것으로 10~11% 정도로 알코올 도수가 낮고 오크통 숙성을 하지 않아 산뜻하며 가벼운 맛이 특징입니다. 또 다른 하나는 웨스턴 오스트레일리아 주의 마가렛 리버Margaret River나 사우스 오스트레일리아 주의 애들레이드 힐스Adelaide Hills 등에서 생산된 것으로 완숙한 과실을 오크통에서 발효하고 숙성시켜 농후하고 스케일이 큰 것이 특징입니다. 또한 이곳의 쎄미용은 알코올 도수가 높은 편으로 어떤 것은 14%가 넘는 것도 있습니다.

덧붙여 호주에서는 두 가지 이상의 포도 품종을 블렌딩하는 것이 일반적이고, 쉬라즈와 까베르네 쏘비뇽의 블렌딩, 그리고 샤르도네와 쎄미용의 블렌딩 등 다른 나라에서는 보기 어려운 독자적인 품종 구성의 와인도 생산되고 있습니다. 이러한 와인은 포도 품종의 함유 비율이 많은 순으로 라벨에 표기되고 있습니다.

그 외의 적포도 품종으로는 쉬라즈 다음으로 성공한 까베르네 쏘비뇽, 메를로, 삐노 누아, 그르나슈, 무르베드르 등이 있습니다. 그르나슈와 함께 호주에서 마타로Mataro로 불리는 무르베드르Mourvèdre도 까베르네 쏘비뇽이 대두되기 전까지는 쉬라즈와 함께 인기 있는 품종이었습니다. 이 품종들도 최근에 들어서 재평가되고 있습니다.

청포도 품종에서 샤르도네, 쎄미용 외에 주목해야 할 품종으로 리슬링이 있습니다. 사우스 오스트레일리아 주의 클레어 밸리Clare Valley와 에덴 밸리Eden Valley에서 주로 재배되며 프랑스 알자스 지방에서 생산된 와인과 비슷한 상쾌한 드라이 타입으로 만들어지고 있습니다.

TIP!

오스트레일리아의 상황

수출에 의존도가 높은 호주의 와인 업계는 세계 시장의 움직임에 아주 민감하게 반응하고 있습니다. 이러한 호주에서는 최근 들어 얼터너티브Alternative 품종으로의 전환이 명확한 시대적 흐름이 되었습니다. 한 품종 별로 각각 살펴보면 아직까지는 적지만, 모두 합치면 호주 전체 재배 면적의 5% 정도 이상을 차지하고 있습니다. 2019년 기준, 대표적인 얼터너티브 품종의 재배 면적은 다음과 같습니다.

- ●삐노 그리Pinot Gris: 3,731헥타르 ●베르델류Verdelho: 1,016헥타르 ●비오니에Viognier: 765헥타르
- ●슈냉 블랑Chenin Blanc: 407헥타르 ●마르싼Marsanne: 163헥타르
- ●그르나슈 누아Grenache Noir: 1,507헥타르 ●쁘띠 베르도Petit Verdot: 1,120헥타르
- ●까베르네 프랑Cabernet Franc: 333헥타르
- ●산지오베제Sangiovese: 438헥타르 ●말벡Malbec: 562헥타르 ●뗌쁘라니요Tempranillo: 736헥타르
- ●바르베라Barbera: 110헥타르 ●네비올로Nebbiolo: 105헥타르

* 네비올로의 재배 면적은 지금도 100헥타르 조금 넘지만, 이 품종으로 와인을 만들고 있는 생산자의 수는 100명을 넘었습니다.

호주를 상징하는 적포도 품종 ─────────────────

호주를 상징하는 품종은 당연히 쉬라즈입니다. 과거, 이 품종은 '한눈 팔지 않고 일한다'는 의미로 워크호스 그레이프라고 불리며, 가벼운 레드 와인에서 묵직한 레드 와인, 주정 강화 와인, 스파클링 와인, 심지어 활성탄으로 탈색한 화이트 와인까지 모든 종류의 와인 재료로 사용되었습니다. 1970년대에 까베르네 쏘비뇽이 인기를 얻게 되자 쉬라즈의 인기는 쇠퇴해 갔으나, 1990년대 후반 품질이 재평가되어 현재는 품질과 양적 측면에서 호주를 대표하는 품종으로 자리매김했습니다. 2020년 기준, 쉬라즈의 재배 면적은 39,893헥타르로, 적포도 품종 중 가장 많이 재배하고 있는데, 적포도 품종의 46%, 청포도와 적포도 품종을 포함한 전체 품종의 29.5%를 차지하고 있습니다.

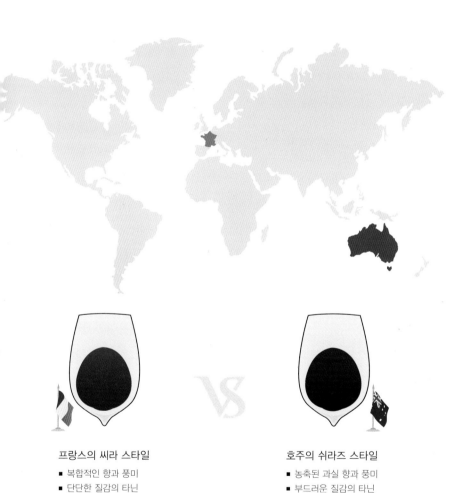

프랑스의 씨라 스타일
- 복합적인 향과 풍미
- 단단한 질감의 타닌

호주의 쉬라즈 스타일
- 농축된 과실 향과 풍미
- 부드러운 질감의 타닌

호주 쉬라즈 와인은 호주만의 독특한 스타일로 자리매김하며, 품질적인 측면에서도 높이 평가 받고 있습니다. 원산지인 프랑스 론 지방의 씨라 와인과 다른 캐릭터 때문에 동일한 품종임에도 불구하고 쉬라즈라는 다른 명칭으로 불리고 있습니다.

호주의 포도 재배와 와인 양조의 경향
포도 재배

    호주는 와인 산지의 인구밀도가 낮기 때문에 거의 모든 포도밭에서 기계화가 진행되고 있습니다. 포도의 85%정도는 기계로 수확을 진행하며 전정, 제엽, 농약 살포 등의 작업도 트랙터 형태의 경작 기계로 이루어지고 있는 것이 일반적입니다. 그로 인해 호주의 포도 재배 비용은 캘리포니아나 프랑스에 비해 저렴한 편입니다.

    기계 수확은 손 수확에 비해 압도적으로 비용이 적게 드는 장점이 있지만, 수확한 후에 포도 과즙이 산화되기 쉬운 단점이 있습니다. 기계 수확은 포도 나무에서 과일의 열매 부분만 떨어뜨리는 방식이기 때문에 일부는 열매가 터져 포도원에 도착하기 전에 과즙이 공기와 접촉해 산화되는 경우도 발생합니다. 그렇기 때문에 산화를 최소화하기 위해 적당량의 이산화황을 수확한 직후에 첨가하거나, 산화가 억제될 수 있게 온도가 낮은 야간에 수확을 진행하는 방법이 널리 사용되고 있습니다. 기계 수확의 또 하나의 단점은 손 수확과 같이 정교한 선별 작업을 할 수 없다는 것입니다. 하지만 이는 수확하기 직전에 사람이 포도밭에 들어가 문제가 있는 포도를 미리 제거하는 것으로 어느 정도 해결할 수 있게 되었습니다.

    호주의 포도 재배 기술은 전반적으로 높은 수준이며 다국적 기업형 회사에서 소유한 광대한 포도밭에서는 적당한 품질의 포도를 저가로 대량 생산하기 위한 그들만의 노하우를 지니고 있습니다.

와인 양조

    호주의 포도원들은 뛰어난 설비 수준과 철저한 위생 관리, 그리고 안정적인 생산을 추구하는 것이 특징입니다. 호주에서는 중간 규모의 포도원에서도 최신식 파쇄기나 압착기, 컴퓨터 제어 방식의 온도 조절 장치가 있는 스테인리스 스틸 탱크, 성분 분석을 하는 연구실 등의 설비가 완비된 곳이 많고, 유해 미생물의 번식을 막기 위해 양조장의 위생 관리를 철저히 하고 있습니다.

호주 생산자의 대부분은 부드럽고 과실 향과 풍미가 최대한 살아있는 와인을 이상적인 스타일로 여기고 있습니다. 그 때문에 알코올 발효를 안정적으로 유지·관리하기 위한 배양 효모나 효소의 사용, 산화 방지를 위한 냉각 설비나 불활성 가스의 활용, 미생물 오염을 억제하기 위한 여과 기술 등의 선진 기술이 널리 보급되어 있습니다. 또한 온난한 기후 때문에 발생하는 포도의 낮은 산도를 보충하기 위한 가산 작업도 진행하고 있습니다. 포도의 산도가 낮으면 미생물 오염의 위험성이 높아지므로 산도를 보충하는 작업은 매우 중요합니다.

알코올 발효 온도는 화이트 와인이 12~14℃, 레드 와인이 15~22℃로 비교적 낮은 온도에서 이루어지는데, 이것도 과실 풍미를 최대한 살리기 위한 방법이라고 할 수 있습니다. 레드 와인은 회전식 발효 탱크에서 단기간의 침용 작업을 진행해 발효 도중에 오크통으로 옮겨 오크통 내에서 알코올 발효를 끝내는 방법이 보급되어 있습니다. 이 또한 강한 타닌의 추출을 억제해 과실 맛이 풍부한 레드 와인을 만들기 위한 기술입니다.

고급 와인은 일반적으로 프랑스 오크통을 사용하지만 쉬라즈와 일부 까베르네 쏘비뇽 와인은 지금도 미국 오크통을 사용하고 있습니다. 반면 저가 와인에는 비용이 상대적으로 저렴한 오크 칩Oak Chips을 사용하는 것이 일반적이고, 이와 함께 와인에 인공적으로 미량의 산소를 공급해주는 미크로-뷜라주Micro-Bullage 기술을 병행하는 것으로 오크통 숙성의 효용을 대체하고 있습니다. 다만, 이러한 여러 기술은 안정 지향성이 강한 중간 또는 대규모 포도원에 적용되고 있으며, 소규모 포도원 중에서는 유럽처럼 인위적인 개입을 하지 않는 방식을 채용하는 곳도 있습니다.

TIP!

미크로-뷜라주(Micro-Bullage, Micro-Oxygenation)

미크로-뷜라주 또는 마이크로-옥시지네이션은 1991년에 프랑스 남서부 지방의 마디랑 마을 양조가인 빠트릭 뒤쿠르노Patrick Ducournau에 의해 개발된 기술입니다. 1996년, 유럽연합은 미크로-뷜라주 기술의 사용을 허가해주었는데, 오늘날 보르도 지방뿐만 아니라 미국과 칠레 등을 포함해 적어도 11개 국가에서도 널리 사용되고 있습니다. 미크로-뷜라주는 산소 탱크와 연결된 두 개의 커다란 공급실Chamber을 통해 미세 산소를 와인에 주입하는 기술입니다. 공급실에서 와인의 부피와 동일하게 산소를 보정한 후 바닥에 위치한 다공성 세라믹 돌을 통해 산소를 공급해줍니다. 와인 1리터당 0.75~3입방 센티미터 범위까지 산소 주입량을 조절하며, 알코올 발효 초기 단계 또는 숙성 과정 중에 사용될 수 있습니다.

미세 산소는 와인의 색상과 방향성, 입안에서의 질감과 페놀 성분에 영향을 주게 됩니다. 그러나 과도하게 산소를 주입하면 산화 등의 와인 결함이 발생할 수 있습니다. 전통 방식인 오크통에서 숙성을 시키는 것보다 비용과 시간적인 면에서 경제적인 장점을 가지고 있지만, 인간의 지나친 인위적 개입과 너무 과도하게 숙성되는 경향이 있다는 비판의 목소리도 있습니다. 2012년 연구 결과에 따르면 미세 산소와 와인의 화학적 반응이 너무 복잡해 과학적으로 증명되지 않았다고 합니다.

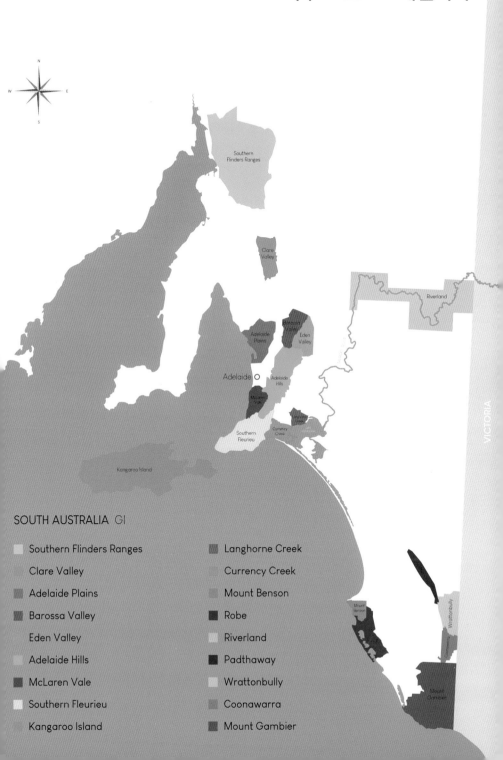

Southern
Flinders Ranges

Clare
Valley

Riverland

Adelaide
Plains

Barossa
Valley

Eden
Valley

Adelaide O

Adelaide
Hills

McLaren
Vale

Southern
Fleurieu

Currency
Creek

Kangaroo Island

VICTORIA

Mount
Benson

Wrattonbully

Mount
Gambier

SOUTH AUSTRALIA GI

- Southern Flinders Ranges
- Clare Valley
- Adelaide Plains
- Barossa Valley
- Eden Valley
- Adelaide Hills
- McLaren Vale
- Southern Fleurieu
- Kangaroo Island

- Langhorne Creek
- Currency Creek
- Mount Benson
- Robe
- Riverland
- Padthaway
- Wrattonbully
- Coonawarra
- Mount Gambier

1993년 이후, 호주는 GI라고 하는 원산지 명칭이 제정되었고, 2020년 기준에는 116개의 GI가 책정되었습니다. GI는 지리적 경계 구역에 따라 존Zone·State, 지방Region, 서브-지역Sub-Region으로 분류하고 있습니다. 아래에서는 각 주를 대표하는 지방Region에 대해 알아보도록 하겠습니다.

사우스 오스트레일리아(South Australia): 70,000헥타르

사우스 오스트레일리아 주는 호주를 대표하는 와인 산지로 호주 와인의 48% 이상이 이곳에서 생산되고 있습니다. 와인과 포도 재배에 관련된 중요한 연구 기관들이 자리잡고 있으며, 엄격한 검역 시스템을 갖고 있는 걸로도 유명합니다. 특히 사우스 오스트레일리아 주는 필록세라 피해를 입지 않은 유일한 곳으로 주 외부로부터 식물을 들여오기 위해서는 엄격한 검역 절차를 거쳐야만 합니다. 이 때문에 필록세라 피해를 받지 않은 100년 이상 된 고령의 쉬라즈가 생육되고 있으며, 그로 인해 개성이 강한 바로사 밸리만의 고품질 쉬라즈 와인이 생산되고 있습니다.

사우스 오스트레일리아 주의 주요 산지는 주의 남동쪽에 밀집되어 있는데, 바로사 밸리, 에덴 밸리, 클레어 밸리, 애들레이드 힐즈, 맥라렌 베일, 쿠나와라 등이 대표적인 산지입니다.

- 바로사 밸리(Barossa Valley): 11,609헥타르

주도 애들레이드Adelaide에서 북쪽으로 60km 거리에 위치한 바로사 밸리는 호주 와인 산업의 수도라고 할 수 있습니다. 포도밭은 노스 파라North Para 강을 따라 30km 정도 끝없이 이어져, 동쪽의 에덴 밸리Eden Valley 근교까지 펼쳐지는 거대한 산지로 고품질 와인을 생산하고 있습니다. 19세기 독일 이주민들이 정착한 바로사 밸리는 건물과 마을 풍경이 독일의 모습을 연상시키며, 주민들의 공동체 의식이 강하고 근면한 기질이 남아있습니다.

바로사 밸리는 지중해성 기후로 저지대는 약간 온난한 편이고 고지대는 비교적 서늘합니다. 하지만 낮과 밤의 온도 차이가 비교적 심한 것이 특징입니다. 전반적으로 일조 시간이 풍부해 기온은 높고 건조하며, 포도 생육 기간의 강우량은 220mm정도로 비가 내리지 않아서 완숙도가 높은 포도를 얻을 수 있습니다. 이곳의 고도는 린독Lyndoch에서 230미터였다가, 바로사 산맥 동쪽에 이르면 550미터가 넘는데, 포도밭은 112~596미터 사이에 위치하고 있습니다. 토양은 대체로 점토질의 양토Loam와 모래로 구성되어 있으며, 크게 2종류로 나뉘고 있습니다. 하나는 갈색 모래와 점토, 다른 하나는 모래가 적은 갈색부터 진한 회색 토양이며, 둘 다 척박한 토양입니다. 이러한 떼루아에서 무게감 있는 레드 와인과 힘있는 화이트 와인, 그리고 품질 좋은 주정 강화 와인이 생산되고 있습니다.

바로사 밸리는 쉬라즈, 까베르네 쏘비뇽과 리슬링이 가장 많이 재배되고 있으며, 생산되고 있는 와인의 70%가 레드 와인입니다. 그 중에서도 쉬라즈는 바로사 밸리를 상징하는 품종으로, 전형적인 호주 와인의 상징이 되고 있습니다. 특히 펜폴즈 포도원에서 생산하는 그렌지 와인은 호주 아이콘으로 지정되며 전 세계적으로 최고의 평가를 받고 있습니다.

바로사 밸리는 엄격하고 까다로운 검역이 동반되기 때문에 아직까지 필록세라 피해를 입지 않은 고령목의 쉬라즈가 남아 있으며, 독특한 스타일의 바로사 밸리 쉬라즈 와인을 만들어 내고 있습니다. 이렇게 탄생한 쉬라즈는 극도로 농축된 형태의 와인으로, 초콜릿과 향신료 향이 느껴지고 세련된 맛을 지니고 있습니다. 근래에 와서 새로운 와인 스타일도 등장했는데 매우 잘 익은 쉬라즈 포도로 만들어 알코올 도수와 타닌도 무척 높고, 오크향과 농익은 과일 향이 두드러진 것이 특징입니다.

전형적인 바로사 밸리의 쉬라즈 와인은 미국 오크통에서 알코올 발효를 진행해 어지러울 정도의 달콤한 풍미와 매끄러운 타닌, 그리고 과실 풍미가 농축된 것이 특징입니다. 하지만 최근 들어 프랑스 오크통을 사용하는 생산자도 증가하고 있으며, 와인이 영할 때 입 안에 꽉 찬 느낌을 주기 위해 타닌과 산을 첨가하는 경우도 있습니다. 또한 이곳의 생산자들은 하나의 스타일을 고집하지 않고 끊임없이 진화를 추구하고 있는데, 전통적인 론 지방의 생산 방식을 사용해 쉬라즈·비오니에 품종을 함께 발효시켜 와인을 만들기도 합니다.

바로사 밸리에서 생산되는 까베르네 쏘비뇽 와인은 에덴 밸리, 맥라렌 베일, 쿠나와라 등에서 생산된 까베르네 쏘비뇽과 블렌딩되어, 균형 잡힌 밸런스를 자랑합니다. 그리고 론 지방과 스페인 와인에서 영감을 받아 생산하는 그르나슈 와인도 갈수록 인기를 얻고 있습니다. 이곳에서 만든 그르나슈 와인은 쉬라즈, 까베르네 쏘비뇽에 비해 무게감이 가벼운 것이 특징이며, 쉬라즈와 무르베드르 품종과 블렌딩해 GSM 와인을 만들기도 합니다.

바로사 밸리에는 호주를 대표하는 포도원들이 밀집되어 있습니다. 펜폴즈, 울프 블라스, 올란도Orlando, 제이콥스 크릭Jacob's Creek 등 150개 이상의 포도원이 존재하며, 이 포도원들은 다국적 기업형 회사의 지배를 받고 있습니다. 이들은 호주 전체 와인 생산량의 50% 이상을 생산하고 있지만, 정작 바로사 밸리에서 재배되는 포도로 만드는 와인 생산량은 10%정도 밖에 되지 않습니다. 기업형 회사들은 인접한 에덴 밸리 등에서 포도를 매입해 와인을 생산하고 있는데, 특히 리버랜드 지역의 광대한 포도밭에서 기계화 작업을 통해 대량 생산되는 와인의 원료용 포도와 벌크 와인을 바로사 밸리로 가져와 와인을 만들고 있습니다. 이렇게 만든 와인 중 라벨에 바로사Barossa만 표기한 것이 있는데, 이 와인은 바로사 밸리와 에덴 밸리의 포도를 혼합해 만든 와인입니다.

바로사 밸리는 세계에서 가장 특징적인 와인을 생산하고 있습니다. 그러나 일부 전문가 사이에서는 다국적 기업형 회사들이 상업주의에 빠져 경제적 효율성만 우선으로 생각하고, 바로사 밸리의 떼루아를 반영한 와인 생산 정신과 자부심을 잃어가고 있다고 비판의 목소리도 제기되고 있습니다.

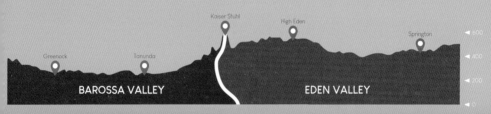

BAROSSA VALLEY
바로사 밸리

바로사 밸리는 지중해성 기후로 저지대는 약간 온난한 편이고, 고지대는 비교적 서늘하지만 일교차가 비교적 심한 것이 특징입니다. 전반적으로 일조량이 풍부해 기온은 높고 건조하며 포도 생육 기간의 강우량은 220mm 정도로 비가 내리지 않아서 완숙도가 높은 포도를 얻을 수 있습니다. 이곳의 고도는 린독에서 230m였다가, 바로사 산맥 동쪽에 다다르면 550m가 넘는데, 포도밭은 112~596m 사이에 위치하고 있습니다.

- 에덴 밸리(Eden Valley): 2,169헥타르

바로사 밸리의 동쪽에 펼쳐진 에덴 밸리는 바로사 밸리보다 지대가 높습니다. 이곳은 219~632미터의 고지대로 지형과 토양의 변화가 심하며, 인근에 위치한 바로사 밸리에 비해 좀 더 서늘한 기후를 띠고 있습니다. 특히 에덴 밸리의 기후는 고도에 따라 차이가 발생합니다. 남쪽에 위치한 하이 에덴High Eden 서브-지역은 표고가 500미터로, 북쪽에 위치한 380~400미터 표고의 헨쉬키Henschke 포도원보다 표고가 높아 더 서늘한 편입니다.

에덴 밸리는 지형도 다양한 만큼 토양도 다채롭습니다. 점토, 양토, 그리고 자갈과 석영이 섞인 모래, 풍화된 운모 편암 등의 토양도 볼 수 있는데, 전반적으로 토양은 배수가 잘 되고 보수성이 낮아 관개가 필수입니다. 이곳은 예전부터 서늘한 기후에서 만든 화이트 와인으로 명성이 높았으며, 19세기 독일에서 온 이민자들에 의해 리슬링 품종을 주로 재배했습니다.

현재 에덴 밸리는 호주 리슬링의 주요 산지로 클레어 밸리와 쌍벽을 이루고 있습니다. 특히 하이 에덴 서브-지역의 서쪽에 위치한 슈타인가르텐Steingarten 포도밭에서는 호주 최고 수준의 장기 숙성용 리슬링 와인이 생산되고 있으며, 올란도 포도원의 브랜드 와인인 제이콥스 크릭 슈타인가르텐 리슬링으로 판매되고 있습니다. 또한 에덴 밸리를 대표하는 얄룸바Yalumba 포도원의 양조가, 로버트 힐 스미스Robert Hill Smith와 클레어 밸리의 리슬링 제왕으로 불리는 제프리 그로셋Jeffrey Grosset이 합작 투자해 만든 메쉬 리슬링Mesh Riesling 와인도 높은 평가를 받고 있습니다.

에덴 밸리의 고품질 리슬링 와인은 꽃, 자몽, 미네랄 향이 특징이지만, 병 숙성을 거치면 신맛이 빨리 부드러워지고 말린 꽃, 마멀레이드, 토스트 풍미로 발전하게 됩니다. 반면 클레어 밸리의 리슬링 와인은 라임 향의 견고한 구조감과 이가 시릴 정도의 신맛을 지니고 있는 것이 특징입니다.

에덴 밸리는 리슬링 못지않게 쉬라즈 품종으로도 우수한 와인을 만들고 있습니다. 고도가 낮은 지역에서 주로 재배되고 있는 쉬라즈는 헨쉬키 포도원에서 최고의 와인을 생산하고 있습니

다. 헨쉬키 포도원은 1860년대에 에덴 밸리 북쪽에 위치한 힐 오브 그레이스Hill of Grace 포도밭에 처음 쉬라즈를 재배해, 1958년, 힐 오브 그레이스 쉬라즈 와인의 첫 빈티지를 출시했습니다. 100년이 넘는 고령목의 쉬라즈에서 만들어지는 이 와인은 펜폴즈의 그렌지와 함께 호주 와인의 아이콘으로 불리며 놀랄 정도로 긴 수명을 자랑하고 있습니다.

하이 에덴 서브-지역에 위치한 마운트아담 빈야즈Mountadam Vineyards에서는 우수한 품질의 샤르도네 와인과 이 지역에서는 보기 드물게 메를로 와인도 생산하고 있습니다. 참고로 에덴 밸리는 1997년 GI 로 지정되었으며, 지명은 이 지역을 측량하는 측량 기사가 나무에 새겨진 에덴Eden이란 단어를 발견해 명명되었습니다.

- 클레어 밸리(Clare Valley): 5,093헥타르

클레어 밸리는 사우스 오스트레일리아 주의 가장 북쪽에 위치한 산지입니다. 애들레이드 시에서 북쪽으로 130km정도 거리에 떨어져 있으며, 로프티Lofty 산맥의 북쪽에 산지가 자리잡고 있습니다. 포도밭은 주로 300~400미터 표고에 위치해 있지만, 일부는 500미터 이상의 표고에 위치해 있기도 합니다. 이곳의 기후는 전반적으로 온난한 대륙성 기후를 띠고 있는데, 캘리포니아의 UC 데이비스 대학교에서 만든 적산온도 구분에 따라 바로사 밸리와 수치가 비슷합니다. 그러나, 에덴 밸리와 마찬가지로 190~609미터의 고지대인 클레어 밸리는 낮의 최고 기온이 40도까지 올라갈 정도로 덥지만, 밤에는 1도까지 기온이 급격히 떨어지기 때문에 포도의 산도가 높게 유지될 수 있습니다. 이는 리슬링과 같은 품종에 중요한 요소로 작용되며, 호주 최고의 리슬링 산지로도 유명합니다. 습도는 비교적 낮아 곰팡이 병해가 거의 없지만, 비는 주로 겨울부터 봄에 집중적으로 내리기 때문에 대부분 관개가 필요합니다.

클레어 밸리의 토양은 매우 다양합니다. 워터베일Watervale 지역의 석회암 기반의 붉은색 테라 로사Terra Rossa 토양에서 폴리쉬 힐Polish Hill 강 근처의 점판암 토양에 이르기까지 11종류의 토양 유형이 존재합니다. 클레어 밸리는 아직까지 공식적인 서브-지역은 없지만, 오번Auburn, 워터베일Watervale, 세븐힐Sevenhill, 폴리쉬 힐 리버Polish Hill River, 클레어Clare의 5개 지역에서 개성 있는 와인이 생산되고 있습니다. 워터베일 지역에서 생산된 리슬링 와인은 레몬, 라임, 꽃 등 향이 화려한 것이 특징이며, 폴리쉬 힐 강 근처에서는 견고한 구조감의 20년 이상의 긴 수명을 자랑하는 리슬링 와인이 생산되고 있습니다. 반면 북쪽의 클레어 지역은 스펜서Spencer 만에서 불어오는 따뜻한 편서풍과 충적토의 영향으로 풍만하고 신맛의 구조감이 좋은 쉬라즈와 까베르네 쏘비뇽 와인이 생산되고 있습니다.

2019년 기준, 포도 품종의 재배 비율은 가장 유명한 리슬링이 29%, 그리고 쉬라즈 32%, 까베르네 쏘비뇽 18%, 메를로 6%, 샤르도네 5% 순입니다. 전통적으로 리슬링 품종이 우세했지만, 현재는 쉬라즈와 까베르네 쏘비뇽의 재배 비율도 증가하고 있는 추세입니다. 1840년대 영국 이민자들에 의해 와인 역사가 시작된 클레어 밸리는 바로사 밸리와 거의 같을 정도로 오래

된 산지입니다. 이곳의 생산자들은 바로사 밸리에 라이벌 의식을 불살라 유행에 좌우되지 않으며, 기업형 회사들과 인연이 없는 것을 자랑스럽게 생각하고 있습니다. 2000년부터 시작된 스크루 캡Screw Cap 운동의 발상지이기도 한 클레어 밸리는 여전히 소규모 포도원이 중심적인 역할을 하고 있고 생산자 간의 결속력도 매우 단단한 편입니다.

클레어 밸리를 대표하는 포도원으로는 그로셋Grosset, 킬리카눈Kilikanoon, 짐 배리Jim Barry, 팀 애덤스Tim Adams, 그리고 최근 컬트 와인으로 떠오른 웬도우리Wendouree가 있는데, 특히 그로셋의 소유주인 제프리 그로셋은 20세기가 되어 급속하게 퍼진 스크류 캡 추진 운동의 선구자로도 유명한 인물입니다. 2000년에 그는 클레어 밸리에서 리슬링 와인을 만드는 생산자 12명을 이끌고 스크루 캡 사용을 일제히 시작하여, 오늘날까지 이어지는 커다란 흐름을 만들었습니다. 또한 2003년에는 호주 마개 기금Australian Closure Fund 단체를 설립해, 스크류 캡의 대변인으로의 열정적인 활동을 이어오고 있습니다.

- 애들레이드 힐즈(Adelaide Hills): 3,957헥타르

애들레이드 힐즈는 바로사 밸리의 남쪽, 애들레이드 시와 20분 거리에 떨어져 있으며, 비교적 새롭게 개척된 산지입니다. 바다와 인접한 애들레이드 힐즈는 400~714미터의 고지대로, 서쪽에서 몰려온 구름이 이곳에 모여 기후는 전반적으로 서늘하며, 사우스 오스트레일리아 주 가운데 가장 서늘한 기후를 지닌 곳 중 하나입니다. 포도밭은 400미터 이상의 표고에 자리잡고 있어 높은 표고로 인해 안개에 뒤덮이는 일도 많고, 봄에도 서리가 빈번하게 발생합니다. 또한 동쪽에 위치한 로프티 산맥에서 차가운 바람이 유입되어 여름철 기온이 올라가도 바로 식혀주고 있으며, 특히 밤이 추운 것이 특징입니다. 연간 강우량은 700~900mm로 비교적 강우량이 많지만, 다행히 겨울에 비가 집중적으로 내리고 있습니다.

애들레이드 힐즈의 토양은 지대에 따라 차이가 있지만, 전반적으로 점토를 기반으로 표토에 회갈색 또는 갈색의 양토질의 모래가 혼합되어 있습니다. 이 지역은 강우량이 비교적 많지만 토양의 보수성이 떨어져 생육 주기에는 관개가 필요한 경우가 많습니다. 이곳은 서늘한 기후에서 만든 쏘비뇽 블랑 와인이 유명한데, 시트러스 계열의 상큼한 풍미를 지닌 것이 특징입

니다. 또한 고품질의 스파클링 와인이나 샤르도네, 삐노 누아의 부르고뉴 품종 와인도 높은 평가를 받고 있습니다. 애들레이드 힐즈 북쪽의 구머라커Gumeracha와 같은 비교적 따뜻한 지역에서는 까베르네 쏘비뇽, 쉬라즈, 메를로 품종도 재배하고 있으며, 생산되는 와인은 전반적으로 신선한 신맛을 가지고 있습니다.

현재, 애들레이드 힐즈에는 90개의 포도원이 있습니다. 그 중에서도 호주에서 가장 영향력이 있는 양조가인 브라이언 크로저Brian Croser가 1976년에 설립한 페탈루마Petaluma 포도원이 가장 유명합니다. 페탈루마 포도원은 애들레이드 힐즈를 거점으로 클레어 밸리, 쿠나와라 지역에 포도밭을 소유하고 있는데, 각각의 기후와 토양에 적합한 품종을 재배해 떼루아를 반영한 와인을 생산하고 있습니다.

TIP!

호주의 떼루아리스트(Terroirist), 브라이언 크로저(Brian Croser)

애들레이드 대학교의 교수 출신인 브라이언 크로저는 페탈루마 포도원의 소유주이자, 와인 컨설턴트로도 활약하고 있는 인물입니다. 2004년, 영국의 디켄터 매거진에서 '올해의 양조가'로 선정된 크로저는 현재 일선에서 활약하고 있는 호주인 양조가 다수를 키워냈으며, 각종 연구에 참여 및 협력하는 등 호주 와인 산업에 기여한 공헌은 이루 말할 수 없을 정도입니다.

특히, 브라이언 크로저는 떼루아에 적합한 품종을 재배해 성공적인 와인을 만들고 있습니다. 서늘한 기후의 애들레이드 힐즈에서 샤르도네 품종을, 클레어 밸리 북동쪽에 위치한 한린 힐Hanlin Hill 포도밭에서 리슬링 품종을, 그리고 쿠나와라 지역의 석회암 기반의 테라 로사Terra Rossa 토양의 에반스 포도밭Evans Vineyard에서는 까베르네 쏘비뇽, 메를로 품종을 재배해 각 지역의 떼루아를 반영한 고품질의 와인을 생산하고 있습니다. 이처럼 브라이언 크로저는 호주의 떼루아리스트로 불리며 존경 받고 있지만, 세계적인 와인 평론가인 로버트 파커는 그에 대해 "브라이언 크로저는 그저 유럽 와인의 모방자일 뿐이다."라고 비판했습니다.

그로셋 포도원의 소유주인 제프리 그로셋은 20세기가 되어 급속하게 퍼진 스크류 캡 추진 운동의 선구자로 유명한 인물입니다. 2000년에 그로셋은 클레어 밸리에서 리슬링 와인을 만드는 생산자 12명과 함께 스크류 캡 사용을 일제히 시작해. 오늘날까지 이어지는 커다란 흐름을 만들었습니다. 또한 이들은 2003년에 호주 마개 기금 단체를 설립해. 스크류 캡의 대변인으로서 열정적인 활동을 이어오고 있습니다.

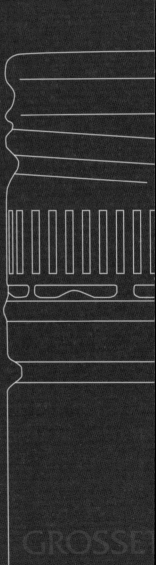

애들레이드 대학교의 교수 출신인 브라이언 크로저는 페탈루마 포도원의 소유주이자, 와인 컨설턴트로도 활약하고 있는 인물입니다. 2004년, 영국의 저명한 디켄터 매거진에서 올해의 양조가로 선정된 크로저는 현재 일선에서 활약하고 있는 호주인 양조가 다수를 키워냈으며 각종 연구에 참여·협력하는 등 호주 와인에 기여한 공헌은 이루 말할 수 없을 정도입니다.

- 멕라렌 베일(McLaren Vale): 7,438헥타르

애들레이드 시에서 남쪽으로 약 38km 거리에 떨어진 멕라렌 베일은 해안을 따라 산지가 자리잡고 있으며, 동쪽으로는 로프티 산맥과도 닿아 있습니다. 이곳은 독일 이민자에 의해 개척된 바로사 밸리와는 달리 영국 이민자에 의해 와인 역사가 시작되었는데, 1840년, 영국인 존 레이넬John Reynell은 사우스 오스트레일리아 주에서는 최초로 상업적인 포도밭을 개척했습니다. 그가 설립한 샤또 레이넬라Château Reynella 포도원에서는 1842년 첫 빈티지 와인을 출시했으며, 지금도 포도밭에는 100년이 넘는 고령의 포도 나무들이 여전히 건재하고 있습니다. 멕라렌 베일의 역사적인 포도원인 샤또 레이넬라는 이 지역을 대표하는 하디스Hardys를 소유하고 있는 아콜레이드 와인즈Accolade Wines 그룹이 1982년에 매입해 와인을 만들고 있습니다.

멕라렌 베일은 지중해성 기후로, 여름은 따뜻하고 겨울은 온난합니다. 강우량의 대부분은 겨울에 집중되며, 고도는 낮은 편입니다. 전반적으로 기온이 높은 산지이지만, 로프티 산맥과 세인트 빈센트St Vincent 만에서 서늘한 바람이 유입되어 기온을 낮춰주는 역할을 하고 있습니다. 따라서 따뜻한 기후에서 긴 포도 생장 기간을 보장받고 있습니다. 또한 바다와 가까이 있어 서리의 위험성은 없지만, 점점 가속화되는 기후 온난화로 인해 물 부족 문제가 심각해지고 있어 최근에는 관개가 필수입니다.

멕라렌 베일은 지질학적으로 1만 5천년에서 5억 5천만 년 이상까지 다양한 연대를 지닌 40종류 이상의 독특한 토양으로 이루어져 있습니다. 토양은 적갈색의 모래질 양토, 회갈색 양토, 모래, 점토 등 매우 다양하며, 바다와 가까운 평지는 주로 검은색 점토로 구성되어 있고, 고지대는 모래가 풍부한 편입니다. 그 사이의 완만한 언덕은 점토질의 양토와 모래질 양토도 볼 수 있습니다.

이 지역은 예나 지금이나 레드 와인 산지로 유명하며 적포도 품종을 중심으로 소량의 샤르도네 품종도 재배하고 있습니다. 2019년 기준, 포도 품종의 재배 비율은 쉬라즈가 58%로 가장 많으며, 까베르네 쏘비뇽 19%, 그르나슈 5%, 샤르도네 5%, 메를로 3% 순으로 재배되고 있습니다. 또한 최근에는 피아노Fiano, 베르멘티노Vermentino, 산지오베제Sangiovese, 네비올로

Nebbiolo 등의 이탈리아 품종과 뗌쁘라니요Tempranillo 등의 스페인 품종도 시험적으로 재배하고 있습니다.

과거, 이곳에서 재배되는 상당량의 포도는 지역 밖으로 운반되어 블렌딩 와인의 원료로 사용되었습니다. 당시 다른 지역의 생산자들은 멕라렌 베일의 와인이 '호주 와인의 평균적인 맛'으로 생각해 블렌딩에 사용했는데, 이 지역 와인은 무게감을 제공하는 역할을 담당했습니다.

현재 멕라렌 베일에는 80개 이상의 포도원이 존재하며, 독자적이면서 개성적인 와인을 생산하고 있습니다. 이곳에서 생산되는 쉬라즈 와인은 전반적으로 알코올 도수가 높고 모카, 초콜릿 풍미가 강한 것이 특징입니다. 까베르네 쏘비뇽 와인은 잘 익은 검은 과실, 카카오, 향신료 향과 함께 타닌이 부드럽습니다. 또한 멕라렌 베일의 북쪽 지역에서는 점토 기반의 모래 토양에서 향이 풍부하고 향신료 풍미가 강한 우아한 스타일의 그르나슈와 쉬라즈 와인도 생산되고 있습니다. 다양한 지형과 토양을 자랑하는 멕라렌 베일은 포도밭의 위치 선정이 와인 품질의 중요한 열쇠라 할 수 있습니다.

- 쿠나와라(Coonawarra): 5,784헥타르

사우스 오스트레일리아 주의 남동쪽 끝자락에 있는 쿠나와라는 애들레이드 시에서 남쪽으로 375km정도 떨어진 거리에 위치하고 있습니다. 빅토리아 주의 경계선을 따라 남쪽의 라임스톤 해안Limestone Coast 방향으로 산지가 자리잡고 있으며, 폭은 1.5km, 길이가 15km정도의 가늘고 긴 형태를 보이고 있습니다.

이곳은 낮은 고도의 평야 지대로, 남극에서 올라오는 차가운 해류 덕택에 온난한 해양성 기후를 띠고 있습니다. 여름은 건조하고 온난하지만 밤에는 기온이 떨어져 쌀쌀하며, 전반적인 기후는 보르도 지방보다 더 서늘한 편입니다. 봄철에는 서리 피해의 위험성과 더불어 수확 시기에는 비가 종종 내려 재배업자들을 힘들게 하고 있습니다. 또한 지역 내 인구가 매우 적어 노동력이 부족하기 때문에 가지치기, 수확 등의 작업은 기계를 사용하고 있습니다.

쿠나와라는 '붉은 대지'를 의미하는 테라 로사Terra Rossa 토양으로 유명한 산지입니다. 표토는 만지면 부스러지는 붉은색 흙으로 덮여 있고, 40~50cm 정도 파보면 배수가 좋은 석회암과 2m 아래 비교적 깨끗하고 마르지 않는 지하수면이 있어 과일 재배에 이상적입니다. 이곳의 재배업자들은 오랜 법적 투쟁 끝에, 이 지역 만의 특별한 떼루아인 석회암 기반의 테라 로사 토양에 의한 경계선을 정하였는데, 호주에서는 유일한 사례에 해당합니다.

과거, 쿠나와라는 주로 쉬라즈 품종의 테이블 와인을 대량 생산했고, 1950년대까지만 해도 윈즈Wynns 포도원을 제외하고는 이렇다 할 포도원이 없는 작은 산지에 불과했습니다. 하지만 1960년대에 레드 와인의 붐이 일면서, 테라 로사 토양에서 생산되는 레드 와인의 평판이 좋아지자 대형 회사들이 관여하기 시작했습니다. 이곳에서 가장 큰 포도밭을 소유하고 있는 윈즈 포도원을 포함해 펜폴즈, 린드만스Lindeman's 등을 거느린 포스터스 그룹은 쿠나와라로 진출해 이곳의 포도밭의 절반을 장악했습니다. 그 결과, 쿠나와라에서 수확한 포도의 상당량은 다른 산지로 운송되어 블렌딩 및 병입되고 있는 실정입니다. 한편 카트눅Katnook, 펜리Penley, 홀릭Hollick, 발네이브스Balnaves, 파커Parker, 마젤라Majella, 레콘필드Leconfield, 제마Zema, 라이밀Rymill 등과 같은 생산자들은 쿠나와라에서의 생산 및 병입을 목표로 와인을 만들고 있습니다.

예전에는 쉬라즈가 주요 품종이었으나, 지금은 누가 뭐래도 까베르네 쏘비뇽이 주인공입니다. 2019년 기준, 포도 품종의 재배 비율은 까베르네 쏘비뇽이 55%로 가장 많으며, 쉬라즈 24%, 메를로 7%, 샤르도네 6%, 쏘비뇽 블랑 3% 순으로 재배되고 있습니다.

이곳에서 생산되는 까베르네 쏘비뇽 와인은 블랙 커런트, 유칼립투스, 민트 향이 강렬하고, 호주의 다른 까베르네 쏘비뇽 와인보다 구조감이 견고하고 단단한 타닌을 가진 것이 특징입니다. 또한 최상급 까베르네 쏘비뇽 와인은 장기 숙성 능력도 탁월합니다.

Coonawarra

NEW SOUTH WALES
뉴 사우스 웨일스

QUEENSLAND

New England
Australia

Hastings
River

Mudgee

Hunter

Orange

Cowra

Riverina

Hilltops

Southern
Highlands

O. Sydney

Murray Darling

Gundagai

Canberra
District

Swan
Hill

Tumbarumba

VICTORIA

N
W   E
S

NEW SOUTH WALES GI

New England Australia	Hilltops	Riverina
Hastings River	Gundagai	Perricoota
Hunter	Canberra District	Swan Hill
Mudgee	Southern Highlands	Murray Darling
Orange	Shoalhaven Coast	
Cowra	Tumbarumba	

뉴 사우스 웨일스(New South Wales): 35,000헥타르

호주 와인 산업의 기원인 뉴 사우스 웨일스 주는 1790년대 시드니 주변에 포도 재배가 시작되어, 1820년대에는 헌터 밸리로 퍼져나갔습니다. 그러나 호주 와인의 발상지였던 뉴 사우스 웨일스 주는 현재 와인 산업의 중추적인 역할을 사우스 오스트레일리아 주에게 넘겨주게 되는데, 19세기말부터 20세기 초반에 걸쳐 호주 내 와인 소비와 영국의 수요가 주정 강화 와인에 기울어져간 시기에 충분히 대응하지 못했던 것이 크게 작용했습니다.

뉴 사우스 웨일스 주는 호주에서 인구가 가장 많은 곳입니다. 그로 인해 지역 내 와인 소비량은 생산량을 훨씬 웃돌고 있으며, 와인 생산량도 사우스 오스트레일리아, 빅토리아 주 다음으로 3위에 가깝습니다. 이곳은 시드니에서 북쪽으로 160km 거리에 위치하고 있는 헌터 밸리가 가장 유명한 산지이지만, 주 생산량의 대부분은 이곳의 남서쪽에 위치한 빅 리버스 존Big Rivers Zone이라 불리는 리베리나Riverina, 머리 달링Murray Darling, 페리코타Perricoota, 스완 힐Swan Hill의 4개 지역에서 생산되고 있습니다.

빅 리버스 존에서 수확한 포도는 박스 형태의 저가 와인과 옐로우 테일 등 대량 생산되는 양산형 와인에 주로 사용되고 있으며, 까베르네 쏘비뇽, 쉬라즈, 샤르도네, 쎄미용 등의 품종을 재배하고 있습니다. 또한 뉴 사우스 웨일스 주는 유명한 헌터 밸리를 중심으로 오렌지Orange, 카우라Cowra, 캔버라 디스트릭트Canberra District 등의 신흥 산지에서도 와인을 생산하고 있습니다.

- 헌터 밸리(Hunter Valley): 2,605헥타르

1825년, 최초의 포도 나무가 심어진 헌터 밸리는 호주에서 가장 긴 와인 역사를 가지고 있습니다. 시드니에서 북쪽으로 160km 거리에 위치해 있으며 뉴 사우스 웨일스 주에서 가장 유명한 와인 산지입니다. 이곳의 와인 생산량은 전성기인 1980년대에 비해 30%정도 감소해 호주 전체 생산량의 1%에 불과하지만, 관광 도시인 시드니와 근접해 있어 생산되는 와인은 비싸게 거래되고 있습니다.

헌터 밸리는 호주 와인 산지 중 최북단에 위치하고 있습니다. 기후는 아열대성 기후로 호주에서 가장 기온이 높고 비도 많이 내리는 산지 중의 하나입니다. 여름은 매우 덥지만 이 시기에 가끔 구름으로 덮여있어 직사광선을 차단해주며, 태평양에서 부는 북동풍이 극단적인 더위를 어느 정도 식혀주고 있습니다. 연간 강우량은 750mm정도로 호주 산지 중에서는 상당히 높은 편으로, 대부분의 비가 1월 말과 2월, 수확 시기에 집중적으로 내리고 있어 기후 피해를 자주 겪고 있습니다. 프랑스만큼 빈티지의 영향을 받는 헌터 밸리는 곰팡이 피해를 줄이기 위해 포도 나무의 수형 관리를 잘 해야 합니다.

과거 헌터 밸리는 테이블 와인 생산에 힘을 쏟은 지역으로, 엄밀히 따지면 포도 재배에 적합한 지역이라 말하기 어렵습니다. 그럼에도 불구하고 이곳에 많은 포도원이 존재하는 것은 관광지 시드니에서 차로 2시간 거리에 위치한 접근성 때문에 포도원을 찾는 관광객들이 붐비고 투자가 끊이지 않기 때문입니다. 호주에서 가장 아름다운 풍경을 자랑하는 헌터 밸리는 최근 들어 어느 지역보다 와인 관광객 유치에 많은 노력을 기울이고 있으며, 레스토랑, 호텔, 골프장, 그리고 포도원의 수도 급증하고 있는 추세입니다.

지리적으로 헌터 강을 중심으로 발전해 온 헌터 밸리는 로어 헌터Lower Hunter와 1960년대 개발된 북쪽의 어퍼 헌터Upper Hunter로 나뉘고 있습니다. 로어 헌터는 브로큰백Brokenback 산맥의 남쪽 산기슭에 위치하고 있으며 비교적 평탄하고 완만한 경사의 구릉 지대로 이뤄져있습니다. 언덕 동쪽 주변에는 화산활동에 의해 형성된 현무암 토양과, 고도가 높은 곳에는 붉은 화산성 토양으로 구성되어 있으며, 미네랄 풍미가 농축된 쉬라즈 와인이 생산되고 있습니다. 반면 고도가 낮은 저지대에는 하얀 모래와 양토로 구성되어 있고, 전통적으로 쎄미용 품종을 주로 재배하고 있습니다.

헌터 밸리에서 생산되는 전통적인 쉬라즈 와인은 다소 무게감이 가볍고 힘이 부족해 남부 호주의 파워풀한 와인과 블렌딩해 만들었지만, 최근에는 젊은 생산자들이 오래된 대형 오크통에서 숙성시켜 복합적인 향과 풍미를 지닌 부르고뉴 스타일의 와인 생산에 관심을 더 갖기 시작했습니다. 작황이 좋은 해에 생산된 헌터 밸리의 쉬라즈 와인은 흙 내음, 향신료 향과 함께 유연한 타닌과 긴 여운을 지닌 것이 특징입니다. 또한 병입된 이후 비교적 빨리 숙성되고, 장기 숙성하게 되면 버섯, 가죽 등의 복합적인 향과 풍미로 발전하기도 합니다.

기온이 높은 헌터 밸리에서는 쎄미용 와인을 만들 때 일반적인 수확 시기보다 이른 시기에 수확을 진행합니다. 그 결과 포도의 당분 함량은 낮아 11% 정도의 낮은 알코올 도수를 지니지만, 상대적으로 신맛이 높습니다. 이곳의 쎄미용 와인은 처음 병입했을 때 시트러스 계열의 중성적인 향이 나지만, 병 숙성을 거치면 토스트, 미네랄 등의 풍부한 방향성을 갖게 됩니다. 헌터 밸리의 쎄미용 와인은 일반적으로 단기 소비용으로 적합하나, 10년 이상의 긴 수명을 지닌 고품질의 쎄미용 와인도 존재하고 있습니다.

헌터 밸리의 북서쪽에 위치한 어퍼 헌터는 헌터 강 지류를 따라 더 높은 경사지에 포도밭이 펼쳐져 있습니다. 이 지역은 로어 헌터보다 더 내륙 쪽에 자리잡고 있어 서늘한 바닷바람의 영향을 덜 받기 때문에 기후는 더 따뜻하며, 연간 일조량은 2,170시간으로, 2,070시간의 로어 헌터보다 더 많습니다. 반면 어퍼 헌터는 연간 강우량 620mm로, 로어 헌터와 비교하면 적은 편입니다. 강우량의 대부분은 늦여름과 초가을에 내리기 때문에 봄과 여름의 포도 생장기에는 관개가 필요합니다.

어퍼 헌터는 모래질의 충적 평야에서 양토, 그리고 잘 부서지는 적토 등 적당한 비옥함과 배수가 좋은 토양으로 구성되어 있으며, 샤르도네 품종을 압도적으로 많이 재배하고 있습니다. 특히 로즈마운트Rosemount 포도원은 헌터 밸리의 샤르도네를 유명하게 만든 장본인입니다. 1980년대 화이트 와인 붐이 일었을 때, 로즈마운트 포도원은 고지대의 포도밭에서 샤르도네 와인을 만들어 높은 평가를 받게 되었고, 수출에도 성공해 현재 이 지역뿐만 아니라 호주를 대표하는 포도원으로 자리매김하게 되었습니다.

전반적으로 헌터 밸리에서 생산된 샤르도네 와인은 토스트, 버터 등의 오크 풍미와 풍만한 질감을 지니고 있는 것이 특징이며, 지난 15년 동안 오크 뉘앙스가 강한 샤르도네 와인은 르네상스 시대를 맞이했습니다. 하지만 최근 들어 오크향을 절제하고 샤르도네 특유의 과실 아로마를 강조하는 생산자도 등장하기 시작했습니다.

WESTERN AUSTRALIA
웨스턴 오스트레일리아

Swan District

Perth Hills

Peel

Geographe

Blackwood Valley

Margaret River

Manjimup

Pemberton

Great Southern

WESTERN AUSTRALIA GI

- Swan District
- Perth Hills
- Peel
- Geographe
- Margaret River
- Blackwood Valley
- Manjimup
- Pemberton
- Great Southern

웨스턴 오스트레일리아(Western Australia): 10,000헥타르

웨스턴 오스트레일리아 주는 호주 대륙의 1/3을 차지하고 있는 최대 면적의 주입니다. 그러나 와인 생산량은 호주 전체 생산량의 5%에 불과하며, 와인 산지의 대부분은 남서쪽 끝자락의 비교적 서늘한 기후에 위치하고 있습니다. 이 주는 아주 작은 생산량에도 불구하고 생산되는 와인의 30%정도가 품평회에서 자주 입상을 할 정도로 품질 면에서는 최고에 가깝습니다.

지중해성 기후를 띠고 있는 웨스턴 오스트레일리아 주는 겨울에 비가 자주 내리고 여름에 건조하기 때문에 병충해가 적어 포도 재배에 적합한 곳입니다. 주요 산지는 주도 퍼스Perth에서 남쪽의 해안을 따라 자리잡고 있는데, 레드 와인으로 유명한 마가렛 리버Margaret River를 선두로 스완 디스트릭트Swan District, 그리고 서늘한 그레이트 서던Great Southern이 있습니다. 또한 이 지역의 생산자들은 대량 생산되는 와인보다는 고급 와인을 만드는 부티크Boutique 와인 이미지를 지키기 위해 노력하고 있습니다.

- 마가렛 리버(Margaret River): 5,725헥타르
마가렛 리버는 웨스턴 오스트레일리아 주의 남서쪽에 위치한 산지로, 주도 퍼스에서 270km가량 떨어져있습니다. 길고 좁은 모양의 마가렛 리버는 북쪽과 서쪽은 인도양, 남쪽은 남빙해에 둘러싸여 있으며, 이 해안 지역에는 8,000종류 이상의 다양한 식물군이 자생하는 걸로도 유명합니다.

마가렛 리버는 온화하고 따뜻한 지중해성 기후로, 연간 기온 차이가 적으며, 보르도 지방의 건조한 해의 기후와 비슷한 편입니다. 하지만 인도양의 영향을 받아 겨울이 매우 따뜻하기 때문에 포도 나무가 충분히 휴면을 못하고, 봄에는 강풍이 불어 개화가 나빠져서 수확량이 감소하는 어려움이 있습니다. 반면 여름은 건조하고 따뜻하며 서늘한 해풍이 더위를 식혀주어 농축된 풍미를 지닌 레드 와인의 생산이 가능합니다. 또한 삼면이 바다로 둘러싸여 있어 바다의 영향을 강하게 받아 연간 강우량은 1,150mm로 비교적 높지만 겨울에 비가 집중

되고 있습니다.

마가렛 리버는 전반적으로 서리와 우박의 피해가 적기 때문에 포도 재배에 이상적인 떼루아를 지니고 있으며, 까베르네 쏘비뇽과 메를로 품종을 주로 재배하고 있습니다. 이곳에서 생산되는 레드 와인은 프랑스의 보르도 와인, 이탈리아의 볼게리Bolgheri 와인, 그리고 미국 캘리포니아의 나파 밸리 와인 등과 비교되지만, 확실히 이곳만의 우아하고 정교한 캐릭터를 지니고 있습니다.

토양은 주로 화강암과 편마암에 적색 자갈의 양토로 구성되어 있으며 배수가 좋은 편입니다. 북쪽에서 남쪽으로 연결되는 능선을 따라 1억 5천만년에서 6억년 사이에 형성된 화강암 기반의 오래된 석회암 층을 이루고 있는데, 시간이 지나면서 화강암, 편마암, 편암 등의 다양한 토양을 형성하게 되었습니다. 특히 적색 자갈의 척박한 토양에서 놀랍도록 섬세한 레드 와인이 생산되고 있습니다.

마가렛 리버에서 생산되는 까베르네 쏘비뇽 와인은 잘 익은 타닌과 바다내음, 미네랄 등의 풍미가 특징이며, 최고급 와인은 농익은 과실 향과 견고하고 복합적인 풍미를 지니고 있습니다. 다만, 컬렌Cullen을 비롯한 대부분의 포도원에서는 까베르네 쏘비뇽과 메를로 등의 보르도 블렌딩 방식으로 레드 와인을 생산하고 있습니다.

마가렛 리버에 처음 포도 나무가 심어진 시기는 1967년입니다. 1950년대 캘리포니아의 UC 데이비스 대학교의 해롤드 올모Harold Olmo 교수는 연구를 통해 마가렛 리버의 가능성을 확인하고, 이후 1967년 바스 펠릭스Vasse Felix 포도원에서 최초로 포도 나무를 재배해 1970년대 초반 상업적인 와인을 생산했습니다. 그 뒤를 이은 포도원이 컬렌과 모스 우드Moss Wood로, 두 포도원 모두 의사 출신이 설립했습니다. 이들이 만든 와인은 와인 평론가들에게 높은 평가를 받았으며, 특히 까베르네 쏘비뇽 와인의 품질이 매우 뛰어났습니다.

또한 이 지역의 남쪽, 남빙해 해안의 산지는 인도양보다는 남극의 영향을 강하게 받으며, 루윈Leeuwin 포도원을 선두로 고품질의 샤르도네, 삐노 누아 와인을 생산하고 있습니다. 1972년 캘리포니아 주의 유명 생산자인 로버트 몬다비Robert Mondavi의 조언을 받아 데니스 호건Dennis Horgan은 루윈 포도원을 설립해 아트 시리즈 샤르도네Art Series Chardonnay를 출시하면서 세계적인 주목을 받았습니다. 오늘날 마가렛 리버는 규모가 작은 부티크 포도원들이 밀집되어 있으며, 160개 이상의 포도원에서 다양한 와인을 만들고 있습니다.

VICTORIA
빅토리아

VICTORIA

New South Wales

Murray Darling

Swan Hill

Goulburn Valley

Rutherglen

King Valley

Alpine Valleys

Bendigo

Heathcote

Strathbogie Ranges

Upper Goulburn

Pyrenees

Macedon Ranges

Grampians

Sunbury

Yarra Valley

Henty

Geelong

Gippsland

VICTORIA GI

- Murray Darling
- Swan Hill
- Henty
- Grampians
- Pyrenees
- Bendigo
- Geelong
- Heathcote
- Strathbogie Ranges
- Macedon Ranges
- Upper Goulburn
- Sunbury
- Yarra Valley
- Mornington Peninsula
- Goulburn Valley
- Rutherglen
- Glenrowan
- Beechworth
- King Valley
- Alpine Valleys
- Gippsland

빅토리아(Victoria): 17,000헥타르

19세기 중반, 골드 러시가 일어난 빅토리아 주는 호주 와인 산업에 있어 가장 중요한 공급처였으나, 1870년대 필록세라 병충해를 겪으면서 포도밭은 괴멸해버렸습니다. 그 후 오랫동안 복구되지 않았다가 1980년대 와인 붐이 일어나면서 서서히 부활해 현재는 웨스턴 오스트레일리아 주를 크게 앞서고 있으며, 호주 전체 와인 생산량의 17%를 차지하고 있습니다.

빅토리아 주는 와인 생산량의 80%를 뉴 사우스 웨일스와 빅토리아 주 경계에 위치한 머리 달링에서 담당하고 있는데, 이곳은 관개가 필수인 지역입니다. 그럼에도 불구하고 빅토리아 주는 호주 본토에서 가장 서늘한 곳으로 재배 환경은 매우 다양하며, 재배지로서의 역사도 갖추고 있기 때문에 최근 30년 동안 야라 밸리Yarra Valley를 중심으로 새로운 지역도 개발되기 시작했습니다.

빅토리아 주의 주요 산지는 주도인 멜버른Melbourne의 북동부에 위치한 야라 밸리를 중심으로 질롱Geelong과 신흥 산지인 그램피언스Grampians, 피레니즈Pyrenees, 골번 밸리Goulburn Valley, 루터글렌Rutherglen 등이 있습니다. 특히 야라 밸리와 함께 유명한 루터글렌은 1850년대 골드 러시와 함께 포도 나무가 들어섰고, 주정 강화 와인의 중심지로 성장했습니다. 멜버른에서 차로 3시간 거리에 위치한 루터글렌은 완만한 언덕에 전형적인 대륙성 기후를 띠고 있습니다. 이곳의 여름은 매우 덥지만, 오스트레일리안 알프스Australian Alps 산맥에서 불어오는 시원한 바람 덕분에 밤에는 기온이 떨어지며, 가을은 길고 건조한 것이 특징입니다. 이러한 떼루아에서 뮈스까Muscat 또는 뮈스까델Muscadelle 품종을 사용해 고품질의 달콤한 주정 강화 와인을 생산하고 있습니다. 특히, 프랑스 론 지방의 적포도 품종인 뒤리프Durif로 만든 매우 희귀한 레드 와인은 루터글렌의 특산품이기도 합니다.

- 야라 밸리(Yarra Valley): 2,837헥타르

야라 강을 따라 아름다운 경치를 자랑하는 야라 밸리는 멜버른에서 북동쪽으로 45km, 차로 대략 1시간 거리에 위치해 있습니다. 호주에서 가장 오래된 와인 산지로, 초창기 빅토리아 주의 와인 산업을 이끌었습니다. 그러나, 필록세라 피해와 함께 주정 강화 와인 및 달콤한 와인을 좋아하는 소비자의 기호 변화에 따라가지 못해 20세기 전반에 포도 재배가 중단되기도 했지만, 1960년대 말부터 다시 부흥하기 시작했습니다. 현재, 야라 밸리는 빅토리아 주에서 가장 우수한 품질의 와인을 생산한다는 평가를 받으며, 호주 굴지의 삐노 누아, 샤르도네 산지로 알려져 있습니다.

야라 밸리는 호주에서 가장 서늘한 산지에 해당하지만, 고도와 포도밭의 지형에 따라 기후 편차가 발생합니다. 기후는 지중해성 기후와 대륙성 기후가 공존하며, 전반적인 기온은 부르고뉴 지방보다 높고, 보르도 지방과 호주 전체 표준에 비교하면 낮은 편입니다. 이곳은 변화가 심한 지형으로, 강을 따라서 평지부터 가파른 경사지에 포도밭이 자리잡고 있습니다. 표고는 30~400미터 사이의 다양한 고도에 위치하며, 최근 조성된 포도밭은 500미터의 높은 곳에 있기도 합니다. 야라 밸리는 포도 생육 기간에 서늘한 기간이 길고 서리 피해도 자주 발생하는데, 특히 봄철 발아 시기에 서리가 발생하고 있어서 평균 수확량은 높지 않은 편입니다.

토양 역시 매우 다양합니다. 북쪽은 모래와 점토가 섞인 회색 양토로 구성되어 있어 전반적으로 척박하며 배수가 잘 됩니다. 반면 남쪽은 비교적 비옥한 적색 화산토로 이뤄져 있으며, 방향과 고도에 따라 매우 다양합니다. 이러한 떼루아에서 삐노 누아와 샤르도네를 중심으로 쉬라즈, 까베르네 쏘비뇽 등의 품종을 재배하고 있는데, 전체 포도 품종 중 삐노 누아가 36%, 샤르도네가 33%를 차지하고 있습니다.

야라 밸리의 삐노 누아는 더운 지역에서 만든 삐노 누아 특유의 진한 잼 뉘앙스와 절인 듯한 풍미가 없는 것이 특집입니다. 이곳의 삐노 누아 와인은 딸기, 체리, 자두 등의 과실 향이 풍부하고 부드러운 타닌과 절제된 오크 뉘앙스를 보여주고 있습니다. 샤르도네 와인 역시, 시트러스, 멜론, 무화과 등의 아로마와 절제된 오크 뉘앙스를 지니고 있으며, 신맛도 풍부합니다.

1980~90년대, 인기를 끌었던 과도한 오크향과 풍미를 지닌 와인들이 점점 사라지고, 품종 본연의 과실 캐릭터에 중점을 두고 있는 추세입니다.

야라 밸리에는 아직까지 대형 포도원은 거의 없고 비교적 작은 규모의 포도원들이 주를 이루고 있습니다. 그러나 최근에는 대규모 기업형 회사들이 호주의 다른 와인 산지보다 서늘한 이곳에 매력을 느껴 진출하고 있는 중입니다. 뉴 사우스 웨일스 주의 드 보르톨리De Bortoli 포도원을 선두로 프랑스의 유명한 샹빠뉴 회사인 모에 샹동Moët et Chandon도 이곳에 도멘 샹동 Domaine Chandon을 설립해 스파클링 와인 산지의 기반을 다지고 있습니다. 또한 야라 밸리는 멜버른에 가깝지만 아직까지 토지의 가격은 비싸지 않은 편입니다. 덕분에 젊은 생산자들이 모여들고 있는데, 아르네이스Arneis, 산지오베제, 네비올로 등의 이탈리아 품종과 삐노 그리, 게뷔르츠트라미너 등의 다채로운 품종과 오렌지 와인, 내추럴 와인과 같은 새로운 스타일의 와인도 시도되고 있습니다. 향후 야라 밸리는 지금보다 더 산지가 확장될 것으로 예상하고 있지만, 멜버른과 같은 도시화의 물결이 미치고 있기에 산지로서 토지가 어느 정도 지켜질지 귀추가 주목되고 있는 상황입니다.

TASMANIA
태즈메이니아

TASMANIA GI

- North West
- Tamar Valley
- Pipers River
- North East
- East Coast
- Derwent Valley
- Coal River Valley
- Huon Valley

태즈메이니아(Tasmania) 섬: 2,084헥타르

태즈메이니아 섬은 호주 최남단에 위치해 있으며, 멜버른에서 배스 해협Bass Strait을 건너 420km 떨어져 있습니다. 지형은 섬의 서부와 중앙부에 산이 많기 때문에 와인 산지는 북부와 남동부 해안을 따라 한정된 지역에 자리잡고 있습니다. 기후 변화로 호주 생산자들이 점점 남쪽으로 내려가고 있는 상황에서 최종 목적지에 해당하는 태즈메이니아 섬은 동쪽으로 태즈만 Tasman Sea, 북쪽으로 배스 해협, 서쪽으로 인도양에 둘러싸여 있어 바다의 영향을 강하게 받습니다. 이곳의 날씨는 여름은 온화하지만 겨울은 호주에서 가장 추운 기온을 보이고 있으며, 전반적으로 기후는 서늘합니다.

섬을 둘러싸고 있는 각각의 수역은 강풍과 함께 폭풍우를 일으킬 수 있고, 봄 서리와 병충해의 위협이 더해지기 때문에 포도밭의 부지 선정이 매우 중요합니다. 특히 남동부는 커다란 산맥이 둘러싸고 있어 강풍과 강우로부터 포도밭을 보호해주며, 포도가 잘 익을 수 있게 도와줍니다. 토양의 종류는 섬 전처에 걸쳐 크게 차이가 있습니다. 경사지의 하부는 고대 형성된 사암과 이암 뿐만 아니라, 최근에 형성된 강의 충적토와 비옥한 화산토 등 다양하게 구성되어 있습니다.

태즈메이니아 섬에 본격적으로 와인 산업이 시작된 시기는 1950년대입니다. 섬의 북부는 프랑스 이민자 장 미게Jean Miguet가, 남부는 이탈리아 이민자 클라우디오 알코르소Claudio Alcorso가 상업적인 포도원을 설립했습니다. 1974년, 호주 최초로 포도 재배학 박사 학위를 취득한 앤드류 피어리Andrew Pirie 박사는 북부에 위치한 파이퍼스 브룩Piper's Brook 지역이 섬세한 유럽 스타일의 와인 생산에 적합하다는 연구를 바탕으로 파이퍼스 브룩 빈야즈Piper's Brook Vineyards 포도원을 설립했으며, 오늘날 이 지역의 최대 영향력을 가진 생산자가 되었습니다.

20세기 후반, 태즈메이니아 섬에서 수확한 포도는 강한 신맛 때문에 주로 스파클링 와인의 원료로 사용되었는데, 지금도 이곳의 포도 과즙과 베이스 와인은 대기업에 의해 본토로 운반되어 품질 좋은 호주 스파클링 와인을 만들기 위해 중요한 역할을 담당하고 있습니다.

주요 포도 품종은 삐노 누아로 41%를 차지하고 있으며, 뒤를 이어 샤르도네 28%, 쏘비뇽 블랑 11%, 삐노 그리 8%, 리슬링 6% 순으로 재배되고 있습니다. 섬의 북동부에 위치한 타마 밸리Tamar Valley는 태즈메이니아 와인의 40%를 생산하는 가장 중요한 곳으로 삐노 누아 및 쏘비뇽 블랑, 그리고 샤르도네, 삐노 뫼니에Pinot Meunier 등의 스파클링 와인의 품종을 재배하고 있습니다.

타마 밸리 동쪽에 위치한 파이퍼스 브룩은 숲이 많아 습하고 서늘한 곳이며, 스파클링 와인이 이곳의 특산품입니다. 샤르도네, 리슬링, 삐노 누아가 성공적으로 재배되고 있는데, 하우스 오브 아라스House of Arras와 얀스Jansz 포도원이 유명합니다. 특히 얀스는 태즈메이니아 섬에서 유일하게 스파클링 와인만을 생산하는 포도원이기도 합니다.

반면 남동부 해안 지역은 큰 산들이 강풍과 비를 차단해주고 있어 품질 좋은 삐노 누아와 샤르도네 와인이 생산되고 있습니다. 이 지역의 유명한 포도원으로는 1980년에 설립된 프레이시네트Freycinet로, 자연적으로 형성된 원형극장 형태의 포도밭에서 우수한 품질의 삐노 누아 와인을 만들고 있으며, 현재 태즈메이니아 삐노 누아를 대표하는 생산자 중 하나입니다.

SYDNEY

호주 와인의 이모저모
플라잉 와인 메이커(Flying Winemaker)

1980년대 후반 이후부터 호주의 양조가들이 북반구 국가의 선진화된 포도원에서 견습을 하는 일이 급격히 증가하게 되었습니다. 영국의 슈퍼마켓 체인 등의 대형 유통회사에 고용된 양조가들은 주요 거래처인 유럽의 무명 산지의 협동 조합에 파견되어 고용주가 원하는 스타일의 와인을 만들기 위해서 진두 지휘를 하고 있는 상황입니다.

북반구 국가의 수확 준비가 행해지는 성수기에는 남반구 국가의 양조가들이 상대적으로 시간 여유가 있기 때문에 이러한 객지 벌이를 할 수 있게 되었습니다. 비행기로 남반구와 북반구의 와인 산지를 바쁘게 왕복하는 사람들을 '하늘을 나는 양조가'란 의미로 플라잉 와인메이커 Flying Winemaker라고 부르고 있습니다. 호주의 양조가들이 대상이 된 것은 시장 인기가 좋은 저렴한 가격의 와인을 안정적으로 생산할 수 있는 고도의 노하우가 있는 점과 힘든 장시간의 노동에도 불만 없이 성과를 올리기 위해서 최대한의 노력을 하는 점이 인정되었기 때문입니다.

호주의 포도원에서는 수확 시기가 되면 쉬지 않고 일하거나, 교대 근무제로 24시간 작업을 하는 것이 흔한 일로, 양조 책임자가 되면 거의 쉬지 않고 일하는 것이 일반화되었습니다. 이러한 양조가들의 처절한 노력 덕분에 싸구려 취급을 받았던 남부 프랑스, 남부 이탈리아, 동부 유럽 국가 등의 협동조합에서 생산되는 저품질의 와인은 풍부한 과실 향과 풍미를 지닌 세련된 스타일로 다시 태어나 세계 와인 시장에서도 인기를 얻게 되었습니다.

플라잉 와인 메이커들에 의해 널리 퍼진 호주 스타일의 와인은 저변이 낮은 산지에서 만들어지는 와인의 품질 향상에 크게 공헌하고 있지만, 산지의 개성이 사라지고 획일적인 와인 스타일의 근원이 되었다는 비판도 제기되고 있습니다.

쇼 시스템(Show System)

와인 쇼Wine Show는 와인 콘테스트 및 품평회를 지칭하는 단어입니다. 품질이 뛰어난 와인을 수상하는 와인 쇼는 현재 전 세계의 와인 산지에서 개최되고 있지만 가장 활발하게 진행되는 곳이 호주입니다. 현재 호주에서는 매년 수많은 와인 쇼가 개최되고 있는데, 전국적인 규모에서부터, 주 별, 지역 별 등 다양한 규모로 진행되고 있습니다. 이러한 와인 쇼에서 양조가나 연구원으로 구성된 심사 위원으로부터 상을 받은 와인은 판매 마케팅에 있어 그 내역을 최대한 이용하고 있습니다.

수상의 형식은 쇼를 개최하는 주최자에 따라서 다소 차이가 있지만, 카테고리 별로 대상 와인이 1종류 선택되고, 그 아래에 금, 은, 동메달 와인이 각각 다수 선택되는 것이 일반적입니다. 이러한 쇼 시스템은 호주 와인 산업의 발전을 이끈 하나의 원동력이 되었으나, 와인 쇼에서 수상되는 와인 스타일이 고정화되고 있기 때문에 획일적인 와인이 만들어지게 된다는 비판도 받고 있습니다.

크로스 리저널 블렌드(Cross Regional Blend)

호주의 다국적 기업형 회사들은 전국에 자사 소유의 포도밭이나 재배 계약된 포도밭들을 보유하고 있습니다. 그로 인해, 수백 킬로미터, 때로는 천 킬로미터 이상 떨어진 서로 다른 포도밭에서 수확한 포도를 바로사 밸리 등에 있는 본거지의 양조장까지 냉장 트럭으로 옮겨 블렌딩한 후 대량 생산용 와인의 한 종류로 만드는 것이 일반적입니다. 이러한 방식을 크로스 리저널 블렌드라고 부르며, 사우스 이스턴 오스트레일리아South Eastern Australia 원산지 명칭GI으로 주로 판매되고 있습니다. 사우스 이스턴 오스트레일리아 와인은 사우스 오스트레일리아 주와 빅토리아 주, 뉴 사우스 웨일스 주, 그리고 퀸즐랜드 주 일부에서 수확한 포도를 사용해서 만들어지며, 이들 지역에서 만들어진 모든 와인에 사용할 수 있는 광역 GI 명칭입니다.

크로스 리저널 블렌드는 '와인 산지의 개성을 빼앗는다'라는 비판의 대상이 되기도 하지만 품질적인 측면에서는 장점도 있습니다. 첫 번째는 매 수확 년의 품질 차이와 생산량의 차이를 평준화할 수 있다는 점입니다. 예를 들어, 어느 해의 바로사 밸리가 흉작으로 품질이 떨어진다고 해도 수백 킬로미터 떨어진 헌터 밸리의 작황이 좋으면 블렌딩을 통해서 품질이나 양을 평준화시킬 수 있습니다. 또한, 포도밭에 따라서 품종 특유의 개성이 존재할 경우, 크로스 리저널 블렌드는 와인의 복합성 향상으로도 연결되기도 합니다. 대표적인 와인이 펜폴즈 포도원의 그렌지입니다. 호주 최고 와인으로 평가 받는 그렌지 와인은 특정 지방에 있는 특정 포도밭의 쉬라즈만을 사용하는 것이 아니라, 펜폴즈가 전국에 소유하고 있는 쉬라즈 포도밭 중에서 매년 가장 좋은 포도밭의 여러 쉬라즈를 블렌딩해 생산하고 있습니다. 따라서 크로스 리저널 블렌드는 장, 단점을 함께 가지고 있다고 볼 수 있습니다.

유럽의 경우, 원산지 통제 명칭법이 제정되기 전에는 지방이나 국가 간의 블렌딩이 드물지 않았습니다. 프랑스 보르도 지방이나 부르고뉴 지방의 고급 와인도 예외 없이 남부 프랑스나 남부 이탈리아, 알제리 산 등의 농후한 와인과 블렌딩해 맛을 강하게 만들었습니다. 그 중, 가장 유명한 것이 에르미따제Hermitagé 와인입니다. 18~19세기에, 걸쳐 보르도 지방의 메독 지구에서 만들어진 에르미따제는 메독 지구의 까베르네 쏘비뇽 와인에 북부 론 지방의 에르미따주 마을의 씨라 와인을 블렌딩해 만든 와인입니다. 이것 역시 크로스 리저널 블렌드 방식으로 까베르네에 씨라를 섞은 것은 매우 호주스러운 와인이라고 말할 수 있습니다.

8일차

길고 하얀 구름의 땅에서
만든 와인, 뉴질랜드

NEW ZEALAND

NEW ZEALAND

뉴질랜드는 신세계 와인 국가 중, 드물게 서늘한 기후를 띠고 있으며 이러한 기후를 바탕으로 풍부한 신맛을 갖춘 신선한 스타일의 와인을 생산하고 있습니다. 다만, 프랑스 북부나 독일과 비교하면 포도의 완숙도가 높은 편이라 알코올 도수가 높고 과실 풍미가 진한 편입니다. 일반적으로 신세계 국가에서 생산된 와인이라 하면 과일 폭탄이라는 단어로 상징되는 걸쭉한 과일 향과 풍미, 높은 알코올 도수, 그리고 섬세함이 없다는 고정 관념이 지금도 뿌리 깊지만 뉴질랜드 와인은 이러한 이미지를 타파한 새로운 스타일의 신세계 와인입니다.

01

<h1 style="text-align:right">뉴질랜드 와인의 개요</h1>

◆ 남위 36~46도에 와인 산지가 분포
◆ 재배 면적 : 35,000헥타르
◆ 생산량 : 2,340,000헥토리터

[International Organisation of Vine and Wine 2015년 자료 인용]

18세기 중반, '캡틴 쿡'으로 잘 알려진 영국의 탁월한 항해가이자 탐험가인 제임스 쿡James Cook 선장에 의해 발견된 뉴질랜드는 호주에서 남동쪽으로 2,000㎞ 떨어져 있는 섬나라로 북섬과 남섬으로 나뉘어져 있습니다. 2017년 기준으로 포도 재배 면적은 세계 29위를 차지하고 있으며 생산량은 그다지 많지 않아 큰 존재감이 없지만, 1980년대 말보러 지방의 쏘비뇽 블랑 와인이 우수한 품질을 인정받으면서 현재 국제 시장에서 평가도 급상승하고 있습니다.

뉴질랜드는 신세계 와인 생산 국가 중, 드물게 서늘한 기후를 띠고 있으며 이러한 기후를 바탕으로 풍부한 신맛을 갖춘 신선한 스타일의 와인을 생산하고 있습니다. 다만, 프랑스 북부나 독일과 비교하면 포도의 완숙도가 높은 편이라 알코올 도수가 높고 과실 풍미가 진한 편입니다. 일반적으로 신세계 국가에서 생산된 와인이라고 하면 '과일 폭탄'이라는 단어로 상징되는 걸쭉한 과일 향과 풍미, 높은 알코올 도수, 그리고 섬세함Finesse이 없다는 고정 관념이 지금도 뿌리 깊지만, 뉴질랜드 와인은 이러한 이미지를 타파한 새로운 스타일의 신세계 와인입니다.

포도 품종에 관해서도 뉴질랜드는 독자성을 가지고 있습니다. 프랑스계 품종이 주력이라는 점은 다른 신세계 와인 산지와 크게 다르지 않지만, 인기에 있어 화려한 존재라는 것은 다르다고 볼 수 있습니다. 다른 신세계 와인 산지에서는 까베르네 쏘비뇽, 샤르도네가 상당 부분을 차지하고 있지만, 뉴질랜드에서는 쏘비뇽 블랑과 삐노 누아가 주연을 맡고 있고, 그 외의 주요 포도 품종 역시 비교적 서늘한 기후에 적합한 삐노 그리, 리슬링, 메를로 등의 품종입니다. 서늘한 기후에서도 뛰어난 품질의 와인을 만들 수 있는 샤르도네는 뉴질랜드에서 쏘비뇽 블랑 다음의 존재감을 보이고 있습니다. 다만, 적포도 품종의 왕이라 불리는 까베르네 쏘비뇽도 뉴질랜드에서는 존재감이 희박합니다.

뉴질랜드는 아직까지 토지가 충분하기 때문에 해마다 포도밭이 조금씩 확장되고 있는 추세입니다. 개간되고 있는 포도밭의 대다수는 평야 지대로 기계화 작업을 통해 포도를 재배하고 있지만, 최근에는 많은 생산자들이 경사지에 포도밭을 개간하기 시작했습니다. 와인 양조에 관해서는 호주의 영향을 강하게 받아서 안정적으로 와인을 제조하기 위한 기술 수준도 높은 편입니다. 뉴질랜드 양조가 중 다수가 링컨Lincoln 대학을 비롯한 와인 교육 기관에서 양조학을 배울 뿐만 아니라, 해외에서 적극적으로 연수를 하고 있습니다.

뉴질랜드 전체 생산량의 절반을 생산하는 *페르노 리카 NZPernod Ricard와 *컨스텔레이션 NZConstellation, 빌라 마리아Villa Maria 등의 대기업 포도원과 소규모 포도원으로 와인 산업이 양분된 점도 호주와 비슷합니다. 뉴질랜드의 대기업 포도원 중에는 호주, 프랑스 등의 다국적 기업이 소유하며 그룹화를 진행하고 있습니다. 해외 대형 주류 기업들이 뉴질랜드의 장래성에 눈을 돌려 진출한 것은 풍부한 자금을 바탕으로 급격한 생산량 증대를 지지해 줌과 동시에, 와인 선진국의 기술을 이전시킴으로 뉴질랜드 와인 산업에 플러스 요인으로 작용하고 있습니다. 또한 해외 대형 주류 기업들은 전 세계 확보한 판매망을 통해 새로운 시장을 개척하고 수출 확대에도 큰 공헌을 했습니다. 반면 약 700곳의 소규모 포도원들은 대기업 포도원에 비해 아주 적은 양을 생산하고 있지만 개성이 풍부한 와인을 만들고 있습니다.

200년 정도의 짧은 역사를 지닌 뉴질랜드에서 상업적인 와인이 만들어지기 시작한 것은 불과 40년 정도 밖에 되지 않습니다. 사실상 후발주자에 해당하는 뉴질랜드는 불리한 입장에도 불구하고 열정적인 생산자들이 많아 전통에 얽매이지 않고 현대적인 기술에 초점을 맞춰서 매우 합리적으로 와인을 만들고 있습니다. 여기서 '합리적'이라는 단어는 기계적이라는 의미가 아니라, 다양한 토지에서 연구한 결과를 가지고 자신들의 스타일을 정한다는 의미입니다. 어디에 포도를 심을까?, 어떤 포도 품종으로 어떤 와인을 만들까?, 그리고 와인을 어떻게 판매할까? 등 연구한 데이터를 축적하면서 뉴질랜드만의 스타일과 맛을 추구하고 있습니다.

  * 과거 몬타나Montana 포도원은 현재 브랜콧 에스테이트Brancott Estate로 명칭을 바꿨으며, 페르노 리카NZ가 소유하고 있습니다. 컨스텔레이션 NZ는 노빌로Nobilo 포도원을 소유하고 있으며 브랜콧 에스테이트에 이어 2위의 생산량을 자랑하고 있습니다.

　　뉴질랜드의 와인 역사는 1800년대로 거슬러 올라갑니다. 1819년, 호주에서 파견된 영국 성공회교도의 선교사 사무엘 마스덴Samuel Marsden은 북섬에 위치한 노스랜드 지역에서 최초로 포도 나무를 재배했습니다. 사무엘 마스덴에 의해 뉴질랜드의 포도 재배 역사가 시작되었지만, 그가 심은 포도로 와인을 만들었다고 하는 기록은 남아 있지 않습니다.

　　뉴질랜드 최초로 와인을 만든 인물은 호주에서 건너온 영국인 제임스 버스비James Busby로, 그는 1840년에 와이탕이Waitanggi 지역에서 뉴질랜드 최초로 와인을 생산했습니다. 1831년, 제임스 버스비는 호주 사우스 웨일스 주의 헌터 밸리에 이미 포도원을 설립했는데, 그가 프랑스와 스페인에서 포도 나무를 뉴질랜드에 가져오면서 본격적인 와인 역사가 시작되었다고 할 수 있습니다.

　　1840년에는 유럽에서 건너온 이민자들과 마오리족 간에 토지를 둘러싼 마찰이 점점 심각해졌습니다. 이런 상황에서 영국 정부는 마오리족과 와이탕이 조약을 체결하고 뉴질랜드를 본격적으로 식민지화하기 시작했습니다. 이 시기에 유럽의 이민자들은 캔터베리와 넬슨 지역에 포도원을 설립했고, 20세기 초반에는 크로아티아에서 온 이민자들이 오클랜드 근교에서 와인 양조를 시작해 뉴질랜드 와인 산업의 기초를 쌓아 올렸습니다.

　　20세기 초반까지 영국의 식민지였던 뉴질랜드는 국민의 대다수가 영국에서 온 이민자였기에 포도 재배 및 와인 양조의 전통을 갖고 있지 않았습니다. 1863년에 최초의 상업적인 포도원이 탄생했지만, 포도 나무를 공격하는 곰팡이 병과 해충에 대한 대처 방법을 알지 못해서 와인 산업은 좀처럼 발전하지 못했습니다. 또 국민의 대부분이 노동자 출신이었기 때문에 상류층의 음료인 와인을 그다지 좋아하지 않았으며, 맥주를 더욱 선호했습니다. 그나마 유일하게 인기가 있었던 와인은 포트 와인을 흉내 내서 만든 달콤한 레드 와인이었습니다.

　　1947년, 영국 자치국에서 독립하면서부터 화이트 및 레드 와인과 같은 스틸 와인을 본격적으로 생산하게 되었습니다. 당시 주정 강화 와인에서 스틸 와인으로 생산이 전환되고 있었다고는 하지만, 인기를 끌었던 것은 뮐러-투르가우Müller-Thurgau와 같은 낮은 품질의 스위트 와인이었습니다. 뉴질랜드 생산자들이 뮐러-투르가우를 주로 재배했던 이유는 호주보다 기후가 비교적 서늘하다고 판단해서 독일을 표본으로 삼았기 때문입니다.

　뉴질랜드 와인 산업의 전환점은 20세기 중반 이후부터입니다. 1950년대, 유럽에서 온 정착민들로 인해 뉴질랜드에서도 와인과 음식에 대한 관심을 갖기 시작했고, 1970년대에 들어서는 와인의 품질에 대한 요구도 높아졌습니다. 1960년대 후반까지만 해도 뉴질랜드의 포도밭에는 미국계 품종과 유럽계 품종을 교배한 저품질의 교배종들이 널리 심어졌으나, 고품질 와인에 대한 수요가 늘면서 점차 유럽계 품종으로 바뀌기 시작했습니다. 또한 1960~1970년에 걸쳐, 호주와 미국 등의 해외 기업들이 막대한 투자를 하면서, 1980년 이후부터는 쏘비뇽 블랑을 비롯한 우량 품종으로 대체가 이뤄졌고, 와인의 품질도 향상되었습니다. 이러한 변화는 말보러 지역의 쏘비뇽 블랑 와인이 국제 와인 품평회에서 최우수상을 수상하는 결과를 낳았으며, 뉴질랜드 와인은 세계적으로 주목을 받게 되었습니다.

　1980년대 후반부터 뉴잴랜드 와인은 높은 품질을 인정받아 수출이 증대되어, 2005년부터는 수출이 국내 소비를 뛰어넘게 되었습니다. 오늘날, 뉴질랜드 와인 산업은 고품질 와인을 지향하는 소규모 포도원이 증가하고 있는데, 1992년 160여 곳이던 포도원이 2020년 4.5배 증가해 717여 곳에 달합니다.

03

뉴질랜드의 떼루아

남위 36~46도에 위치한 뉴질랜드는 세계 최남단의 와인 산지로, 유럽의 같은 위도에 위치한 산지와 비교하면 모로코와 프랑스의 론 지방 사이에 해당합니다. 일부 산지를 제외하고는 대부분 해양성 기후를 띠고 있으며, UC 데이비스의 적산온도 구분에 따라 가장 서늘한 지역인 I 구역으로 분류되고 있습니다. 뉴질랜드의 북섬과 남섬 모두 국토가 홀쭉하기 때문에 두 섬의 기온 차가 상당한데, 하루에 사계절이 있다고 표현할 정도입니다. 평균적으로 북섬이 남섬에 비해 기온이 높지만 지중해 북부에 위치한 와인 산지에 비해서는 현저하게 서늘한 편입니다.

최북단은 12~2월 사이의 여름에 주로 아열대성 기후를 보이고 있으며, 남섬의 일부 내륙 지역에서는 6~8월의 겨울 기온이 영하로 내려가거나 눈이 내리기도 합니다. 그러나 뉴질랜드의 극심한 기온 차이는 포도를 서서히 익힐 수 있기 때문에 오히려 우수한 품질의 와인을 생산할 수 있는 긍정적인 요소로 작용하고 있습니다. 이러한 떼루아 요소들의 조합으로 포도는 높은 수준의 당도와 함께 높은 신맛과 신선하지만 강렬한 풍미를 유지할 수 있게 됩니다.

비교적 습한 뉴질랜드는 북섬과 남섬에 뻗어있는 산맥에 의해 강우량의 영향을 받고 있습니다. 대체로 남북을 관통하는 산맥이 서쪽에서 불어오는 습하고 강한 바람을 막아주기 때문에 포도밭은 동해안을 중심으로 밀집되어 있습니다. 과거 기계 작업이 수월한 평야 지대에 포도밭을 개간했지만, 최근 들어 고품질을 지향하는 생산자들에 의해 경사지에 포도밭을 개간하기 시작했습니다. 경사지 포도밭은 서리 피해로부터 비교적 안전하고, 표토가 얕기 때문에 구조감이 견고한 와인을 만들 수 있습니다. 뉴질랜드에서는 적도 방향을 바라보는 북향의 따뜻한 경사지 포도밭을 최고의 입지로 꼽고 있습니다.

산지에 따라서는 생육 기간 중에 비가 많이 내려 포도 나무의 생육 상태가 너무 강해지므로 곰팡이 병해가 발생하기 쉬운 문제점도 있습니다. 이러한 문제는 1980년대 도입된 포도 나무의 수형 관리로 개선되었는데, 특히 호주 출신의 포도 재배학자인 리처드 스마트Richard Smart 박사가 큰 공헌을 했습니다. 반면 강우량이 적은 지역에서는 관개도 일반적으로 행해지고 있습니다.

뉴질랜드는 신세계 산지로는 예외적으로 매 수확 년의 기후 변동과 생산량의 변동이 심하기 때문에 생산자에게 있어서는 골칫거리 문제입니다. 2008년의 경우, 대풍작이 들면서 와인 산업에도 큰 위기가 닥쳤습니다. 와인 생산자들은 심각한 공급 과잉과 씨름해야 했고, 수확하지 않고 버려둔 포도도 상당했습니다.

뉴질랜드는 지질 년대가 오래되지 않아 전반적으로 토양은 비옥도가 높은 편입니다. 와인 산지의 대부분은 경사지에 포도밭이 자리잡고 있어 표토가 얇기 때문에 비교적 척박합니다. 지하수위가 높은 장소에서는 포도 나무의 수세가 강해지기 쉬우며, 북섬의 노스랜드Northland와 기즈번Gisborne 지역에서는 포도 나무 수형 관리 등에 의한 수세 관리가 매우 중요합니다. 반면 혹스 베이Hawke's Bay 지역 내의 김블레 그래블Gimblett Gravels 서브-지역과 말보러Marlborough 지역은 돌이 많고 척박한 토양이 특징입니다.

TERROIR
떼루아

뉴질랜드는 세계 최남단의 와인 산지로, 유럽의 같은 위도에 위치한 지역과 비교하면 모로코, 프랑스의 론 지방 사이에 해당합니다. 일부 산지를 제외하고는 대부분은 해양성 기후를 띠고 있으며, UC 데이비스의 적산온도에 따라 가장 서늘한 지역인 Ⅰ구역으로 분류되고 있습니다.

뉴질랜드의 북섬과 남섬 모두 국토가 홀쭉하기 때문에 두 섬의 기온 차이가 상당한데, 하루에 사계절이 있다고 표현할 정도입니다. 평균적으로 북섬이 남섬에 비해서 기온이 높지만 지중해 북부에 위치한 와인 산지에 비해서는 현저하게 서늘한 편입니다.

04

뉴질랜드의 와인법은 1976년, 1981년, 2003년, 2006년에 단계적으로 정비되었으며, 뉴질랜드 식품위생 안전국NZFSA이 와인 생산과 라벨 표기 등 와인에 관련된 법규를 관리하고 있습니다. 과거에는 라벨 표기에 대한 별다른 규정이 없었지만, 2006년 GIGeographical Indications, 와인과 증류주에 대한 지리적 지정과 등록 등록법이 통과되면서, 2007년부터 포도 품종, 빈티지, 원산지 명칭을 라벨에 표기할 경우, 세 가지 모두 최소 85%가 해당 포도 품종, 빈티지, 원산지에 부합되어야 합니다. 여러 가지 포도 품종을 사용할 경우에는 사용 비율이 높은 순서대로 기재해야 합니다. 또한 향후 단계적으로 GI 등록법을 인정할 예정이며, 2016년 GI 등록 수정 법안이 뉴질랜드 의회에서 통과되었습니다.

TIP!

캐노피 매니지먼트(Canopy Management or Vine Training System)

생육 기간 중에 비가 많이 내려 포도 나무의 생육 상태가 너무 강해지게 되면 과일의 성숙이 늦어져 곰팡이 병해가 발생하기 쉬운 문제점이 야기됩니다. 이 문제는 1980년대에 호주의 포도 재배학자인 리처드 스마트 박사가 뉴질랜드에서 한 연구로 상당히 개선되었습니다. 스마트 박사는 캐노피 매니지먼트라고 불리는 포도 나무의 수형 관리 및 포도 재배 기술을 확립해 강한 수세를 가진 포도 나무로부터 고품질의 과일을 얻을 수 있도록 생산자를 이끌었습니다. 1991년 이후, 스마트 박사는 포도 재배 컨설턴트로 활동 중이며 전 세계의 포도원에 조언을 해주고 있습니다. 뉴질랜드에서 확립된 캐노피 매니지먼트의 각 기술은 지금도 전 세계에서 이용되고 있습니다.

과거 뉴질랜드 재배업자들은 인접 국가인 호주와 비교해 뉴질랜드 기후가 비교적 서늘하다는 것을 인지했습니다. 그래서인지 독일을 표본으로 삼아 뮐러 투르가우 품종을 주로 재배했습니다. 하지만 현재 쏘비뇽 블랑이 대표 품종으로 주를 이루고 있습니다.

주요 청포도 품종

- 쏘비뇽 블랑(Sauvignon Blanc)

25년 전까지만 해도 뉴질랜드는 몇몇 눈에 띄는 화이트 와인을 수출하고 있었지만, 뉴질랜드 와인에 대해 아는 사람은 거의 없었습니다. 그러나 이 나라의 와인이 국제 시장에서 높은 평가를 받게 된 것은 말보러 지역의 쏘비뇽 블랑의 성공이 계기가 되었습니다. 특히 클라우디 베이Cloudy Bay와 같은 현명한 생산자들이 만든 쏘비뇽 블랑 와인은 품질 면에서도 뛰어났을 뿐만 아니라 라벨 이미지에서도 두각을 나타냈습니다. 시원함과 우아함, 그리고 신비로운 분위기를 연상시키는 라벨은 전 세계 소비자들을 매료시키기에 충분했는데, 이제는 뉴질랜드의 슈퍼스타로 대접을 받고 있습니다.

클라우디 베이가 등장하기 전까지 쏘비뇽 블랑 애호가들은 프랑스 루아르 지방의 뿌이-퓌메Pouilly-Fumé와 쌍세르Sancerre만을 바라보고 있었습니다. 뿌이-퓌메, 쌍세르 와인은 다른 어떤 산지에서도 모방 할 수 없는 쏘비뇽 블랑의 표준을 보여주며, 독보적인 존재감을 지녔습니다. 하지만 클라우디 베이를 비롯한 말보러 지역에서 만든 쏘비뇽 블랑 와인들이 등장하면서 뉴질랜드가 만만치 않은 경쟁자라는 것을 보여주었고, 뿌이-퓌메와 쌍세르의 우수한 와인에서 느낄 수 있는 구즈베리, 풋풋한 풀내음, 풋사과 등의 개성적인 향과, 높은 신맛의 신선한 캐릭터를 겸비하고 있었습니다. 이렇게 스타일을 구축한 뉴질랜드의 쏘비뇽 블랑은 상대적으로 높은 가격에 판매되었는데, 이러한 가격 전략은 생산자들이 품질을 유지하는데 큰 도움이 되었습니다. 호주, 남아프리카공화국의 와인에서 종종 일어나는 낮은 가격과 대량 생산해야 한다는 압박도 받지 않았기 때문에 품질에 집중했고, 그 결과, 뉴질랜드 쏘비뇽 블랑 와인은 소비자들에게 높은 신뢰감을 이끌게 되었습니다.

뉴질랜드 쏘비뇽 블랑은 피망, 구스베리, 허브, 미네랄 등의 다양한 향과 때때로 오크 풍미도 지니고 있습니다. 뛰어난 품질의 쏘비뇽 블랑의 경우, 농축된 향과 과일 풍미, 그리고 높은 신맛을 지니고 있어 장기 숙성도 가능하며 아스파라거스 향도 느낄 수 있습니다.

2015년 기준으로, 쏘비뇽 블랑은 20,497헥타르로 뉴질랜드에서 최대 재배 면적을 자랑하고 있으며, 2위 3,117헥타르의 샤르도네 품종과는 큰 격차를 보이고 있습니다. 뉴질랜드 쏘비뇽 블랑의 우수한 생산자로는 클라우디 베이, 위더 힐즈Wither Hills, 빌라 마리아Villa Maria, 이자벨 에스테이트Isabel Estate, 크래기 레인지 와이너리Craggy Range Winery, 잭슨 패밀리 와인즈Jackson Family Wines, 펠리서 에스테이트Palliser Estate, 생 클레어 패밀리 에스테이트Saint Clair Family Estate 등이 있습니다.

- 기타 청포도 품종
쏘비뇽 블랑 외에 리슬링도 높은 품질과 평가로 조금씩 재배 면적이 증가하고 있는 추세입니다. 드라이, 오프-드라이Off-Dry, 또는 스위트 타입까지 다양한 스타일로 만들고 있습니다. 그리고 최근 몇 년간, 재배 면적이 급격히 늘고 있는 삐노 그리와 게뷔르츠트라미너, 그리고 쏘비뇽 블랑에 이어 두 번째로 많이 재배되고 있는 샤르도네와 같은 프랑스계 품종도 다양하게 재배되고 있습니다.

SAUVIGNON BLANC
쏘비뇽 블랑

뉴질랜드를 상징하는 청포도 품종 ————————————————

클라우디 베이가 등장하기 전까지 쏘비뇽 블랑 애호가들은 프랑스 루아르 지방의 뿌이-퓌메, 상세르만을 바라보고 있었습니다. 하지만 클라우디 베이를 비롯한 말보러 지역의 쏘비뇽 블랑 와인들이 속속 등장하면서 뉴질랜드가 만만치 않은 경쟁자라는 것을 보여주었고, 뿌이-퓌메, 상세르의 우수한 와인에서 느낄 수 있는 구즈베리, 풋풋한 풀내음, 풋사과 등의 개성적인 향과 높은 신맛의 신선한 캐릭터를 겸비하고 있었습니다. 이렇게 스타일을 구축한 뉴질랜드 쏘비뇽 블랑 와인은 상대적으로 높은 가격에 판매되었는데, 이러한 가격 전략은 생산자들이 품질을 유지하는데 큰 도움이 되었습니다.

주요 적포도 품종

- 삐노 누아(Pinot Noir)

뉴질랜드의 쏘비뇽 블랑을 찬양하는 이들이 여전히 많지만, 현재 그보다 더 많이 주목 받고 있는 품종이 삐노 누아입니다. 삐노 누아는 뉴질랜드에서 쏘비뇽 블랑에 이어 두 번째로 많이 재배되고 있는 적포도 품종입니다. 1997년에는 까베르네 쏘비뇽의 재배 면적을 제치고 적포도 품종 중 1위를 차지했고, 2015년 기준으로 5,514헥타르 재배하고 있습니다.

삐노 누아의 확장은 쏘비뇽 블랑의 지나친 의존도와 관련이 있습니다. 해외 시장에서 와인에 대한 수요가 꾸준하게 증가하고 있는 상황에서 뉴질랜드는 전체 포도원의 1/3정도가 쏘비뇽 블랑을 재배하고 있었기 때문에 다양한 품종에 대한 경쟁력과 기호 변화에 대한 위험성을 지니게 되었습니다. 그래서 뉴질랜드 생산자들은 포도 품종의 다각화를 위해 삐노 누아, 샤르도네, 씨라와 같은 포도 품종들을 다양하게 재배하기 시작했습니다. 따뜻한 기후를 지닌 혹스 베이 지역에서는 씨라, 메를로, 까베르네 쏘비뇽 등의 적포도 품종을 재배하기 시작했고, 센트럴 오타고를 중심으로 캔터베리, 와이파라 밸리에서 삐노 누아를 재배하는 등 쏘비뇽 블랑의 의존도를 서서히 줄이고 있습니다.

전 세계 와인 양조가 사이에 가장 도전적인 품종으로 불리는 삐노 누아는 까베르네 쏘비뇽, 씨라와 달리 양조에 있어 아주 까다롭습니다. 이 품종이 가지고 있는 아름다운 아로마와 섬세한 구조를 이끌어내는 것은 특히 어려운 일입니다. 원산지인 프랑스 부르고뉴 지방 외에 미국의 오리건 주와 호주의 빅토리아 주 등 일부 지역에서만 고품질 와인이 생산되고 있는데, 종종 삐노 누아가 가진 개성을 표현하기에 부족하고 때로는 지나치게 따뜻한 기후에서 재배되는 경우도 있습니다. 그러나 센트럴 오타고에서 만든 삐노 누아 와인에 대해 부정적인 견해를 보이는 사람은 찾기 어렵습니다. 최근 뉴질랜드에서 열린 삐노 누아 컨퍼런스에서 평론가들은 새롭게 등장한 뉴질랜드 삐노 누아가 부르고뉴 와인의 명성에 도전하고 있다고 언급하기도 했습니다.

뉴질랜드에서 만든 삐노 누아 와인은 구세계 산지의 구조감과 우아함, 그리고 신세계 산지의 힘과 진한 과일 풍미를 잘 표현하고 있습니다. 이 나라 안에서도 다양한 스타일의 삐노 누아 와인이 있지만, 전반적으로 농축된 붉은 과실 향과 풍미를 가지며 풍부한 일조량에 의한 높은 알코올 도수를 지니고 있는 것이 특징입니다.

뉴질랜드 삐노 누아의 우수한 생산자로는 위더 힐즈Wither Hills, 프롬 와이너리Fromm Winery, 이자벨 에스테이트Isabel Estate, 아타 랑기Ata Rangi, 크래기 레인지 와이너리Craggy Range Winery, 드라이 리버 와인즈Dry River Wines, 펠턴 로드Felton Road, 리폰 빈야드Rippon Vineyard, 쿼츠 리프 와인즈Quartz Reef Wines, 마운트 에드워드 와이너리Mount Edward Winery, 마틴보러 빈야드 Martinborough Vineyard, 펠리서 에스테이트Palliser Estate, 세레신 에스테이트Seresin Estate 등이 있습니다.

TIP!

쏘비뇽 블랑의 돌파구

1980년대 말보러 지역의 포도원은 뛰어난 품질의 쏘비뇽 블랑 와인을 생산하고 있었습니다. 다만, 국제적으로 인지도가 없었기에 무명 산지 취급을 받았지만, 1985년에 클라우디 베이 쏘비뇽 블랑이 판매되기 시작하면서 마침내 뉴질랜드 와인에 대해 국제적인 관심과 평론가들의 찬사를 이끌어냈으며, 현재 쏘비뇽 블랑의 명성은 확고하게 자리를 잡았습니다.

세계적인 와인 전문가 오즈 클라크Oz Clarke는 뉴질랜드 쏘비뇽 블랑을 '명실상부 세계 최고'라 표현했고, 다른 전문가 마크 올드맨Mark Oldman은 '뉴질랜드 쏘비뇽 블랑은 신세계 산지의 이국적인 향과 쌍세르 와인과 같은 구세계 산지의 산뜻함, 그리고 자극적인 신맛 등 양 부모에게 최고를 물려받은 아이와 같다.'라고 평가했습니다.

- 기타 적포도 품종

메를로는 뉴질랜드의 또 하나의 주요 품종으로, 까베르네 쏘비뇽에 비해 일찍 발아하는 조생종입니다. 뉴질랜드의 서늘한 기후에 적합한 메를로는 현재 재배 면적이 증가 추세로, 삐노 누아 다음으로 많이 재배하고 있습니다. 과거, 뉴질랜드에서는 주로 까베르네 쏘비뇽에 메를로를 블렌딩해 보르도 스타일의 와인으로 만들었지만, 최근에는 단일 품종으로 만들거나 블렌딩의 주연으로 사용되는 일도 많아지고 있습니다.

까베르네 쏘비뇽은 뉴질랜드의 따뜻한 산지에서조차도 잘 익히기가 어렵기 때문에 최근 들어 재배가 줄어들고 있습니다. 반면 씨라는 뉴질랜드의 따뜻한 기후에서 우수한 품질을 보여주고 있습니다. 인접 국가인 호주 와인보다는 원산지인 프랑스의 론 지방의 와인과 스타일이 유사하며 향후 주목할 만한 가치가 있는 품종입니다.

TIP!

뉴질랜드 협회

뉴질랜드 와인의 약진은 우선 품질을 기반으로 이루어졌지만, 이와 함께 뉴질랜드 와인을 국·내외에서 강력하게 홍보 및 기획하는 단체가 생긴 것도 큰 힘이 되었습니다. 기존의 와인 생산자 단체였던 와인 인스티튜트Wine Institude는 뉴질랜드 포도 재배자 협회New Zealand Grape Growers Council와 합병하여 2002년 뉴질랜드 와인생산자 협회New Zealand Winegrowers라는 새로운 단체를 설립했습니다. 이 새로운 조직은 강력한 정치력을 가진 압력 단체로, 정부에 압력을 가하는 한편, 양조와 재배에 관한 규제의 입안 및 입법화, 뉴질랜드 항공과 제휴해서 와인 콘테스트의 개최, 각종 홍보와 광고 등 폭넓은 활동을 담당하고 있습니다. 특히 주목할 만한 것이 서스테이너블 비티컬쳐Sustainable Viticulture의 지속 가능한 포도 재배의 추진으로, 현재 뉴질랜드 대부분의 포도밭에서 시행되고 있는데, 이것은 와인 생산국으로서는 세계적으로도 보기 드문 수준이라고 할 수 있습니다.

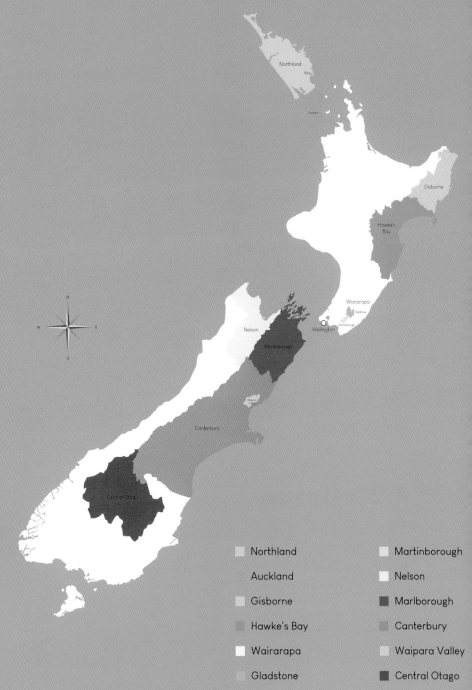

NEW ZEALAND
뉴질랜드

Northland

Gisborne

Hawke's
Bay

Wairarapa

Nelson

Marlborough

Wellington

Canterbury

Central Otago

N
W E
S

Northland

Auckland

Gisborne

Hawke's Bay

Wairarapa

Gladstone

Martinborough

Nelson

Marlborough

Canterbury

Waipara Valley

Central Otago

북섬(North Island)
노스랜드(Northland): 기헥타르

　뉴질랜드 최북단에 위치한 노스랜드는 재배 면적이 가장 작은 산지 중 하나입니다. 1819년 영국인 선교사 사무엘 마스덴이 뉴질랜드 최초로 이곳에 포도를 재배했으며, 19세기 후반부터 본격적으로 와인 생산을 시작했습니다. 뉴질랜드 산지 중 적도와 가장 가까운 노스랜드는 바다의 영향을 받아 아열대성 기후를 띠고 있습니다. 연간 일조량은 2,037시간, 연간 강우량은 1,518mm정도로 일조량은 풍부하고 습도가 높은 편입니다. 이 지역은 뉴질랜드에서 연 평균 기온이 가장 높은 곳이기도 하며, 포도가 매우 잘 익지만 포도 재배에 있어 곰팡이 병과 해충의 위험 요소가 존재합니다.

　포도밭의 표고는 150미터를 넘지 않고, 풍부한 점토질 토양을 기반으로 청포도 품종인 샤르도네, 비오니에Viognier, 삐노 그리와 적포도 품종인 씨라를 주로 재배하고 있습니다. 전반적으로 기온이 높고 토양도 비옥해 포도 나무의 생산성이 높기 때문에 고품질 와인을 만들기 위해서는 수확량 감량이 반드시 필요합니다. 특히, 노스랜드에서 생산된 샤르도네 와인은 열대 과일 향이 풍부하고 신맛이 낮은 것이 특징입니다. 또한 씨라 와인은 스파이시한 향과 풍미를 잘 표현하고 있습니다.

오클랜드(Auckland): 319헥타르

　오클랜드는 작은 산지이지만 뉴질랜드 와인 산업에 있어 중요한 지역으로, 고품질 와인을 생산하는 대규모 기업형 포도원들과 작은 부티크 포도원들이 다양하게 구성되어 있습니다. 산지는 와이헤케 섬Waiheke Island, 쿠메우Kumeu, 마타카나Matakana의 3개 서브-지역Sub-Regions을 포함해 여러 지형에 걸쳐 있습니다.

오클랜드는 따뜻하고 상대적으로 습한 해양성 기후를 띠고 있으며, 연간 일조량은 2,060시간, 연간 강우량은 1,240mm정도입니다. 이곳은 뉴질랜드에서 가장 습한 지역 중 하나로, 곰팡이 병해의 위험성이 높습니다. 토양은 전반적으로 점토질이 풍부한 화산토로, 힘이 넘치고 강렬한 보르도 스타일의 레드 와인을 비롯해 우수한 품질의 샤르도네, 그리고 방향성이 풍부한 와인들이 생산되고 있습니다. 또한 최근 몇 년 동안, 심각해진 기후 변화에 따라, 오클랜드의 몇몇 실험적인 생산자들은 스페인 품종인 뗌쁘라니요와 알바리뇨Albariño, 그리고 이탈리아 품종인 몬테풀치아노Montepulciano, 산지오베제, 돌체토Dolcetto, 네비올로 품종을 시도하고 있습니다.

- 와이헤케 섬(Waiheke Island)

오클랜드 동쪽에 위치한 아주 작은 면적의 와이헤케 섬은 만에 자리잡고 있는 지리적 특성 때문에 건조하고 따뜻한 기후를 띠고 있습니다. 씨라, 메를로, 까베르네 쏘비뇽, 샤르도네, 삐노 그리 등과 같은 프랑스계 품종을 주로 재배하고 있으며 이곳에서 생산되는 보르도 스타일의 레드 와인은 뉴질랜드 레드 와인 중 최고의 평가를 받고 있습니다. 그 중에서 스토니릿지Stonyridge 포도원에서 만든 라로즈Larose 와인은 샤또 라뚜르, 샤또 무똥-로쉴드와 같은 최고의 보르도 와인과도 견줄 정도의 높은 품질을 자랑합니다.

- 쿠메우(Kumeu)

오클랜드 시의 서쪽에 위치한 쿠메우는 우아한 스타일의 샤르도네 와인으로 유명한 산지입니다. 특히 쿠메우 리버 와이즈Kumeu River Wines와 솔잰스 에스테이트 와이너리Soljans Estate Winery에서 뛰어난 품질의 샤르도네 와인을 만들고 있습니다. 전체 포도밭의 85%가 샤르도네 품종이고, 나머지는 삐노 그리와 삐노 누아를 재배하고 있습니다.

- 마타카나(Matakana)

오클랜드 시의 북쪽에 위치한 마타카나는 1960년대에 첫 와인을 생산했지만, 본격적으로 포도원이 설립된 시기는 1990년 초반부터입니다. 마타카나는 북쪽과 서쪽에 있는 언덕이 거센 바람을 막아줘 전반적으로 따뜻한 기후를 띠고 있습니다. 포도밭은 바다 인근에 흩어져 있는

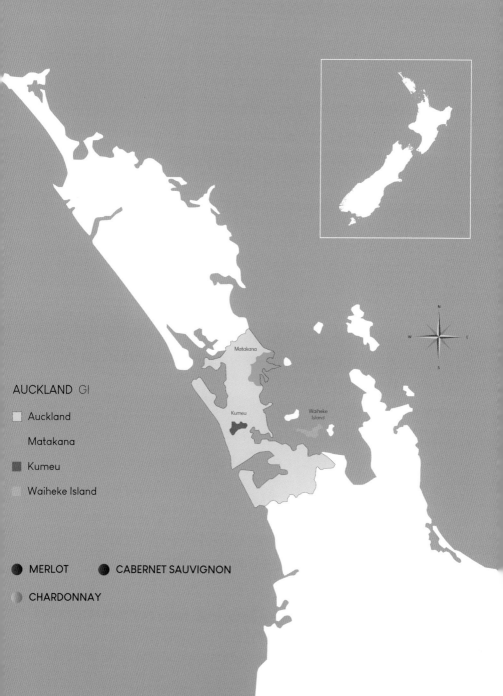

AUCKLAND GI

Auckland

Matakana

Kumeu

Waiheke Island

MERLOT   CABERNET SAUVIGNON

CHARDONNAY

Matakana

Kumeu

Waiheke
Island

데, 남반구의 뉴질랜드는 북향이 햇볕을 잘 받을 수 있기 때문에 포도밭의 대부분은 북향의 경사지에 위치하고 있습니다.

마타카나는 메를로, 까베르네 쇼비뇽이 주요 품종이었지만, 최근에는 씨라, 삐노 그리, 네비올로, 바르베라, 산지오베제, 돌체토, 알바리뇨도 재배하고 있습니다. 2017년을 기준으로 마타카마의 재배 면적은 65헥타르 정도로, 21개의 포도원이 와인을 생산하고 있습니다. 1988년 설립된 헤론스 플라이트Heron's Flight 포도원을 선두로 프로비덴스Providence, 랜섬Ransom 포도원이 이 지역을 대표하며, 특히 프로비덴스의 와인이 높은 평가를 받고 있습니다.

기즈번(Gisborne): 1,191헥타르

북섬의 동해안에 위치한 기즈번은 뉴질랜드에서 4번째로 큰 와인 산지로 '샤르도네의 수도'라고 불리고 있습니다. 1960년대, 몬타나와 코반즈Corbans 등과 같은 대규모 기업형 포도원들이 이곳에 설립되면서 과거 뉴질랜드 와인 생산을 주도했습니다. 특히 몬타나는 이곳을 대표하는 포도원으로, 지금은 브랜콧Brancott 에스테이트로 명칭을 바꿨으며, 현재 다국적 주류 회사인 페르노 리카가 소유하고 있습니다.

기즈번은 재배 면적에 비해 포도원의 수는 적지만 브랜콧 포도원을 비롯해 브랜콧의 저가 와인을 하청 생산하는 포도원들이 있기 때문에, 10년 전까지만 해도 뉴질랜드 전체 생산량의 약 60% 정도를 이곳에서 생산했으나 지금은 30% 미만까지 줄어들었습니다.

뉴질랜드에서도 일조량이 가장 높은 편에 속하는 기즈번의 연간 일조량은 2,180시간으로 따뜻한 기후를 보이고 있습니다. 반면, 연간 강우량은 1,240mm정도로, 강우량이 많아서 수확 철에 큰 비가 자주 내리곤 하지만 전반적으로 수확 시기는 말보러, 혹스 베이보다 통상 2~3주 정도 빠른 편입니다.

포도밭은 기즈번 마을 근교에 위치한 동쪽 해안의 넓은 삼각 평야 지대에 자리잡고 있습니다. 지형은 언덕이 많아 와이파오아 강Waipaoa River의 범람원까지 이어지며, 우수한 포도밭은 배수가 잘 되는 높은 표고의 경사지에 자리잡고 있습니다. 토양은 점토질이 혼합된 실트질의 양토Silt Loam로, 상대적으로 비옥한 토양에서 거의 청포도 품종만을 재배하고 있습니다.

주요 품종은 샤르도네로, 잘 익은 과실 풍미를 지니고 있어 높은 평가를 받고 있습니다. 그 뒤를 바짝 뒤쫓고 있는 품종은 게뷔르츠트라미너로 뚜렷한 개성을 지니고 있습니다. 현재, 기즈번은 새로운 포도 품종들도 실험적으로 재배하고 있습니다.

혹스 베이(Hawke's Bay): 5,034헥타르

북섬의 북동쪽, 기즈번의 남쪽에 위치한 혹스 베이는 말보러에 이어 두 번째로 큰 산지입니다. 뉴질랜드 최초로 상업적인 와인을 생산한 혹스 베이는 광범위한 지역, 다양한 종류의 토양과 기후 패턴을 보이며, 샤르도네와 메를로 외에도 여러 가지 품종들이 재배되고 있습니다.

혹스 베이는 연간 일조량이 2,180시간 정도로 일조량이 매우 높은 편이지만, 해양성 기후에 의해 더운 여름 온도를 식혀주고 포도 생장 기간을 길게 유지시켜 주기 때문에 포도 재배에 이상적인 환경을 지니고 있습니다. 연간 강우량은 1,051mm로, 북쪽의 기즈번에 비해 강우량이 적습니다. 그러나 평지 포도밭의 경우 토양이 비옥하고 지하 수위가 높아서 포도 나무의 생육 상태가 너무 강해지는 것이 문제입니다. 이 때문에 1980년대 후반부터 고품질 와인 생산을 위해 배수가 잘 되는 척박한 토양을 찾아 포도를 재배하기 시작했습니다. 대표적인 곳이 김블레 그래블Gimblett Gravels로, 관개가 필수일 정도로 배수가 좋고 보온 효과를 지닌 척박한 자갈 토양에서 까베르네 쏘비뇽, 메를로, 씨라 품종을 재배해 뛰어난 품질의 레드 와인을 생산하고 있습니다.

혹스 베이에서 생산되는 일부 레드 와인과 화이트 와인은 전 세계적인 명성을 얻고 있습니다. 특히, 보르도 스타일의 레드 와인과 샤르도네 와인의 평가가 높은 편입니다. 또한 농축된 방향성을 지닌 화이트 와인도 꾸준히 좋은 품질을 보여주고 있으며, 씨라 품종 역시 지속적으로 품질이 향상되고 있습니다.

와이라라파(Wairarapa): 1,039헥타르

마오리어로 '반짝이는 물의 토지'를 의미하는 와이라라파는 수도 웰링턴Wellington 근교의 와인 산지로, 북섬의 최남단에 위치하고 있습니다. 가장 유명한 마틴보러Martinborough와 함께 글래드스톤Gladstone, 마스터톤Masterton 3개의 서브-지역을 포함하고 있는데, 특히 마틴보러는 1970년대 과학적 연구를 기반으로 이곳의 토양과 기후가 삐누 누아 재배에 이상적이라는 것을 확인하게 되었습니다. 글래드스톤과 마스터톤의 다른 2곳의 서브-지역은 마틴보러에 비해 아직 인지도가 낮기 때문에 와이라라파로 표기되는 일이 많습니다.

와이라라파는 와인 생산량이 많지 않지만, 다양한 포도 품종의 고품질 와인을 생산하는 소규모 포도원이 많이 모여 있습니다. 특히, 삐노 누아가 세계적으로 가장 높은 평가를 받고 있고, 까베르네 쏘비뇽으로도 일부 성공한 와인이 있기도 합니다.

와이라라파는 거센 바람이 부는 반 해양성 기후로, 연간 일조량은 1,915시간 정도입니다. 봄과 가을의 기후는 서늘하며 여름에 낮은 덥고 밤에는 서늘한 것이 특징입니다. 연간 강우량은 979mm로, 서쪽의 타라루아 산맥Tararua Ranges이 비구름을 막아줘 비가 적게 내리기 때문에 관개가 필요합니다. 토양의 대부분은 배수가 잘 되는 자갈 위에 실트질의 양토로 덮여있습니다.

와이라라파의 뚜렷한 일교차와 긴 생장 조건의 조합은 포도 품종 고유의 개성과 와인의 복합적인 향과 풍미를 제공해주고 있습니다. 주요 품종은 삐노 누아로 품질도 뛰어나며, 방향성이 풍부한 쏘비뇽 블랑 와인은 물론 세련된 샤르도네 및 씨라 와인, 그리고 스위트 와인도 품질이 우수한 것이 특징입니다.

- 마틴보러(Martinborough)

마틴보러는 웰링턴에서 동쪽으로 75km 떨어진 곳에 위치한 작은 마을로, 소규모 포도원들이 주를 이루고 있습니다. 포도원의 대다수는 가족이 경영하는 비교적 작은 규모이지만, 양보다 품질에 중점을 두고 있습니다. 마틴보러는 부르고뉴 지방과 유사한 기후와 토양을 지니고 있으며, 삐누 누아 와인의 경우, 뉴질랜드 최고의 산지로 여기고 있습니다.

포도의 개화에서 수확에 이르는 생육은 뉴질랜드에서 가장 긴 생육 기간을 자랑하고 있습니다. 또한 자연적으로 바람이 잘 통하고 배수가 좋은 척박한 토양을 지니고 있고, 건조한 가을과 서늘한 기후는 삐노 누아를 비롯한 씨라, 쏘비뇽 블랑, 삐노 그리 등의 품종들이 잘 익을 수 있는 이상적인 환경을 제공하고 있습니다.

가장 뛰어난 품질의 삐노 누아 와인을 만드는 생산자로는 마틴보러 빈야드Martinborough Vineyard, 슈버트 와인즈Schubert Wines, 테 카이랑가Te Kairanga, 아타 랑기Ata Rangi, 펠리서 에스테이트Palliser Estate, 루나 에스테이트Luna Estate, 드라이 리버 와인즈Dry River Wines, 이스카프먼트 와이너리Escarpment Winery, 테 헤라Te Herā, 크래기 레인지 와이너리Craggy Range Winery 등이 있으며, 국제적으로도 인정을 받고 있습니다.

- 마스터톤(Masterton)

마스터톤은 와이라라파에서 가장 큰 마을로 100년 전, 이 지역에서 처음으로 포도 재배를 시작한 곳입니다. 타라루아 산맥에 의해 그늘져 있어 무더운 여름날과 대조적으로 이른 아침에 서리가 흔하게 발생합니다. 일교차가 심한 이곳에서는 쏘비뇽 블랑과 삐노 누아 품종을 주로 재배하며, 복합적인 향과 풍미가 좋은 와인을 생산하고 있습니다.

- 글래드스톤(Gladstone)

마스터톤 바로 남쪽에 위치한 글래드스톤은 하안단구로 인해 배수가 잘 되고 일조량이 풍부하지만, 고도가 높아 전반적으로 서늘한 기후를 띠고 있습니다. 돌이 많은 실트질의 양토와 점토 토양에서 주로 삐노 누아 품종을 재배하고 있는데, 방향성이 풍부한 것이 특징입니다. 또한 향긋하고 신선한 쏘비뇽 블랑 와인도 생산되고 있습니다.

*하안단구(River Terrace): 과거 하천이 흐르던 바닥 또는 범람원이었던 곳이 지반의 융기나 기후 변화, 해수면 변동 등에 의해 현재 고도가 높아진 곳

TIP!

대자연 속에서 유기농 와인을 만든다.

뉴질랜드 포도원의 94% 이상은 유기농과 지속 가능한Sustainable 방식으로 포도를 재배하고 있습니다. 많은 포도원들은 바이오그로BioGro라 불리는 뉴질랜드만의 엄격한 유기농 재배 기준에 따라 농약에 의지하는 일도 극도로 피하고, 자연의 힘을 살린 유기농 재배가 왕성하게 이루어지고 있습니다. 뉴질랜드의 대자연 및 천혜의 환경과 유기농 와인은 이미지가 겹치기도 하며, 현재 세계적으로 유기농 방식을 지향하는 추세에 따라 가치가 높은 아이템으로 받아들여지고 있습니다.

Masterton

Gladstone

Wellington

Martinborough

WAIRARAPA GI

Wairarapa

Masterton

Gladstone

Martinborough

PINOT NOIR

SYRAH

SAUVIGNON BLANC

CHARDONNAY

TOP WINES
MARTINBOROUGH

ATA RANGI
· MARTINBOROUGH ·
Pinot Noir
2011
WINE OF NEW ZEALAND

VINEYARD

Pinot Noir
HOME BLOCK
MARTINBOROUGH, NEW ZEALAND

2019

ESCARPMENT
MARTINBOROUGH
KUPE
NEW ZEALAND WINE

남섬(South Island)
넬슨(Nelson): 1,102헥타르

남섬의 와이라우 밸리 북서쪽에 위치하고 있는 넬슨은 부드러운 햇살과 황금빛 백사장, 그리고 거친 관목이 우거진 산이 자아내는 눈부신 경치를 자랑합니다. 이 지역은 1800년대 중반, 독일 정착민들에 의해 처음 포도를 재배하기 시작했습니다. 이후 1970년대 르네상스를 맞이하며 우수한 품질의 와인을 생산하고 있지만 생산량은 매우 적은 편입니다.

넬슨은 뉴질랜드에서 가장 일조량이 풍부한 지역 중 하나입니다. 연간 일조량은 2,405시간 이상으로, 이탈리아의 토스카나 주와 거의 비슷합니다. 또한 거센 바람으로부터 보호를 받는 지형과 바다와 인접해 있어 남섬에 비해 기후가 온난하며 말버러에 비해 서늘하고 습한 편입니다. 연간 강우량은 970mm로 가을 비로 인해 어려움을 겪는 경우도 있으나 서리의 위험 요소는 적습니다.

토양은 다양하지만, 전반적으로 자갈이 많은 실트질 양토로 이루어져 있어 배수가 좋습니다. 이곳은 일교차가 크지 않고 긴 일조 시간의 영향으로 생산되는 와인은 무게감 있고 농축미가 뛰어난 것이 특징입니다. 현재, 넬슨은 와이메아Waimea 모우테레 밸리Moutere Valley 2개의 서브-지역을 포함하고 있으며, 주요 포도 품종은 삐노 누아, 샤르도네, 쏘비뇽 블랑입니다.

말보러(Marlborough): 27,808헥타르

남섬의 북동쪽에 위치한 말보러는 뉴질랜드 최대 재배 면적을 자랑하는 유명 산지입니다. 말보러는 단순한 쏘비뇽 블랑 산지 이상의 의미를 지녔으며, 1980년대 이후 대성공을 거두면서 뉴질랜드 와인을 세계적인 반열에 올려놓았습니다.

1873년, 초기 정착민이 이곳에 처음으로 포도 재배를 시작해, 1960년대 이르러 포도원이 설립되었지만 이후 정체기를 맞이하게 됩니다. 이후, 말보러 지역에 상업적인 포도가 재배되기 시작한 것은 1973년으로, 몬타나^{현재 브랜콧 에스테이트} 포도원은 이곳에 200헥타르의 포도밭을 개간해 그로부터 6년 뒤인 1979년에 몬타나 말보러 쏘비뇽 블랑을 출시했습니다. 우연한 계기로 이 와인을 맛본 데이비드 호넨David Hohnen은 뉴질랜드 말보러 쏘비뇽 블랑의 놀라운 잠재력에 깜짝 놀랐습니다. 데이비드 호넨은 웨스트 오스트레일리아 주의 마가렛 리버에 위치한 케이프 멘텔Cape Mentelle 포도원의 소유주로, 무명의 몬타나 말보러 쏘비뇽 블랑을 맛본 뒤, 그 즉시 비행기를 타고 뉴질랜드 말보러 지역으로 날아가 1985년에 클라우디 베이Cloudy Bay 포도원을 설립했습니다. 클라우디 베이 쏘비뇽 블랑은 그 이름에 어울리는 라벨 디자인과 스모키한 향, 톡 쏘는 신맛을 바탕으로 전 세계의 극찬을 받았으며 그 이후, 말보러 지역은 쏘비뇽 블랑의 새로운 성지가 되었습니다. 참고로 클라우디 베이는 말보러 지역 남쪽에 위치한 만Bay으로, 1770년에 제임스 쿡 선장이 지은 이름인데, 마오리족의 언어로는 테 코코-오-쿠페Te Koko-o-Kupe라 부르고 있습니다. 또한 클라우디 베이 포도원의 이름은 데이비드 호넨이 비행기에서 본 클라우디 베이, 즉 '혼탁한 만'에서 유래되었지만, 실제로 클라우디 베이 포도원은 더 내륙에 위치해 있습니다. 결과적으로, 클라우디 베이의 세계적인 성공으로 인해 오늘날 뉴질랜드의 포도 수확량의 대략 70%정도가 말보러 지역에서 나오고 있으며, 포도 재배가 이 지역의 주요 산업으로 자리 잡게 되었습니다.

　말보러 지역의 연간 일조량은 2,409시간, 연간 강우량은 655mm 정도입니다. 뉴질랜드에서 가장 일조량이 많고 건조한 지역 중 하나인 말보러는 여름철에 비가 적게 내리기 때문에 포도가 잘 익습니다. 토양은 다양하게 구성되어 있지만 전반적으로 자갈이 많고 척박하며 배수가 잘 되기 때문에 관개가 널리 행해지고 있습니다. 또한 표토에서 많이 볼 수 있는 자갈은 낮 동안에 흡수한 태양열을 야간에 방출해 포도 나무에 전해주므로 온도가 떨어지는 것을 막아주고 있습니다. 이러한 적정 온도와 높은 일교차야말로 진한 과일 맛과 긴 성숙 기간 동안 포도의 자연적인 산도를 충분히 유지시켜주어 뚜렷한 품종의 특성을 보이는 말보러 와인의 핵심이라 할 수 있습니다. 주요 포도 품종은 쏘비뇽 블랑으로 강한 신맛의 상쾌한 스타일이 특징입니다. 최근 들어 삐노 누아의 평가도 좋아지고 있으며 샤르도네, 리슬링과 삐노 그리, 그리고 스파클링 와인도 생산되고 있습니다.

말보러는 와이라우 밸리Wairau Valley와 아와테레 밸리Awatere Valley, 서던 밸리Southern Valleys 3개의 서브-지역을 포함하고 있습니다. 와이라우 밸리의 기후는 마틴버로와 매우 흡사하며, 이곳의 쏘비뇽 블랑 와인은 전반적으로 진한 과실 향의 무게감을 지닌 것이 특징입니다. 그렇지만 지역이 넓다 보니 와이라우 밸리 안에서도 다양성을 가지고 있습니다.

와이라우 밸리 북쪽의 자갈 토양에서는 강렬한 피망 풍미를 가진 쏘비뇽 블랑 와인이 생산되고 있으며, 남쪽 끝에 있는 더 작은 계곡에서는 날씨가 더 더워 농익은 열대 과실 풍미를 지니고 있습니다. 반면 아와테레 밸리는 더 건조하고 서늘하며 바람이 많이 불어 결과적으로 이곳의 쏘비뇽 블랑 와인은 더 높은 신맛과 함께 강렬한 토마토 풍미가 특징입니다. 대부분의 말보러 쏘비뇽 블랑은 여러 서브-지역의 와인들을 블렌딩해 만들고 있지만, 최근에는 단일 포도밭에서 생산되는 와인도 존재하고 있으며, 점점 증가하고 있는 추세입니다.

TIP!

앙리 부르주아(Henri Bourgeois)의 뉴질랜드 진출

프랑스 루아르 지방, 쌍세르 마을의 오랜 역사를 지닌 생산자인 앙리 부르주아는 뉴질랜드 와인의 가능성을 보고 2000년 말보러 지역에 약 100헥타르의 포도밭을 매입해 쏘비뇽 블랑과 삐노 누아 와인을 만들기 시작했습니다. 현재 끌로 앙리 빈야드Clos Henri Vineyard 포도원 이름으로 생산되는데, 말보러 지역의 와인 중에서도 프랑스적인 우아함을 갖고 있다는 평가를 받고 있습니다.

MARLBOROUGH
말보리

SAUVIGNON BLANC   CHARDONNAY

PINOT NOIR

MARLBOROUGH GI

Marlborough

Wairau Valley

Southern Valleys

Awatere Valley

Wairau Valley

Southern Valleys

Awatere Valley

MARLBOROUGH DISTRICT

KAIKOURA DISTRICT
CANTERBURY

CLOUDY BAY

NEW ZEALAND

David Hohnen

캔터베리 & 와이파라 밸리(Canterbury & Waipara Valley): 1,428헥타르

남섬의 동해안에서 서쪽의 장엄한 서던 알프스Southern Alps 산맥까지, 그리고 태평양으로부터 동쪽에 이르기까지 거의 200km에 달하는 캔터베리와 와이파라 밸리는 두 지역에서 포도 재배가 이루어지고 있으며, 다양한 스타일의 와인이 생산되고 있습니다. 1978년 캔터베리 평야 지대에서 최초로 포도 재배가 시작되었고, 이후 남서쪽의 크라이스트처치와 와이파라 밸리로 이어졌습니다. 이러한 광대하고 다채로운 지형이 보여주듯 이곳은 다양한 종류의 토양으로 이루어져 있습니다.

기후는 전반적으로 서늘하고 건조한 편입니다. 서던 알프스 산맥이 보호막 역할을 하고 있어 강우량은 낮으며, 건조한 북서풍의 영향을 받아 더운 여름이 자주 발생하지만, 서늘한 해풍과 추운 남쪽의 기상 전선이 간헐적으로 이를 완화시켜 주고 있습니다. 또한 일조량은 풍부하고 포도의 생장 기간이 길어 포도 품종의 고유한 개성이 잘 표현되고 있습니다. 캔터베리와 와이파라 밸리에서 생산되는 삐누 누아, 샤르도네 와인은 복합적인 향과 진한 풍미, 그리고 우아한 스타일로 유명합니다. 특히 와이파라 밸리의 그레이스톤 와인즈Greystone Wines, 블랙 에스테이트Black Estate에서 생산된 삐노 누아는 국제 와인 품평회에서 수상할 정도로 우수한 품질을 지니고 있습니다.

센트럴 오타고(Central Otago): 1,942헥타르

세계 최남단에 위치한 센트럴 오타고는 뉴질랜드에서 가장 고도가 높은 산지로, 포도밭의 대부분은 200~400미터 표고의 높은 경사지에 위치하고 있습니다. 이 지역은 서던 알프스 산맥 기슭에 위치한 내륙 지역으로 뉴질랜드에서 유일하게 대륙성 기후를 띠고 있습니다. 계절에 따른 온도 차이와 일교차가 심한 것이 특징이며, 강우량이 매우 적기 때문에 관개가 필수입니다. 포도밭은 여러 계곡에 걸쳐 넓은 지역에 분포되어 있는데 다양한 토양과 표고, 그리고 방향을 가지고 있습니다.

센트럴 오타고는 빙하에 의해 형성된 지역입니다. 거친 편암, 점토, 양토, 자갈, 모래 및 풍적토 등 다양한 토양으로 구성되어 있지만 전반적으로 자갈이 많은 지반으로 인해 배수가 좋은 편입니다. 주요 품종은 삐노 누아로 80% 정도를 차지하고 있으며, 마틴보러와 함께 뉴질랜드 최고의 삐노 누아 산지로 평가 받고 있습니다. 그 외 품종으로는 샤르도네, 리슬링, 쏘비뇽 블랑, 삐노 그리 등이 있습니다. 현재 센트럴 오타고는 와나카Wanaka, 깁슨 밸리Gibbston Valley, 알렉산드라Alexandra, 크롬웰Cromwell 등의 서브-지역과 함께 지역 전체에서 유기농 재배를 추진하고 있습니다.

TIP!

뉴질랜드의 쏘비뇽 블랑의 위험요소

뉴질랜드 포도원은 1/3정도가 쏘비뇽 블랑을 재배할 정도로 지나치게 한 품종에 대한 의존도가 높은 것이 사실입니다. 뉴질랜드 와인 산업은 한 다리로 지탱하고 있는 양상이며, 자칫 이러한 현실은 잠재적으로 뉴질랜드 와인 산업에 위험 요소로 작용할 수 있습니다. 현재 뉴질랜드의 생산자들은 와인 소비자들의 다양한 요구와 다양성을 위해 노력하고 있습니다. 이를 위해 각 지역마다 쏘비뇽 블랑 외에 리슬링, 게뷔르츠트라미너, 삐노 누아, 씨라 등 다양한 품종을 재배하고 있으며, 쏘비뇽 블랑도 변화를 추구하기 시작했습니다. 과거 프랑스의 뿌이-퓌메, 쌍세르 와인처럼 오크통을 사용하지 않고 만들었다면 이제는 몇몇 생산자들에 의해 오크통에 숙성시키는 실험도 진행하고 있습니다.

PINOT NOIR

CHARDONNAY   SAUVIGNON BLANC

CENTRAL OTAGO GI

Wanaka

Bendigo

Gibbston Valley

Cromwell

Bannockburn

Alexandra

뉴질랜드 쏘비뇽 블랑

뉴질랜드 포도원은 1/3정도가 쏘비뇽 블랑을 재배하고 있을 정도로 지나치게 한 품종에 대한 의존도가 높은 것이 사실입니다. 뉴질랜드 와인 산업은 마치 한 다리로 버티고 있는 상황이며 이러한 현실은 잠재적으로 뉴질랜드 와인 산업에 위험 요소로 작용할 수 있습니다.

오늘날 뉴질랜드의 생산자들은 와인 소비자의 취향과 다양성을 위해 노력하고 있습니다. 이를 위해 각 지역마다 쏘비뇽 블랑 외에 리슬링, 게뷔르츠트라미너, 삐노 누아, 씨라 등의 다양한 품종들을 재배하고 있으며, 쏘비뇽 블랑도 스타일의 변화를 위해 오크통에 숙성시키는 실험도 진행하고 있습니다.

뉴질랜드 와인의 이모저모

- 이색적인 지명

뉴질랜드는 와이라라파Wairarapa, 테 카이랑가Te Kairanga 등의 이색적인 지명이 많이 존재합니다. 이러한 지명은 모두 뉴질랜드의 원주민인 마오리족의 언어에서 전해져오고 있습니다. 와이라라파는 '빛나는 물이 있는 토지'라는, 테 카이랑가는 '토양이 비옥하고 초목이 풍부한 토지'라는 의미를 지니고 있습니다.

- 스크류 캡(Screw Cap)의 보급

21세기에 접어 들면서, 뉴질랜드에서는 급속히 스크류 캡이 보급되기 시작해 현재는 병입되는 와인의 90%가 스크류 캡을 사용하고 있습니다. 이러한 움직임은 2000년부터 시작된 호주의 스크루 캡 운동에서 영향을 받은 것으로, 특히, 호주 클레어 밸리의 생산자 그룹이 스크류 캡으로 전환하기 시작하면서 뉴질랜드에서도 빠르게 퍼져나갔습니다. 호주의 경우, 스크류 캡의 적용 비율은 중저가 와인에서 고가 와인까지 50%를 넘기고 있습니다.

스크류 캡의 장점은 코르크의 부쇼네가 발생하지 않는다, 와인이 천천히 숙성된다, 내구성이 뛰어나다, 저장하기가 쉽다, 열기 쉽고 재사용도 간편하다 등을 들 수 있습니다. 하지만 스크류 캡을 사용하는 생산자에게 있어서 저렴한 이미지가 강하다는 것과 황화수소 등 환원취가 발생하기 쉽고 산화되는 경우가 많다는 기술적인 문제도 지적되고 있습니다. 또한 일부 전문가 사이에서는 스크류 캡을 사용한 와인이 숙성되지 않는다는 의견도 존재합니다. 그러나 몇몇 스크류 캡 와인에서 숙성된 사례도 존재하고 뉴질랜드, 호주의 고급 와인에서 스크류 캡을 사용하는 빈도수도 증가하고 있는 것으로 보아 단호하게 숙성이 안 된다고 주장할 수는 없을 것입니다.

합리성을 추구하는 뉴질랜드는 와인 소비의 역사가 짧고 소비자와 생산자 모두가 천연 코르크에 대한 집착이 적기 때문에 빠르게 스크류캡이 보급되었습니다. 또한, 2001년에는 스크류캡 이니셔티브Screwcap Initiative라는 단체가 뉴질랜드에서 설립되어 생산자에 대한 기술 지원과 보급을 위해 소비자 계몽 활동을 하고 있습니다.

TIP!

부티크 포도원(Boutique Winery)의 남발

뉴질랜드에서는 소규모 가족 경영으로 운영되고 있는 포도원의 90% 정도가 부티크 포도원이라 불리고 있습니다. 이러한 수치는 뉴질랜드 와인은 고품질이면서 각각의 개성을 발휘한 와인이 많다라고 해석할 수 있지만, 실제로는 포도원의 일방적인 표현이라 할 수 있습니다. 소규모 포도원은 포도 나무의 관리와 수확, 엄격한 포도 선별, 양조 등 세부적으로 신경을 쓸 수 있다는 이점을 가지고 있지만, 규모가 작고 수고를 아끼지 않는다는 점을 강조해 판매 가격을 높게 책정하는 문제점을 야기하기도 합니다.

뉴질랜드는 와이라라파, 테 카이랑가 등의 이색적인 지명이 많이 존재합니다. 이러한 지명은 모두 뉴질랜드의 원주민 마오리족의 언어에서 전해져 오고 있습니다. 와이라라파는 '빛나는 물이 있는 토지'라는, 테 카이랑가는 '토양이 비옥하고 초목이 풍부한 토지'라는 뜻을 지니고 있습니다.

9일차_____남미 대륙의 강자, 칠레

Wines of Chile

manonwine

It's Chilean!

CATA DE VINOS

CHILE

CHILE

2020년, 칠레의 와인 생산량은 세계 제7위로, 남미 국가에서는 아르헨티나에 이어 두 번째로 많은 양을 생산하고 있지만, 해외 수출량은 아르헨티나를 크게 웃돌고 있어 국제 시장에서의 존재감은 남미 국가 중 제일이라고 할 수 있습니다.

칠레가 수출 시장에서 약진할 수 있었던 가장 큰 이유는 원가대비 좋은 품질을 가지고 있었기 때문입니다. 다른 와인 선진국에 비해 토지 가격이나 인건비가 상대적으로 낮아서 제조 원가를 절감할 수 있었습니다. 과거에는 기술력이 부족해서 가격은 저렴해도 품질에 문제가 있었으나 1980년대 이후부터 지속적으로 해외 기술과 자본이 도입되면서 그러한 문제점들이 사라지게 되었습니다. 그 결과, 칠레는 저렴한 가격에 비해 상대적으로 품질이 우수한 버라이어탈 와인 산지로 그 평가가 확립되었습니다.

01 칠레 와인의 개요

◆ 남위 27~39도에 와인 산지가 분포

◆ 재배면적 : 145,000헥타르

◆ 생산량 : 12,800,000헥토리터

[International Organisation of Vine and Wine 2015년 자료 인용]

남미 대륙의 태평양 연안에 위치한 칠레는 남북으로 길게 뻗어 있는 나라입니다. 국토는 남위 18~56도에 위치하며, 해안선은 5,000km정도의 길이에 달합니다. 와인 산지는 주로 국토 중앙부의 남위 30~39도, 길이 1,400km 범위에 분포하고 있습니다. 1990년대 이후, 칠레는 저렴한 가격대의 버라이어탈 와인Varietal Wine의 산지로 이름을 알렸으나, 오늘날에는 고급 와인의 생산도 늘고 있는 추세입니다.

2020년, 칠레의 와인 생산량은 세계 제7위로, 전 세계 와인 생산량의 4.4%를 차지하고 있습니다. 남미 국가에서는 아르헨티나에 이어 두 번째로 많은 양을 생산하고 있지만, 해외 수출량은 아르헨티나를 크게 웃돌고 있어 국제 시장에서의 존재감은 남미 국가 중 제일이라고 할 수 있습니다.

1980년대 후반까지 칠레의 수출량은 20만 헥토리터에도 미치지 못했지만, 1990년대 후반부터 폭발적인 상승세를 보였습니다. 1990년대 초반, 수출 국가는 유럽에서, 2000년대에는 아시아까지 수출 지역을 확대했으며, 2007년 칠레의 수출량은 610만 헥토리터로, 전체 생산량의 74%를 차지하고 있습니다. 반면, 아르헨티나의 수출량은 360만 헥토리터로 전체 생산량의 24%에 그치고 있습니다. 2018년 기준, 칠레 와인은 세계 150여 국가에 수출되고 있는데, 상위 수출국으로는 중국 15%, 미국 12%, 일본 9.3%, 영국 9.1%, 브라질 6.6%의 순으로 차지하고 있습니다.

칠레가 수출 시장에서 약진할 수 있었던 가장 큰 이유는 원가대비 좋은 품질을 가지고 있었기 때문입니다. 다른 와인 선진국에 비해서 토지의 가격이나 인건비가 상대적으로 낮아서 제조 원가를 절감할 수 있었습니다. 과거에는 기술력이 부족해서 가격은 저렴해도 품질에 문제가 있었으나, 1980년대 이후부터 지속적으로 해외 기술과 자본이 도입되면서 그러한 문제점들이 사라지게 되었습니다. 그 결과, 칠레는 저렴한 가격에 비해 상대적으로 품질이 우수한 버라이어탈 와인의 산지로 그 평가가 확립되었습니다.

오늘날, 칠레 와인은 과거 미국이나 호주가 겪은 것과 유사하게 고품질 와인으로 전환을 시작했습니다. 버라이어탈 와인에만 치우쳐 있었던 와인의 스타일도 변화가 찾아와 고품질의 브랜드 와인이 대거 등장하게 되었습니다. 또한 미국이나 호주와 같이 서늘한 산지에도 떼루아의 특징을 잘 살릴 수 있는 적합한 포도 품종도 찾아내어 재배하기 시작했습니다. 그리하여 양에서 품질로의 전환이라는 키워드가 생산자들 사이에서 뜨겁게 논의되고 있는 중입니다.

* 버라이어탈 와인Varietal Wine은 단일 품종으로 만든 와인을 지칭하며, 여러 품종을 블렌딩한 와인은 버라이어탈 블렌드Varietal Blend Wine라고 합니다.

02

칠레 와인의 역사

16세기 초반까지 잉카제국의 영토였던 칠레는 1540년에 스페인의 정복 전쟁을 겪은 후, 270여 년 동안 스페인의 식민 지배를 받았습니다. 칠레에 처음으로 포도 묘목이 유입된 시기는 1550년대로, 스페인의 정복자와 함께 건너온 가톨릭 선교사에 의해서입니다. 반면, 북쪽의 이웃 나라인 페루에서 들여왔다는 설과 멕시코에서 또는 스페인, 포르투갈에서 직접 들여왔다는 설도 있습니다.

17세기에 들어서 스페인 왕실은 본국의 와인 생산과 무역 이익 등의 와인 산업을 보호하기 위해 칠레 등 식민지 국가에 새로 포도 나무를 심는 것을 금지했습니다. 하지만 이러한 법률은 거의 실행되지 않았고 효과도 거두지 못했습니다. 이 시기 칠레에서는 빠이스 품종을 주로 재배했는데, 스페인에서 유입된 빠이스는 칠레의 건조한 기후에서도 잘 자라고 병충해에도 강한 적포도 품종이었기에, 5세기 가까이 센트럴 밸리를 중심으로 널리 재배되었습니다. 이후 18세기 후반에 이르러 칠레는 저가 와인의 대량 생산지로 알려지게 되었습니다.

19세기 프랑스계 포도 품종의 도입과 양조 전문가의 도래

1830년대, 프랑스 식물학자인 끌로드 게Claude Gay의 주도하에 칠레에 포도 나무를 포함한 외국산 식물들을 모은 묘목 관리소가 설립되었습니다. 칠레는 유럽에서 필록세라가 만연하기 전에 묘목 관리소를 통해 유럽계 품종을 도입한 것이 이 땅에 필록세라 해충의 침입을 막을 수 있었던 결정적인 계기가 되었습니다.

1851년에는 칠레의 유력 정치가인 실베스트레 오차가비아Silvestre Ochagavía가 프랑스의 고급 품종을 칠레에 다수 들여왔습니다. 그 후 19세기 후반에 프랑스, 이탈리아, 스페인의 양조가와 재배업자들이 필록세라의 재해를 피해 대거 칠레로 이주하였고, 이를 통해 와인 양조의 수준을 끌어 올리게 되었습니다. 품질이 향상된 칠레 와인은 1887년에 유럽에 처음 수출되어 파리와 보르도, 영국 리버풀 등에서 개최된 와인 품평회에서 입상을 하게 되었습니다. 따라서 이 시기는 칠레 와인 산업에 있어서 최초의 황금기였다고 할 수 있습니다.

그럼에도 불구하고, 당시 칠레 국민들의 와인 소비량이 많았기 때문에 생산되는 와인의 대부분은 자국 내에서 소비되었습니다. 특히 저가 와인으로 인한 알코올 중독 환자가 증가함에 따라 정부는 와인에 높은 세금을 부과했으며, 그로 인해 포도 재배의 면적이 제한을 받게 되었습니다. 또한, 보호무역 정책에 의해 와인의 수입과 수출이 함께 감소해 이때까지 칠레 와인 산업을 성장시켜온 외국과의 교류가 없어지게 되었고, 따라서 와인의 품질은 점점 떨어지게 되었습니다.

설상가상으로 1970년대부터 1980년대에 걸쳐 유럽과 같이 칠레에서도 소비 동향에 변화가 생기면서 국민들은 이전처럼 많은 양의 와인을 마시지 않게 되었습니다. 그로 인해 포도밭은 큰 폭으로 감소하게 되었고, 재배 면적은 절정기의 반 정도까지 줄어들게 되었습니다.

민주화 이후의 발전

경제, 정치의 변화와 내수 시장의 감소가 칠레 와인 산업 부활의 계기가 되었습니다. 1980년대에 자유로운 시장 경제 체제를 확립하면서 불안정했던 정치가 안정을 되찾게 되었고, 와인 산업은 다시 부흥기를 맞이하게 되었습니다. 그 후, 해외 자본의 투자가 활발하게 이뤄지면서 수출 시장에 초점을 맞춘 고품질 와인 생산이 이루어지고 있습니다.

해외 선진 포도원들에게 칠레의 이상적인 기후와 낮은 인건비 및 토지 비용은 아주 매력적인 요소로 작용했습니다. 1979년 쿠리코 밸리Curico Valley에 설립된 미구엘 또레스Miguel Torres를 시초로 캘리포니아의 로버트 몬다비Robert Mondavi, 보르도 지방의 샤또 라피트-로쉴드Château Lafite-Rothschild나 샤또 무똥-로쉴드Château Mouton-Rothschild 등 유명 포도원들이 잇달아 칠레에 진출하게 되었습니다. 또한 꼰차 이 또로Concha y Toro, 산따 리따Santa Rita 등의 자국 내 기업형 포도원들도 해외에서 설비와 인재를 적극적으로 도입하여 해외 시장에서 인기가 있는 국제 품종의 생산과 수출로 전환해 나갔습니다.

일찍이 내수 시장 전용으로 생산되었던 저가의 칠레 와인은 큰 오크통이나 콘크리트 탱크에서 오랜 기간 동안 숙성되어 산화 뉘앙스가 강한 것이 특징인데, 현재까지 이러한 와인들은 내수 시장 전용으로 많이 판매되고 있습니다. 그러나 1980년대 이후, 까베르네 쏘비뇽, 메를로, 씨라 등의 고급 품종들의 재배가 활발히 이루어지고 양조 설비도 쇄신한 결과, 신선하고 과실 풍미가 풍부한 와인이 만들어지게 되었습니다. 기술적 쇄신으로는 발효 온도 조절 장치가 내장된 스테인리스 스틸 탱크, 공기압 프레스, 작은 용량의 프랑스 오크통 및 근대적 필터 도입 등을 들수 있으며, 특히 서늘한 장소에서 와인을 보관하게 된 것이 품질적인 면에서 가장 큰 진보였습니다. 또한 포도밭에서도 세류Drip 관개 설비가 도입되는 등 품질 향상을 위한 움직임이 활발하게 일어났습니다. 초창기 수출 시장에 진출한 칠레의 저가 버라이어탈 와인은 수확량 과다로 인해 포도가 덜 성숙되어, 풋내 나는 와인이 많았습니다. 하지만 최근에는 수확량 제한과 떼루아에 적합한 포도 품종 선택 등의 노력을 통해 많은 문제점이 개선되고 있습니다.

21세기에 들어서는 중심 산지인 센트랄 밸리 뿐만 아니라 남북에 위치한 서늘한 지역에서도 고품질 와인을 생산하려는 시도가 증가하고 있는데, 일부 지역은 성공을 거두기도 했습니다. 또한, 센트랄 밸리 안에서도 안데스 산맥의 표고가 높은 지역과 태평양 해안 근교의 보다 서늘한 지역이 주목 받고 있으며, 풍부한 향과 섬세함을 갖춘 와인 생산도 늘어나고 있는 추세입니다.

TIP!

꼰차 이 또로(Concha y Toro)

꼰차 이 또로는 칠레 최대의 포도원이자 수출 시장에서 대성공을 거둔 주역이기도 합니다. 2008년, 꼰차 이 또로의 와인 생산량은 대략 240만 헥토리터로, 국가 전체 생산량의 1/3 정도를 차지하며, 세계 7위를 기록했습니다. 또한 칠레의 고품질 와인 생산의 전환에 있어 선구자 역할을 했으며, 현재도 수출액의 대략 40% 정도를 고품질 와인이 차지하고 있습니다. 꼰차 이 또로 포도원의 최상급 와인은 창업자의 이름을 사용한 돈 멜초 까베르네 쏘비뇽Don Melchor Cabernet Sauvignon과, 프랑스 보르도 지방의 샤또 무똥-로쉴드와 합작 투자해 만든 알마비바Almaviva입니다.

Baron Philippe de Rothschild · Viña Concha y Toro

Almaviva

1980년대, 자유로운 시장 경제 체제를 확립하면서 해외 선진 포도원들에게 칠레의 이상적인 떼루아와 낮은 인건비 및 토지 비용은 아주 매력적인 요소로 작용했습니다. 1979년, 쿠리코 밸리에 설립된 미구엘 또레스를 시초로 캘리포니아의 로버트 몬다비, 샤또 라피트-로쉴드와 샤또 무똥-로쉴드 등 유명 포도원들이 잇달아 칠레에 진출하게 되었습니다. 더불어 꼰차 이 또로, 산따 리따 등의 자국 기업형 포도원들도 해외에서 설비와 인재를 적극적으로 도입하여 해외 시장에서 인기가 있는 국제 품종의 생산과 수출로 전환해 나갔습니다.

03

칠레는 지리적으로 외부 세계와 동떨어진 나라로, 동쪽에는 안데스 산맥, 서쪽에는 태평양, 북쪽에는 아따까마 사막, 남쪽에는 남극해가 위치하고 있습니다. 이러한 지리적인 조건의 영향을 받아 칠레는 역사상 한 번도 필록세라 해충의 피해를 받지 않은 유일한 와인 산지입니다.

주요 산지는 국토 중앙부의 센트랄 밸리로, 남위 30~39도, 길이 1,400km 광대한 범위에 분포하고 있으며, 이는 북반구에 위치한 이탈리아 최남단의 시칠리아에서 북부 아프리카와 같은 위도 대에 해당합니다. 칠레는 위도상으로 보면 상당히 더운 기후에 속하지만, 남극에서 칠레 해안을 따라 올라오는 차가운 훔볼트Humbolt 해류의 영향으로 온도가 그다지 높지 않고 지역에 따라서는 기후도 상당히 서늘한 편입니다.

센트랄 밸리는 대체로 온난한 지중해성 기후를 띠고 있으며, 전체적으로 캘리포니아의 나파 밸리와 보르도 지방의 중간 정도의 기후라고 할 수 있습니다. 연간 강우량은 300~800mm로, 대부분은 겨울에 내리고 여름에는 비가 내리지 않아 관개가 필요합니다. 관개가 필요한 지역에서는 해안 산맥을 따라 여러 강 계곡으로 흐르는 안데스 산맥의 물을 사용하는데, 안데스 산맥으로부터 흐르는 강이 다량의 눈을 녹여주기 때문에 관개용수가 풍부한 편입니다. 칠레는 전통적으로 담수 관개를 주로 사용했지만, 최근에는 고품질 와인 생산을 위해 세류 관개로 바꾸고 있는 추세입니다.

건조한 여름의 평균 기온은 15~18도이고, 최고 기온은 30도까지 올라갑니다. 하지만 안데스 산맥으로부터 밤에는 차가운 공기가 내려오기 때문에 낮과 밤의 일교차가 크고 최대 20도까지 차이가 발생합니다. 이로 인해 칠레 와인은 농축미와 산미가 풍부한 것이 특징이며, 또한 비가 자주 내리지 않아 곰팡이병의 피해가 비교적 적어 유기농 방식의 포도 재배가 활발한 것도 칠레 산지의 강점이라 할 수 있습니다.

칠레의 와인 산지는 행정적으로 남북으로 나뉘어져 있지만 기후와 토양, 그리고 지형은 태평양과 안데스 산맥의 거리에 따라서 다르게 나타나고 있습니다. 특히 와인의 품질은 태평양과 안데스 산맥의 동서의 영향을 더 많이 받는다고 밝혀졌고, 이를 반영하는 새로운 원산지 명칭을 만들려는 움직임이 일고 있습니다. 현재 코스타Costa, 엔트레 꼬르디에라스Entre Cordilleras, 안데스Andes 3개의 원산지 명칭이 제안되었는데, 곧 반영될 것으로 기대하고 있습니다.

EQUATOR

PACIFIC

VITICULTURAL
ZONE

ATLANTIC

칠레는 위도상으로 보면 상당히 더운 기후에 속하지만, 남극에서 칠레 해안을 따라 올라오는
차가운 훔볼트 해류의 영향을 받아 온도가 그다지 높지 않고 지역에 따라서는 기후도 상당히
서늘한 편입니다.

칠레의 주요 산지인 센트럴 밸리는 대체로 온난한 지중해성 기후를 띠고 있으며, 전체적으로 캘리포니아의 나파 밸리와 보르도 지방의 중간 정도 기후라고 할 수 있습니다. 건조한 여름의 평균 기온은 15~18도이고, 최고 기온은 30도까지 올라갑니다. 하지만 안데스 산맥으로부터 밤에는 차가운 공기가 내려오기 때문에 일교차가 크고 최대 20도까지 차이가 발생합니다. 이로 인해 칠레 와인은 농축미와 산미가 풍부한 것이 특징이며, 또한 비가 자주 내리지 않아 곰팡이병 피해가 비교적 적어 유기농 재배가 활발한 것도 칠레의 강점이라 할 수 있습니다.

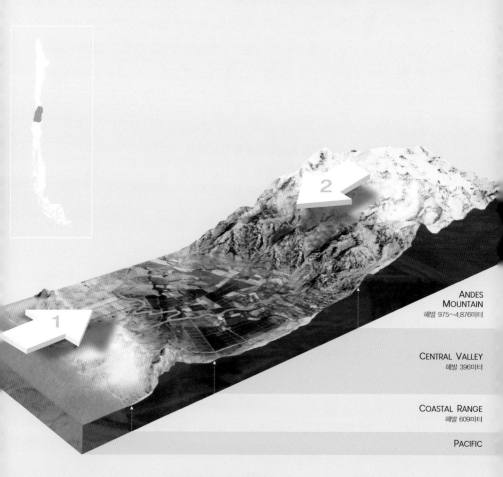

ANDES
MOUNTAIN
해발 975~4,876미터

CENTRAL VALLEY
해발 396미터

COASTAL RANGE
해발 609미터

PACIFIC

1. 태평양에서 차가운 바람 유입   2. 안데스 산맥에서 차가운 바람 유입

칠레는 농림부 산하 기관인 농축산부Servicio Agrícola y Ganadero에서 와인과 관련된 법 규제를 담당하고 있습니다. 1994년 와인 산지에 DODenominación de Origen 시스템을 도입했으며, 지방Region, 생산 지구에 해당하는 서브-지역Sub-Region, 마을에 해당하는 존Zone으로 산지를 분류하고 있습니다. 그러나 다른 신세계 와인 산지와 마찬가지로 단순하게 지리적인 구분만 적용했을 뿐 유럽과 같은 떼루아를 반영한 세부적인 규제는 하지 않고, 단순하게 라벨 표기만을 규제하고 있습니다.

와인 라벨에 포도 품종, 수확 연도, 원산지를 표시하는 경우에는 각각 75% 이상의 해당 품종과 수확 연도 그리고 원산지 포도가 사용되어야만 합니다. 하지만 칠레 생산자 대다수가 유럽연합의 기준을 충족시키기 위해 85% 이상, 또는 100% 단일 품종으로 만들고 있으며, 수확 연도와 원산지도 대부분 85% 이상을 사용하고 있습니다. 또한 칠레는 다음과 같은 품질 보충 표시를 라벨에 기재하는 것을 인정하고 있습니다.

- 수뻬리오르Superior: 독자적인 풍미와 특성을 갖는 와인
- 레세르바Reserva: 규정된 최저 알코올 도수보다 0.5%이상 높고, 독자적인 풍미를 가지며 오크통 숙성을 한 경우도 있는 와인
- 레세르바 에스뻬시알Reserva Especial: 규정된 최저 알코올 도수보다 0.5%이상 높고, 독자적인 풍미를 가지며 오크통 숙성을 한 와인
- 레세르바 쁘리바다Reserva Privada: 규정된 최저 알코올 도수 보다 1%이상 높고, 독자적인 풍미를 가지며 오크통 숙성을 한 경우도 있는 와인
- 그란 레세르바Gran Reserva: 규정된 최저 알코올 도수보다 1%이상 높고, 독자적인 풍미를 가지며 오크통 숙성을 한 와인

하지만 이러한 품질 보충 표시는 생산자들이 만든 여러 종류의 와인을 단지 구분 짓기 위해 사용될 뿐, 실제로 와인의 품질 등급을 반영하지 않고, 큰 의미를 지니고 있지도 않습니다.

TIP!

드라이 파밍(Dry Farming)

연간 강우량 250~500mm 정도의 건조한 지역에서 인위적으로 관개를 하지 않고 작물을 재배하는 농법을 드라이 파밍 또는 건지 농법이라고 합니다. 칠레 역시 남쪽에 위치한 일부 포도밭에서 드라이 파밍 농법을 사용하고 있는데, 이러한 지역에서는 적은 양의 빗물이라도 땅속에 충분히 흡수시켜 농작물 생육에 이용할 수 있는 방법과 토양의 수분 증발을 최소화시킬 수 있는 방법을 적용하고 있습니다. 토양을 구성하는 입자의 직경이 작을수록, 즉 점토나 실트의 함유량이 많은 토양일수록 보수성이 높아집니다. 보수성이 높은 토양은 적은 강우량에도 뿌리에서 수분을 안정적으로 공급하기 때문에 포도 나무가 수분 스트레스를 받지 않습니다. 또한 수분 스트레스는 지하 수위가 높은 포도밭에서도 일어나지 않으며, 지하 수위가 낮은 경우에도 포도 나무의 수령이 오래될수록 비교적 뿌리를 깊게 내리기 때문에 문제가 되지 않습니다. 이러한 조건을 만족하고 있는 포도밭에서는 관개에 의존하지 않고 포도를 재배하는 드라이 파밍 농법이 사용될 수도 있습니다.

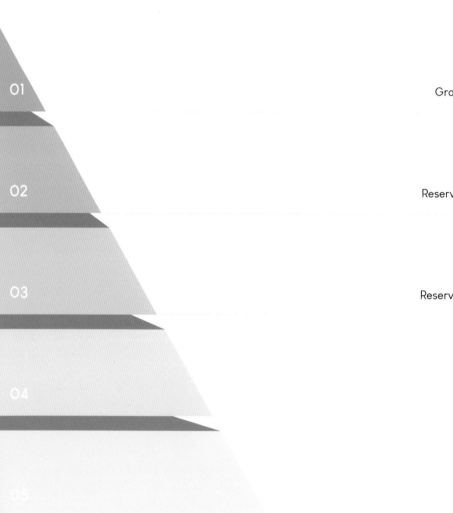

01   Gran Reser

02   Reserva Priva

03   Reserva Espe

04   Rese

05   Supe

칠레 와인 라벨에 포도 품종, 수확 연도, 원산지를 표시하는 경우, 각각 75% 이상의 해당 품종
수확 연도 및 원산지 포도가 사용되어야 합니다. 또한 품질 보충 표시를 라벨에 기재하는 것을
인정하고 있지만, 이러한 품질 보충 표시는 생산자가 만든 여러 종류의 와인을 단지 구분 짓기
위해 사용될 뿐, 실제로 와인 품질 등급을 반영하지 않고 큰 의미를 지니고 있지도 않습니다.

05   칠레의 포도 품종

칠레는 다른 신세계 와인 산지와 마찬가지로 프랑스계 품종을 대부분 재배하고 있습니다. 재배되고 있는 품종의 3/4 정도는 적포도 품종이고 나머지는 청포도 품종이 차지하고 있습니다. 또한 칠레는 동서남북으로 고립된 지리적 조건의 영향을 받아 역사상 한 번도 필록세라 해충의 피해를 받지 않은 유일한 산지로 비티스 비니페라 원종이 많이 심어져 있습니다.

주요 적포도 품종

오늘날 칠레에서 가장 많이 재배되고 있는 적포도 품종은 까베르네 쏘비뇽입니다. 1995년 재배 면적은 12,000헥타르에 불과했으나 24년 만에 3배 이상 증가해 2019년에는 44,176헥타르에 달하고 있습니다. 현재 칠레 포도원의 32% 정도가 이 품종의 와인을 생산하고 있는데, 이것만 보아도 칠레의 까베르네 쏘비뇽이 해외 수출 시장에서 얼마나 많은 인기를 얻고 있는지를 알 수 있습니다.

까베르네 쏘비뇽 다음으로 널리 재배되고 있는 것이 메를로 품종입니다. 까베르네 쏘비뇽과 함께 인기가 높아져 2019년 재배 면적은 12,480헥타르로 지난 23년 동안에 약 6배나 증가했습니다.

세 번째 품종은 까르메네르Carménère로, 2019년 재배 면적은 11,319헥타르입니다. 이 품종은 보르도 지방이 원산지로, 19세기 중반에 다른 보르도 품종과 함께 칠레에 유입되었지만 현재, 보르도 지방을 포함한 칠레 이외의 국가에서는 거의 재배되고 있지 않습니다. 그렇기 때문에 칠레의 상징적인 품종으로 자리잡고 있습니다.

칠레는 재배 면적상으로 무시할 수 없는 빠이스라는 적포도 품종도 있습니다. 2019년 재배 면적은 7,653헥타르에 달하며, 남부에서 주로 재배되고 있습니다. 이 품종은 칠레 와인 역사에서 긴 세월 동안 가장 중요한 품종의 자리에 있었으나 최근에는 유럽 품종에 밀려 그 자리를 내

주게 되었습니다. 빠이스는 원래 중남미의 멕시코에서 기독교의 수도회에 의해 재배가 시작되었던 비티스 비니페라계 품종입니다. 이전까지 북미와 남미 지역에서 널리 재배되었는데, 정확한 기원은 알려져 있지 않지만 스페인이 원산지라고만 추정하고 있습니다. 미국에서는 미션Mission이라 불리며, 캘리포니아 주에서 최초로 심어진 품종으로 잘 알려져 있습니다. 아르헨티나에서 재배되고 있는 크리오야 치까Criolla Chica 품종도 빠이스의 변종으로, 껍질의 색이 연한 핑크색을 띠고 있으며, 지금도 아르헨티나와 칠레에서 널리 재배되고 있습니다. 빠이스 품종은 품질적인 면에서는 떨어지지만 역사적으로 중요한 역할을 담당하고 있으며, 과거 칠레에서는 삐스코Pisco 브랜디의 원료로 주로 사용했습니다.

이외에도 1996년에 처음 심어진 씨라나 삐노 누아도 재배되고 있는데, 아직까지 재배 면적은 적습니다. 그러나 최근 이러한 포도 품종을 사용해 고품질 와인이 생산되고 있으며, 아울러 재배 면적도 서서히 증가하고 있는 추세입니다.

주요 청포도 품종

청포도 품종 중 가장 중요한 역할을 담당하고 있는 것은 쏘비뇽 블랑입니다. 2019년 재배 면적은 15,142헥타르에 달하며 전체 청포도 품종의 42%를 차지하고 있습니다. 2000년대 초반까지만 해도 칠레에서는 샤르도네가 인기가 높았지만, 지금은 쏘비뇽 블랑이 그 자리를 대신하고 있습니다. 칠레에서 재배되고 있는 쏘비뇽 블랑의 대다수가 이탈리아 토까이 프리울라노Tocai Friulano와 동일한 품종인 쏘비뇽 베르Sauvignon Vert라는 설도 있습니다. 쏘비뇽 베르는 쏘비뇽 블랑에 비해서 방향성도 부족하고 신선함이 떨어지는 것이 보통입니다. 하지만, 최근 들어 비교적 서늘한 지역에서는 원품종인 쏘비뇽 블랑을 새로 심어 품질이 매년 향상되고 있습니다.

쏘비뇽 블랑 다음의 품종은 샤르도네입니다. 2019년 재배 면적은 11,634헥타르이고 다른 신세계 와인 산지와 같이 쏘비뇽 블랑과 함께 인기 있는 품종입니다.

그 외에 청포도 품종으로는 쎄미용, 토론텔Torontel, 리슬링, 비오니에, 게뷔르츠트라미너의 순으로 이어지지만, 상위 2개 품종과 비교해 볼 때 재배 면적이 아주 적습니다. 그렇지만 리슬링, 비오니에, 게뷔르츠트라미너 등의 품종들은 서늘한 해안 지역과 리마리 밸리Limarí Valley에서 새롭게 개발되어 성공을 거두고 있으며, 인지도도 점점 상승하고 있습니다.

TIP!

까르메네르(Carménère)품종의 혼동

보르도 지방이 원산지인 까르메네르는 상당히 오랜 역사를 지닌 품종으로 1850년대 칠레에 수입되어 산띠아고 주변 계곡에서 주로 재배되었습니다. 이 품종은 프랑스에서 성숙이 늦고 불량 과실이 자주 발생하며 수확량이 적다는 이유로 현재 거의 재배되고 있지 않지만, 가을에 비가 내리지 않는 칠레의 기후 조건에서는 이 품종을 완숙시킬 수 있기 때문에 널리 재배되고 있었습니다. 그러나 까르메네르는 포도 송이와 잎사귀의 모양이 메를로와 매우 유사하게 생겼습니다. 따라서 최근 몇 년 전까지 포도 품종의 혼동이 일어, 칠레를 상징하는 까르메네르는 지난 150여 년 동안 칠레 재배업자들이 메를로라 여기며 재배되고 있었습니다. 20세기 대부분을 칠레 재배업자들은 까르메네르와 메를로를 함께 재배해 생산했고, 메를로로 표기되는 와인의 절반 정도가 까르메네르가 섞인 와인이었습니다. 이렇게 생산된 와인은 메를로 셀렉션 또는 페우모 밸리Peumo Valley의 이름을 딴 메를로 페우날Peumal로 잘 알려졌습니다. 하지만 1994년에 프랑스 몽펠리에 대학의 양조학자인 장-미셸 부르시꼬Jean-Michel Boursiquot에 의해 까르메네르 품종의 정체가 밝혀지게 되면서, 1998년 칠레 농림부는 까르메네르를 별개의 품종으로 인정하게 되었습니다.

과거, 정체가 밝혀지기 전까지 늦게 익는 까르메네르를 빨리 익는 메를로와 같은 시기에 수확하였기에 풋내 나는 와인이 많았습니다. 그러나 지금은 센트럴 밸리를 중심으로 완전히 익은 후 와인을 만들고 있어 진한 색의 무게감 있는 와인이 생산되고 있으며, 앞으로 성장이 기대되는 품종으로 대접을 받고 있습니다.

까르메네르는 포도 송이와 잎사귀 모양이 메를로와 매우 유사하게 생겼습니다. 따라서 최근 몇 년 전까지 포도 품종의 혼동이 일어, 칠레를 상징하는 까르메네르는 지난 150여 년 동안 칠레 재배업자들이 메를로라 여기며 재배되고 있었습니다.

20세기 대부분을 칠레 재배업자들은 까르메네르와 메를로를 함께 재배 · 생산했고, 메를로로 표기되는 와인의 절반 정도가 까르메네르가 섞인 와인이었습니다. 이렇게 만든 와인은 메를로 셀렉션 또는 페우모 밸리의 이름을 딴 메를로 페우날로 알려졌습니다. 하지만 1994년, 프랑스 몽펠리에 대학의 양조학자인 장-미셸 부르시꼬에 의해 까르메네르 품종의 정체가 밝혀지게 되면서, 1998년 칠레 농림부는 까르메네르를 별개의 품종으로 인정하게 되었습니다.

MERLOT

CARMÉNÈRE

CHILE

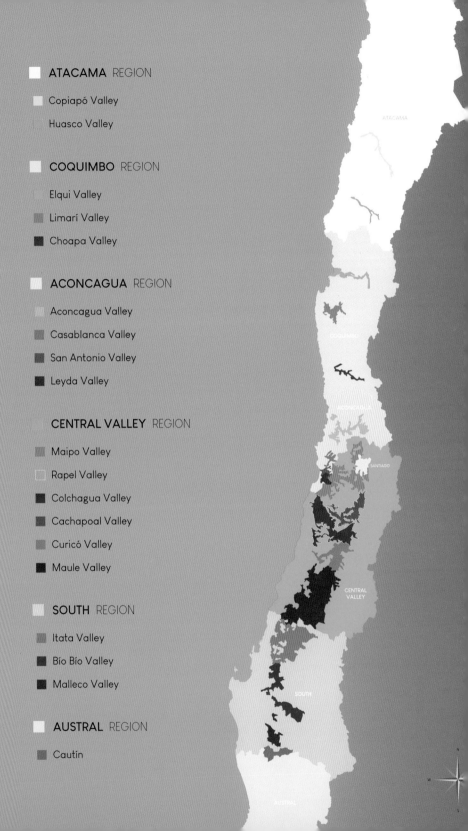

ATACAMA REGION

Copiapó Valley

Huasco Valley

COQUIMBO REGION

Elqui Valley

Limarí Valley

Choapa Valley

ACONCAGUA REGION

Aconcagua Valley

Casablanca Valley

San Antonio Valley

Leyda Valley

CENTRAL VALLEY REGION

Maipo Valley

Rapel Valley

Colchagua Valley

Cachapoal Valley

Curicó Valley

Maule Valley

SOUTH REGION

Itata Valley

Bío Bío Valley

Malleco Valley

AUSTRAL REGION

Cautín

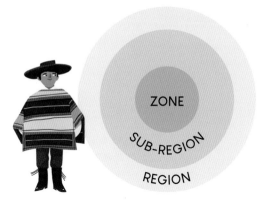

REGION	SUB-REGION	ZONE
ATACAMA	Copiapó Valley Huasco Valley	
COQUIMBO	Elqui Valley Limarí Valley Choapa Valley	
ACONCAGUA	Aconcagua Valley Casablanca Valley San Antonio Valley	→ Leyda Valley
CENTRAL VALLEY	Maipo Valley Rapel Valley Curicó Valley Maule Valley	→ Colchagua Valley Cachapoal Valley → Teno Valley Lontué Valley → Claro Valley Loncomilla Valley Tutuvén Valley
SOUTH	Itata Valley Bío Bío Valley Malleco Valley	
AUSTRAL	Cautín	

CHILE
주요 산지

- Limarí Valley
- Aconcagua Valley
- Casablanca Valley
- San Antonio Valley
- Maipo Valley
- Cachapoal Valley
- Colchagua Valley
- Curicó Valley
- Maule Valley
- Itata Valley
- Bío Bío Valley
- Malleco Valley

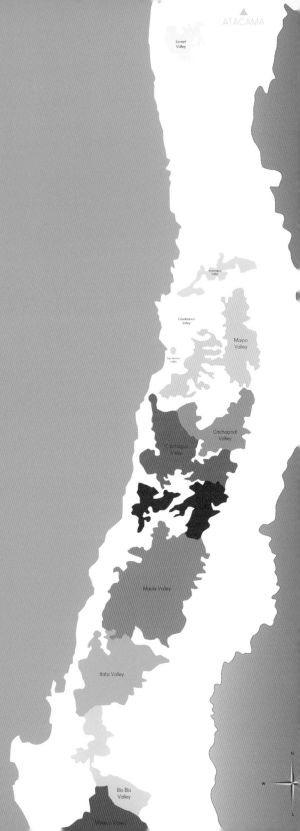

ATACAMA

Limarí Valley

Aconcagua Valley

Casablanca Valley

San Antonio Valley

Maipo Valley

Cachapoal Valley

Colchagua Valley

Maule Valley

Itata Valley

Bío Bío Valley

Malleco Valley

06

칠레의 와인 산지는 크게 6개 지방으로 나뉘어져 있으며, 북쪽에서 남쪽 방향으로 아따까마 Atacama, 코낌보Coquimbo, 아꽁까구아Aconcagua, 센트랄 밸리Central Valley, 사우스South, 아우스 트랄Austral 순으로 길게 줄지어 있습니다. 각각의 지방Region은 서브-지역Sub-Region, 생산 지구, 존Zone, 마을으로 산지가 세분화 되어 있는데, 현재 6개 지방과 17개의 서브-지역, 그리고 2018 년 농림부의 법령에 의해 8개 존으로 분류하고 있습니다. 또한 존 안에는 아레아Area로 불리는 구역을 세분화하는 작업을 진행하고 있습니다.

칠레의 주요 와인 산지는 국토 중앙부에 위치하고 있습니다. 센트랄 밸리를 중심으로 온난 한 지중해성 기후에서 고품질 와인이 생산되고 있습니다. 반면 온도가 높은 북부의 아따까마와 코낌보 지방에서는 주로 식용 포도와 모스까뗄 데 알레한드리아Moscatel de Alejandría or Muscat d'Alexandrie 품종을 사용한 삐스코 브랜디가 생산되고 있습니다. 삐스코는 칠레와 페루의 와인 산지에서 만든 브랜디로 무색 또는 황색, 호박색을 띠고 있습니다. 삐스코는 16세기에 스페인 정착민들이 스페인에서 수입되는 오루호Orujo, 포도즙을 짠 후의 껍질을 의미를 대체하기 위해 개 발되었는데, 오루호는 스페인 북부에서 생산되는 브랜디로, 와인을 증류해 만든 높은 알코올 도수의 증류주입니다.

서늘한 기후의 남부 지역에서는 주로 빠이스, 모스까뗄 등의 품종으로 국내 시장에서 소비 되는 저가 와인이 만들어지고 있지만, 최근에는 서늘한 기후를 살려 리슬링이나 삐노 누아 등 으로 고품질의 와인도 생산하고 있습니다.

아따까마 지방(Atacama Region)

아따까마 지방은 칠레 최북단의 사막 지대에 위치한 와인 산지입니다. 1950년대까지만 해도 코삐아뽀 밸리 주변에서만 소규모로 포도를 재배해 삐스코와 저렴한 테이블 와인을 주로 생산했습니다. 현재 코삐아뽀 밸리Copiapó Valley, 우아스코 밸리Huasco Valley 2개의 서브-지역이 있으며, 코삐아뽀 밸리는 사막 기후에서 관개 시설을 갖춘 소규모 포도원들이 여전히 삐스코를 생산할 목적으로 포도를 재배하고 있습니다.

아따까마 사막의 경계에 위치한 우아스코 밸리는 새롭게 개척된 산지로, 기후적 특성에 따라 태평양 해안 지역과 내륙 지역으로 나뉘고 있습니다. 태평양에서 20km 떨어진 코스딸 우아스코Costal Huasco 지역은 태평양 연안에서 불어오는 차가운 바람과 아침 안개로 서늘한 기후를 띠고 있으며, 쏘비뇽 블랑과 샤르도네, 씨라를 재배하고 있습니다. 특히 이 지역의 석회질 토양에서 만든 와인은 신맛과 방향성이 풍부한 것이 특징입니다. 반면 알또 델 카르멘Alto del Carmen 지역으로 알려진 내륙의 우아스코Upper Huasco 지역은 해발 1,100미터 이상의 포도밭에서 서로 다른 뮈스까Muscat 계열의 청포도 품종으로 빠하레테Pajarete라 불리는 향긋한 스위트 와인을 생산하고 있습니다.

코낌보 지방(Coquimbo Region)

아따까마 사막의 경계에 위치한 코낌보 지방은 수도 산띠아고에서 600km 북쪽에 떨어져 있는 새로운 산지로, 서늘한 기후를 기반으로 섬세한 스타일의 화이트 와인을 생산하고 있습니다. 칠레 전체 포도밭 면적의 2% 정도를 겨우 차지하지만 칠레 프리미엄 와인에 가능성을 보여주고 있습니다. 코낌보 지방은 엘뀌 밸리Elqui Valley, 리마리 밸리Limarí Valley, 초아빠 밸리Choapa Valley 3개의 서브-지역이 있으며, 그 중에서도 해안에서 불과 20km 거리에 있는 리마리 밸리는 꼰차 이 또로 포도원이 800헥타르에 달하는 광대한 포도밭을 매입한 것으로 화제가 되기도 했습니다.

- 엘뀌 밸리(Elqui Valley): 348헥타르

아따까마 사막 남쪽에 위치한 엘뀌 밸리는 과거 식용 포도와 저가 테이블 와인, 그리고 삐스코의 산지로 잘 알려져 있었습니다. 하지만 1990년대에 엘뀌 밸리의 가능성을 본 칠레 재배업자들이 이곳에 까베르네 쏘비뇽, 메를로, 씨라, 샤르도네, 쏘비뇽 블랑 등의 품종을 재배하기 시작했습니다. 포도밭은 동쪽의 안데스 산맥에서 서쪽의 태평양을 향해 흐르는 엘뀌 강을 따라 자리잡고 있으며, 포도밭의 표고는 병충해를 피하기 위해 1,000미터 이상의 고지대에 있을 뿐만 아니라 새로 개척된 포도밭은 표고가 2,000미터에 달하기도 합니다.

엘뀌 밸리는 사막 기후이지만 태평양과 안데스 산맥에서 차가운 바람이 유입되어 온난한 기후를 형성하고 있습니다. 특히 이곳은 씨라 품종에 적합한 떼루아를 지녔고, 씨라 와인에 대한 평가도 높습니다. 또한 높은 표고의 포도밭에서는 서늘한 기후의 영향을 받아 신선함을 지닌 우수한 쏘비뇽 블랑 와인도 생산되고 있습니다. 암석 지형의 엘뀌 밸리는 연간 강우량이 70mm 미만으로, 극도로 건조한 지역이기에 관개가 필수입니다. 그러나 관개 설비 비용이 매우 비싸기 때문에 향후 이 지역의 포도밭 개척과 확장에 어려움이 따를 수 있습니다.

- 리마리 밸리(Limarí Valley): 1,668헥타르

16세기 중반, 처음으로 포도 재배를 시작한 리마리 밸리는 한때 센트랄 밸리의 와인 공급 기지 역할을 했던 산지였으나, 토지의 사막화가 진행되면서 이 지역의 와인 생산량은 점차적으로 감소하게 되었습니다. 엘뀌 밸리와 마찬가지로 과거 식용 포도와 삐스코의 산지로 잘 알려져 있었지만, 1990년대에 세류 관개가 도입되면서 와인 산지로써 다시 부활하게 되었습니다.

부활의 신호탄은 꼰차 이 또로 포도원에 의해 시작되었습니다. 2005년 꼰차 이 또로는 이 지역의 물 부족 문제에도 불구하고 800헥타르에 달하는 협동조합 소유의 포도밭을 매입해 비냐 마이까스 델 리마리Viña Maycas del Limarí 포도원을 설립했고, 그 결과, 리마리 밸리의 가능성을 보여주게 되었습니다.

태평양 연안에 개간된 리마리 밸리는 연간 강우량 100mm 이하의 매우 건조한 사막 지대로, 적도와 가까워서 여름 기온은 상당히 높습니다. 하지만 오전에 까만차까스Camanchacas라고 불리는 짙은 안개가 포도 나무에 수분을 공급하고, 다른 지역과 달리 해안 산맥이 없기 때문에 훔볼트 해류의 차가운 바람의 영향을 직접 받게 됩니다. 그로 인해 전반적으로 뉴질랜드의 말보러 지역과 유사한 기후를 띠고 있습니다

리마리 밸리는 샤르도네, 쏘비뇽 블랑 와인이 유명합니다. 특히 석회질 토양에서 만든 미네랄 풍미를 지닌 샤르도네 와인은 세계 어디에 내놓아도 손색이 없을 정도이며, 최근 들어 삐노누아, 씨라 품종도 성공적으로 생산하고 있습니다.

- 초아빠 밸리(Choapa Valley): 129헥타르

초아빠 밸리는 코낌보 지방의 가장 남쪽에 위치한 작은 산지로, 포도밭은 안데스 산맥과 해안 산맥Coastal Range 사이의 폭이 좁은 곳에 자리잡고 있습니다. 이곳은 살라망까Salamanca와 일라펠Illapel의 2개 서브-지역으로 분류하고 있으며, 최근에 DO 산지로 지정되었습니다. 하지만 이제 막 개발이 시작된 상태라서, 현재 어느 쪽에도 포도원은 설립되지 않은 채로 포도밭만 존재하고 있습니다. 계곡의 경사지에 위치한 암석 토양의 포도밭에서 씨라 품종을 재배하고 있는데 품질이 뛰어나며, 까베르네 쏘비뇽 품종도 소량 재배하고 있습니다. 현재 초아빠 밸리의 유일한 DO 와인은 데 마르티노De Martino 포도원의 씨라 와인 하나뿐입니다.

ATACAMA

Copiapó Valley

Huasco Valley

Elqui Valley

Limarí Valley

COQUIMBO

Choapa Valley

■ **ATACAMA** REGION

■ Copiapó Valley

■ Huasco Valley

■ **COQUIMBO** REGION

■ Elqui Valley

■ Limarí Valley

■ Choapa Valley

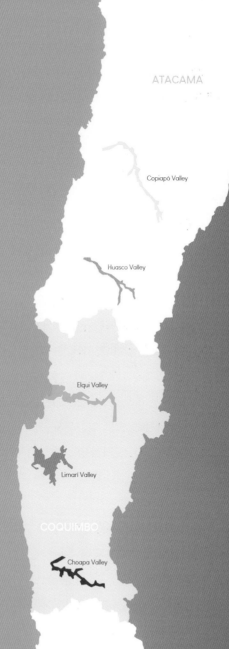

아꽁까구아 지방(Aconcagua Region)

아꽁까구아 지방의 지명은 해발 7,000미터에 달하는 안데스 산맥의 최고봉 이름에서 유래되었습니다. 칠레에서 가장 오래된 산지인 아꽁까구아 지방에는 아꽁까구아 밸리Aconcagua Valley, 까사블랑까 밸리Casablanca Valley, 산 안토니오 밸리San Antonio Valley 3개의 서브-지역이 있으며, 산 안토니오 밸리 내에는 레이다 밸리Leyda Valley 1개의 존이 있습니다.

- 아꽁까구아 밸리(Aconcagua Valley): 1,007헥타르

남미 최고봉의 아꽁까구아 산맥과 동명의 강 유역에 펼쳐져 있는 와인 산지입니다. 이곳에는 '2004년 베를린 테이스팅'으로 세계적인 명성을 쌓은 칠레 굴지의 에라수리즈 Errázuriz 포도원이 본거지를 두고 1,000헥타르에 달하는 거대한 포도밭을 소유하고 있습니다.

칠레에서 가장 더운 산지 중 하나인 아꽁까구아 밸리는 연간 240~300일 이상 맑은 날이 지속되는 풍부한 일조량의 건조한 지역으로 관개는 필수입니다. 하지만 서쪽 해안 산맥의 좁은 계곡을 통해 차가운 해풍과 동쪽 안데스 산맥의 차가운 냉기가 유입되어 일교차가 크게 발생하기 때문에 생산되는 와인은 농축미가 뛰어나고 알코올 도수와 타닌이 높은 것이 특징입니다.

미세 기후는 내륙 쪽의 매우 덥고 건조한 기후와 해안 연안의 계곡 쪽의 서늘한 기후로 나뉘어집니다. 내륙 쪽에서는 까베르네 쏘비뇽을 중심으로 메를로, 씨라, 까르메네르 품종 순으로 재배하고 있으며, 까베르네 쏘비뇽 와인 못지않게 씨라 와인의 평가도 높아지고 있습니다. 해안 연안의 계곡 쪽에서는 샤르도네, 쏘비뇽 블랑과 함께 최근에는 삐노 누아 품종도 재배하고 있습니다.

- 까사블랑까 밸리(Casablanca Valley): 5,710헥타르

까사블랑까 밸리는 태평양 해안 지역에 새롭게 개간된 와인 산지입니다. 1982년 모란데Morandé 포도원에 의해 이 지역 최초의 포도가 심어졌으며, 1990년대에 들어서 많은 포도원들이 진출하면서 포도밭이 빠르게 확장되었습니다.

칠레 화이트 와인의 대명사로 알려진 까사블랑까 밸리는 태평양과 인접해 있어 차가운 훔볼트 해류와 안개의 영향을 강하게 받고 있으며, 캘리포니아의 UC 데이비스의 적산온도 구분에 따라 가장 서늘한 지역인 Ⅰ 구역으로 분류되고 있습니다. 특히 지형적으로 태평양 연안의 해안 산맥이 넓게 끊어져 있어 벌어진 사이로 차가운 해풍이 다량으로 유입되고, 그 결과 칠레에서 유일하게 적포도 품종보다 청포도 품종을 더 많이 재배하고 있습니다. 토양은 포도 재배에 적합한 모래와 점토로 구성되어 있지만, 뿌리혹 선충Root-knot Nematode 등의 병해를 쉽게 유발할 수 있기 때문에 선충에 강한 대목을 접붙이기해야 하므로 재배 비용이 다른 곳보다 많이 드는 단점이 있습니다.

예전에는 까사블랑까 밸리 전체가 균일한 떼루아 조건을 지니고 있다고 여겼으나, 오늘날에는 떼루아의 다양성을 인정 받아 미세 기후와 토양, 표고에 따라 포도 품종을 선택해 재배하고 있습니다. 주요 포도 품종은 샤르도네, 쏘비뇽 블랑이 압도적이며 삐노 누아, 메를로, 까르메네르, 씨라 등의 적포도 품종도 다양하게 재배되고 있습니다. 까사블랑까 밸리는 예전부터 화이트 와인의 명성이 높았는데, 최근에는 이 지역 동쪽의 따뜻한 지역에서 만든 씨라 와인도 성공적인 평가를 받고 있으며, 향신료, 허브 향과 견고한 구조감을 지니고 있는 것이 특징입니다.

- 산 안토니오 밸리(San Antonio Valley): 1,806헥타르
까사블랑까 밸리 바로 남쪽에 위치한 산 안토니오 밸리는 태평양과 인접한 와인 산지입니다. 과거에는 포도 재배에 적합하지 않는 지역으로 여겨졌으나 까사블랑까 밸리의 성공으로 인해, 이 지역의 해안 지대까지 개발을 촉진시켰습니다. 완만한 해안 언덕에 자리잡은 산 안토니오 밸리는 훔볼트 해류의 차가운 해풍을 직접 받아 기온은 낮고 여름부터 가을에 걸쳐 오전 중에 안개가 많이 발생합니다. 연간 강우량은 350mm로 주로 겨울철에 비가 집중되기 때문에 관개는 필수입니다. 용수는 마이뽀 강의 물을 이용하며 세류 관개를 사용하고 있습니다.

산 안토니오 밸리는 레이다Leyda, 로 아바르까Lo Abarca, 그리고 로사리오Rosario 3개 마을로 분류하고 있으며, 레이다 밸리Leyda Valley가 존으로 지정되어 있습니다. 산 안토니오 밸리 남쪽의 낮은 해안 산맥에 위치한 레이다 밸리는 1997년에 비냐 레이다Viña Leyda 포도원에 의해 처

음 포도가 재배되었기에 이 포도원의 이름을 따 레이다 밸리로 부르게 되었습니다. 비냐 레이다를 선두로 새롭게 설립한 포도원들이 이곳에서 쏘비뇽 블랑, 샤르도네 품종으로 농축된 과실 향과 미네랄 풍미, 강한 신맛을 지닌 화이트 와인을 생산하고 있으며, 특히 쏘비뇽 블랑 와인의 명성이 높습니다. 또한 최근에는 삐노 누아, 씨라 등의 적포도 품종도 성공적으로 재배되고 있습니다.

산 안토니오 밸리는 칠레의 떠오르는 산지로 여겨지며, 와인 산업은 앞으로 계속 성장할 것으로 예상하고 있습니다. 이를 반영하듯, 2018년에는 로 아바르까 DO가 새롭게 원산지 명칭을 인정받았습니다. 태평양에서 바로 4km 떨어진 곳에 위치한 로 아바르까 마을은 매우 서늘한 기후를 지니고 있으며, 이 마을의 까사 마린Casa Marín 포도원이 그 가능성을 보여주었습니다. 산 안토니오 밸리의 토양이 주로 화강암 기반에 얕은 점토층으로 이루어져 있는 반면, 로 아바르까 마을은 석회암이 섞여있는 것이 특징입니다.

센트랄 밸리 지방(Central Valley Region)

센트랄 밸리는 수도 산띠아고에서 남쪽의 이따따 밸리까지 넓게 걸쳐 있으며, 칠레 레드 와인의 핵심 산지입니다. 칠레 와인의 명성을 만들어준 이 넓고 따뜻한 평야 지대는 포도가 쉽게 잘 익어 가격대비 우수한 품질의 와인을 만들 수 있는 천혜의 조건을 자랑합니다. 마이뽀 밸리 Maipo Valley, 라펠 밸리Rapel Valley, 꾸리꼬 밸리Curicó Valley, 마울레 밸리Maule Valley 4개의 서브-지역이 있으며, 라펠 밸리와 꾸리꼬 밸리, 마울레 밸리에 각각의 존이 있습니다.

- 마이뽀 밸리(Maipo Valley): 12,216헥타르

마이뽀 밸리는 센트랄 밸리에서 가장 북쪽에 위치하고 있으며 칠레에서 가장 인지도가 높은 산지입니다. 수도 산띠아고와 근접해 있기 때문에 꼰차 이 또로, 산따 리따Santa Rita, 산따 까롤리나Santa Carolina 등 대규모 포도원의 본사가 집중되어 있는 칠레 와인 산업의 본거지입니다. 포도밭은 마이뽀 강 유역에 펼쳐져 있고 지중해성 기후의 영향을 받아 기온은 전반적으로 높은 편입니다. 까베르네 쏘비뇽, 메를로, 씨라, 까르메네르 등의 적포도 품종을 주로 재배하며, 특히 생산량의 60%를 차지하고 있는 까베르네 쏘비뇽이 뛰어난 품질로 유명합니다.

지중해성 기후의 마이뽀 밸리는 지리적인 조건에 따라 크게 알또 마이뽀Alto Maipo, 센트랄 마이뽀Central Maipo, 빠씨피꼬 마이뽀Pacífico Maipo 3개 지역으로 분류하고 있습니다. 동쪽의 안데스 산맥 경사지에 위치한 알또 마이뽀는 안데스 산에서 내려오는 차가운 기류로 인해 일교차가 큰 지역입니다. 다공성 암석으로 구성된 척박한 토양은 포도 나무에 수분 스트레스를 주며, 이곳에서는 힘과 우아함을 겸비한 까베르네 쏘비뇽 와인이 만들어지고 있습니다. 특히 푸엔테 알또 마을의 알마비바Almaviva, 도무스 아우레아Domus Aurea, 산따 리따 포도원의 최고급 와인인 까사 레알Casa Real 등의 와인들이 세계적으로 높은 평가를 받고 있습니다.

마이뽀 강 주변 지역에 위치한 센트랄 마이뽀는 태평양과 안데스 산맥의 영향을 가장 적게 받는 지역입니다. 마이뽀 밸리 내에서 가장 덥고 건조한 기후를 지녔으며, 세류 관개를 사용해 포도를 재배하고 있습니다. 토양은 암석이 많은 충적토로 까베르네 쏘비뇽을 중점적으로 재배하고 있으며, 최근에는 까르메네르 품종을 재배해 와인 생산을 시작했습니다.

빠씨피꼬 마이뽀는 서쪽의 태평양 해안 쪽에 위치한 지역입니다. 훔볼트 해류의 영향을 받은 서늘한 기후와 충적토에서 쏘비뇽 블랑, 샤르도네 등의 화이트 와인을 생산하고 있습니다.

- 라펠 밸리(Rapel Valley)

마이뽀 밸리의 남쪽에 위치하고 있는 라펠 밸리는 이 지역에 흐르는 라펠 강과 라펠 호수의 이름을 딴 산지입니다. 센트랄 밸리 내에서 가장 큰 재배 면적을 자랑하며, 칠레 와인 전체 생산량의 1/4을 차지하고 있습니다. 최근 빠르게 성장 중인 라펠 밸리는 까차뽀알 밸리Cachapoal Valley, 꼴차구아 밸리Colchagua Valley 2개의 존이 있으며, 인지도도 매우 유명합니다. 특히, 레드 와인의 품질이 뛰어난데, 까베르네 쏘비뇽과 메를로, 까르메네르가 주요 품종입니다.

까차뽀알 밸리(Cachapoal Valley): 10,282헥타르

라펠 밸리 북쪽에 위치한 까차뽀알 밸리는 이곳을 흐르는 까차뽀알 강 이름을 딴 산지입니다. 지리적으로 안데스 산맥과 해안 산맥 사이에 위치하고 있으며, 완전한 지중해성 기후를 띠고 있습니다. 특히 서쪽의 해안 산맥이 태평양의 차가운 해풍을 막아주고 있어 여름철 기온은 최대 30도 이상까지 올라갈 정도로 무덥습니다. 그래서 우수한 포도밭은 더운 기온을 피해 동쪽의 안데스 산맥 경사지에 자리잡고 있으며, 까베르네 쏘비뇽과 씨라를 주로 재배하고 있습니다. 반면 해안 쪽에 가까운 지역은 점토질 토양과 태평양의 차가운 해풍의 영향을 받기 때문에 메를로, 까르메네르 등과 같은 빨리 익는 품종을 더 많이 재배하고 있습니다.

꼴차구아 밸리(Colchagua Valley): 25,887헥타르

서쪽의 해안 산맥에서 동쪽의 안데스 산맥까지 이어진 꼴차구아 밸리는 라펠 밸리 남쪽의 절반을 차지하고 있는 산지입니다. 지난 20년 동안 가장 활발하게 와인 산지로 발전해 나가고 있으며, 현재에도 포도밭은 경사지를 향해 확대해 나가고 있습니다. 까차뽀알 밸리보다 넓고 다양한 특성을 가진 지역으로, 중심부는 따뜻하고 바다의 영향을 조금 받습니다.

우수한 포도밭은 해안 산맥의 경사지에 자리잡고 있지만, 전반적으로 표고가 낮아 태평양의 차가운 해풍과 안데스 산맥의 차가운 공기가 섞여 서늘한 지중해성 기후를 띠고 있습니다. 토양은 점토와 모래, 부서진 화강암으로 구성되어 있는데, 이러한 떼루아에서는 포도 생장 주기가 충분히 보장되어 포도를 서서히 익히는 것이 가능합니다. 그 결과, 꼴차구아 밸리에서는 진한 색의 균형 잡힌 신맛과 견고한 구조감을 지닌 고품질 레드 와인이 생산되고 있으며, 특히 아빨따Apalta 마을에 위치한 비냐 몬떼스Viña Montes, 까사 라뽀스똘레Casa Lapostolle 포도원에서 생산되는 레드 와인은 국제적으로 아주 높은 평가를 받으며 명성을 쌓아가고 있습니다. 주요 포도 품종은 까베르네 쏘비뇽, 메를로, 까르메네르, 씨라, 말벡이 대부분을 차지하고 있으며, 현재 해안 쪽의 서늘한 지역에서 실험적으로 화이트 와인을 생산하고 있습니다.

- 꾸리꼬 밸리(Curicó Valley): 15,284헥타르

꾸리꼬 밸리는 라펠 밸리의 남쪽, 꾸리꼬 강 유역에 펼쳐져 있는 와인 산지로, 마울레 밸리에 이어 두 번째로 큰 재배 면적을 자랑합니다. 19세기 말에 프랑스계 품종이 도입된 이후, 칠레의 대기업 포도원들이 이곳에 자리를 잡아왔습니다. 특히 스페인 뻬네데스 주의 선구자인 미구엘 또레스Miguel Torres가 꾸리꼬 밸리에 포도원을 설립하면서 근대화가 급속하게 진행되었습니다. 또레스는 양보다 품질을 우선시하며, 포도 재배 및 스테인리스 스틸 탱크 등의 선진 양조 기술을 사용해 현대적인 와인 생산을 시작했습니다. 1990년대에는 산 뻬드로San Pedro 포도원이 몰리나Molina 마을에 남미 최대 규모인 1,200헥타르의 포도밭을 투자해 와인을 생산하고 있습니다.

남위 35도에 위치하고 있는 꾸리꼬 밸리는 스페인 남부와 위도가 비슷하며, 떼노 밸리Teno Valley와 론뚜에 밸리Lontué Valley 2개의 존이 있습니다. 떼노 밸리와 론뚜에 밸리 일대는 온난한 지중해성 기후로 5개월 이상 여름이 지속되며, 연간 강우량은 700mm정도로 엘뀌 밸리에 비해 10배나 많아 관개가 반드시 필요해지지는 않습니다. 토양은 전반적으로 비옥하며 화산성 토양 및 양토, 점토, 충적토 등 다양하게 구성되어 있고, 관개 설비도 잘 정비되어 다양한 품종들의 저가 와인들이 대량으로 생산되고 있습니다. 이 지역에서는 18종류의 적포도 품종과 14종류의 청

포도 품종이 재배되고 있는데 까베르네 쏘비뇽, 쏘비뇽 블랑을 중심으로 가격대비 괜찮은 품질의 와인이 생산되고 있습니다. 그렇지만 마이뽀 밸리의 까베르네 쏘비뇽 와인과 까사블랑까 밸리의 쏘비뇽 블랑 와인의 품질에 비해 필적할만한 수준은 아닙니다.

- 마울레 밸리(Maule Valley): 33,792헥타르

센트럴 밸리의 가장 남쪽에 위치한 산지로, 칠레에서 가장 큰 재배 면적을 자랑합니다. 이전에는 품질보다 양을 우선시하며 빠이스와 같은 저품질 품종으로 저렴한 가격대 의 와인만을 만들었으나, 1990년대 중반부터 까베르네 쏘비뇽, 메를로 등의 프랑스계 우량 품종으로 전환이 점점 진행되고 있습니다. 최대 산지답게 포도밭이 광범위하게 펼쳐져 있으며, 끌라로 밸리Claro Valley, 롱꼬미야 밸리Loncomilla Valley, 뚜뚜벤 밸리Tutuvén Valley 3개의 존이 있습니다.

마울레 밸리는 지중해성 기후이지만 가장 남쪽에 위치하고 있기 때문에 센트럴 밸리 안에서는 가장 서늘한 편입니다. 연간 강우량은 산띠아고에 비해 2배 정도 높고 비교적 비가 많이 내리는 것이 특징입니다. 하지만 광대한 산지답게 기후적으로도 변화가 다양하게 나타나고 있습니다. 안데스 산맥이 둘러싸고 있는 동쪽은 일교차가 큰 것이 특징이고, 중앙 계곡의 평야 지대는 햇볕이 잘 들며, 그리고 서쪽의 해안 언덕은 해안 산맥이 막아주고 있어 따뜻한 편입니다. 토양은 마울레 강에 의해 다양하게 나타나지만, 화산성 토양이 주를 이루고 있습니다. 이런 다채로운 떼루아에서 까베르네 쏘비뇽, 메를로, 까르메네르, 쏘비뇽 블랑, 샤르도네 등의 다양한 품종들을 재배하고 있습니다.

최근 들어 마울레 밸리 서남쪽 지역을 중심으로 포도 재배에 유기농 방식이 본격적으로 도입되기 시작했습니다. 그리고 서쪽의 일부 포도밭에서는 70년이 넘는 고령목의 까리냥Carignan 품종을 드라이 파밍으로 재배해 레드 와인을 생산하고 있는데, 검은색 과실, 자두, 흙 내음Earthy 향과 부드러운 타닌을 지닌 것이 특징입니다. 또한 미구엘 또레스 포도원도 서쪽 해안의 편마암 토양이 주를 이루고 있는 엠뻬드라도Empedrado 마을에 대규모 투자를 진행했습니다. 또레스가 만든 엠뻬드라도 마을의 삐노 누아 와인은 첫 빈티지부터 큰 주목을 받았으며, 빠이스로

만든 스파클링 와인도 새로운 가능성을 보여주었습니다.

TIP!

칠레의 스파클링 와인

리먼 브러더스Lehman Brothers 사태 이후, 세계적으로 경기가 침체되었고, 소비자들은 샹빠뉴 지방을 대체할 수 있는 스파클링 와인을 찾기 시작했습니다. 특히 저렴한 가격대의 스파클링 와인의 수요가 높아짐에 따라 칠레에서도 스파클링 와인의 생산과 수출이 본격화되었습니다.

칠레에서 처음으로 스파클링 와인을 생산한 시기는 19세기 말이었습니다. 발디비에소Valdivieso 포도원이 선구자 역할을 했으며 지금도 최고 자리를 유지하고 있습니다. 청년 시절을 파리에서 보내고, 본고장의 샹빠뉴를 경험해 본 발디비에소 포도원의 창업자인 알베르또 발디비에소Alberto Valdivieso는 샹빠뉴 지방의 샤르도네 묘목을 칠레로 가져와 샹빠뉴 지방의 전통 방식으로 스파클링 와인을 생산했습니다. 하지만 그가 만든 스파클링 와인은 2가지 이유로 칠레에서 보급되지 못했습니다. 첫 번째는 스파클링 와인이 자국 시장에서 인기가 없었다는 점과 두 번째, 스파클링 와인 생산에 적합한 포도가 없었다는 점 때문이었습니다. 칠레는 19세기 중반부터 까베르네 쏘비뇽, 메를로, 까르메네르, 쏘비뇽 블랑 등을 중심으로 보르도 지방의 품종이 수입되었고, 1980년대 이후에 들어서야 서늘한 기후에 적합한 샤르도네, 삐노 누아 품종을 재배하기 시작했습니다.

그러나 서늘한 지역에서의 포도 재배가 계속 확대되고 있는 지금, 스파클링 와인 제조에 적합한 원료 공급 문제는 해결되었습니다. 선구자인 발디비에소 뿐만 아니라 산따 까롤리나, 꼰차 이 또로 등의 대기업 포도원도 스파클링 와인의 생산에 본격적으로 임하고 있습니다. 장기간, 저온으로 와인을 숙성시키는 지하 셀러 등의 인프라가 정비되지 않아 아직까지 샤르마Charmat 방식으로 생산된 스파클링 와인이 대부분이지만, 메또드 샹쁘누아즈 방식의 병 내 2차 탄산가스 발효 방식의 스파클링 와인도 증가하고 있는 추세입니다.

ACONCAGUA · CENTRAL VALLEY
아꽁까구아 · 센트랄 밸리

ACONCAGUA REGION

Aconcagua Valley

Casablanca Valley

San Antonio Valley

Leyda Valley

CENTRAL VALLEY REGION

Maipo Valley

Rapel Valley

Colchagua Valley

Cachapoal Valley

Curicó Valley

Maule Valley

ACONCAGUA

Aconcagua Valley

Casablanca Valley

San Antonio Valley

SANTIAGO

Leyda Valley

Maipo Valley

Rapel Valley

Cachapoal Valley

Colchagua Valley

Curicó Valley

Maule Valley

CENTRAL VALLEY

Wine Spectator

2008년 와인 스펙테이터 TOP 100에서
1위 선정된 끌로 아빨따 칠레 와인

남부 지방(South Region)

남부 지방은 센트럴 밸리 남쪽에 위치하고 있으며 북부 산지에 비해 강우량은 많고 일조량이 적어 평균 기온이 낮습니다. 특히 해안 산맥의 보호를 받지 못해 기후는 전반적으로 서늘하고 습한 편입니다. 꼰차 이 또로 포도원이 이 지역에 게뷔르츠트라미너 품종을 시도한 이후, 현재 새로운 포도밭에서는 리슬링, 게뷔르츠트라미너, 쏘비뇽 블랑, 샤르도네, 삐노 누아 등 서늘한 기후에 적합한 품종들이 재배되고 있습니다. 하지만 남부 지방은 여전히 박스에 담긴 빠이스 와인과 1.5리터 이상의 큰 병에 담긴 저그 와인Jug Wine 등의 저가 와인을 대량으로 생산하고 있습니다. 남부 지방은 이따따 밸리Itata Valley, 비오 비오 밸리Bío Bío Valley, 마예꼬 밸리Malleco Valley 3개의 서브-지역이 있습니다.

- 이따따 밸리(Itata Valley): 2,554헥타르

칠레에서 가장 오래된 산지 중 하나인 이따따 밸리는 500년이 넘는 역사를 자랑하는 산지입니다. 16세기 스페인의 정복자들이 마뿌체Mapuche 족의 터전이었던 이곳에 도착한 후 칠레에서 최초로 포도 재배를 시작했습니다. 마뿌체어로 '풍족한 목초지'를 의미하는 이따따 밸리는 포도 재배에 적합한 환경 때문에 식민지 시대에 많은 재배업자들이 모여들었지만, 19세기말 이후 산띠아고 근교로 포도 재배가 확산되면서 점차 쇠퇴하게 되었습니다.

이따따 밸리는 남부 지방의 산지 중 가장 북쪽에 위치하고 있으며 남에서 북으로 대략 97km가량 뻗어 있습니다. 이곳은 습한 지중해성 기후로 태평양의 차가운 훔볼트 해류의 영향을 받아 서늘하지만, 여름철 기온은 센트럴 밸리보다 높기 때문에 포도 재배가 용이하고, 연간 강우량은 850~1,100mm정도로, 관개는 필요하지 않습니다. 아직까지 토지의 면적은 넓지만 포도밭의 식재 밀도는 낮은 편입니다. 토양은 점토와 화강암으로 구성되어 있는데, 이러한 토양에서는 모스까뗄 데 알레한드리아와 빠이스, 까리냥 등의 전통 품종이 잘 자라고 있습니다.

주요 포도 품종은 재배 면적 5,041헥타르의 모스까뗄 데 알레한드리아가 압도적입니다. 하지만 현재 이따따 밸리는 유기농 재배와 고품질 와인 생산에 초점을 맞춰 까베르네 쏘비뇽, 까르메네르, 메를로, 삐노 누아, 샤르도네, 쏘비뇽 블랑 등과 같은 품종을 재배하고 있습니다. 또한 와인 생산의 근대화와 떼루아에 적합한 새로운 토지가 재발견되면서, 이 지역에 대한 관심이 높아졌으며, 최근에는 꼰차 이 또로 포도원이 본격적인 개발을 진행하고 있습니다.

- 비오 비오 밸리(Bío Bío Valley): 862헥타르

이따따 밸리의 남쪽에 위치한 비오 비오 밸리는 오랫동안 내수용 와인을 생산해 왔으나, 이따따 밸리와 마찬가지로 최근 십 년 사이에 고품질 와인 산지로 전환을 꾀하고 있습니다. 남위 36도에 위치하고 있는 비오 비오 밸리는 위도상으로 스페인 남부와 캘리포니아 주의 몬터레이Monterrey 지역과 비슷하며, 전반적인 기후 조건은 프랑스 보르도 지방의 메독 지구와 유사합니다.

비오 비오 밸리는 온화한 지중해성 기후를 띠고 있지만 여름에는 춥고 바람도 많이 붑니다. 또한 태평양의 차가운 훔볼트 해류의 영향을 받아 서늘하기 때문에 수확 시기도 센트럴 밸리에 비해 1개월 이상 늦습니다. 연간 강우량은 1,300mm로, 칠레에서 가장 비가 많이 내리는 지역이며, 포도밭은 표고 50~200미터 사이에 자리잡고 있습니다.

20세기 대부분 동안 모스까뗄 데 알레한드리아와 빠이스가 이 지역의 주요 품종으로 자리잡고 있었지만, 오늘날에는 서늘한 기후를 바탕으로 샤르도네와, 삐노 누아 품종을 재배하고 있습니다. 또한 비오비오Biobío 강 남쪽에서는 리슬링과 쏘비뇽 블랑이 재배되고 있고, 내륙 평야 지대와 해안의 경사지에서는 삐노 누아와 까베르네 쏘비뇽 등의 적포도 품종도 흥미로운 성과를 거두고 있습니다.

- 마예꼬 밸리(Malleco Valley): 11 헥타르

가장 작은 산지인 마예꼬 밸리는 남부 지방의 최남단에 위치하고 있습니다. 이 지역의 와인 산업은 여전히 발전하고 있는 중이며, 고품질 와인 생산자들에게 관심을 끌고 있습니다. 남위 38도에 위치한 마예꼬 밸리는 위도상으로 이탈리아의 시칠리아와 비슷합니다. 하지만 주변에 해안 산맥이 없어 크게 펼쳐진 하구로 차가운 훔볼트 해류가 직접적으로 유입되기 때문에 상상할 수 없을 정도로 서늘하며, 일교차도 매우 크게 발생합니다. 또한 포도 생육 기간이 짧아 수확 시기도 마이뽀 밸리에 비해 2개월 정도 늦고 연간 강우량도 1,300mm로 많아 포도 재배에

어려움을 겪고 있습니다.

마예꼬 밸리는 모래와 점토가 풍부한 화산성 토양으로 배수가 잘 되며, 포도밭은 비오 비오 밸리 바로 남쪽에 위치한 뜨라이겐Traiguén 마을 주변에 자리잡고 있습니다. 주요 포도 품종은 샤르도네와 삐노 누아이지만 재배 면적은 매우 적습니다. 하지만 비냐 아뀌따니아Viña Aquitania 포도원에서 만든 솔 데 솔 샤르도네Sol de Sol Chardonnay 와인이 국제적으로 성공을 거두면서 많은 생산자들이 남부 지방으로 진출하는 계기를 만들었습니다. 비냐 아퀴따니아는 1990년에 샤또 마고의 천재 양조가인 폴 퐁딸리에Paul Pontallier의 주도하에 샤또 꼬스 데스뚜르넬의 소유주인 브뤼노 프랏Bruno Prats과 칠레의 양조학자인 펠리뻬 데 솔미니악Felipe de Solminihac이 합작 투자해 설립한 포도원으로 현재 마예꼬 밸리를 대표하고 있습니다.

아우스트랄 지방(Austral Region)

오늘날 칠레는 와인 산지를 더 서늘한 남쪽으로 확장하고 있습니다. 아우스트랄 지방은 남부 지방보다 더 남쪽에 위치한 새롭게 개발된 산지로, 1994년에 DO 산지로 인정을 받아, 까우틴Cautín, 오소르노 밸리Osorno Valley 2개의 서브-지역이 존재합니다. 이 지방은 최근까지 거의 존재감이 없었지만 향후, 기후 변화에 따라 남부 지방과 더불어 새롭게 발전 가능성이 있는 산지로 주목을 받고 있습니다.

SOUTH · AUSTRAL
남부 · 아우스트랄

SOUTH REGION
Itata Valley
Bío Bío Valley
Malleco Valley

AUSTRAL REGION
Cautín

Itata Valley

SOUTH

Bío Bío
Valley

Malleco
Valley

Cautín

AUSTRAL

Wines of Chile

1865

Cabernet Sauvignon

SAN PEDRO

Wines of Chile

manonwine

10일차 _____

남미 대륙의
떠오르는 스타, 아르헨티나

WINES OF ARGENTINA

ARGENTINA

과거 아르헨티나는 품질보다는 양을 우선시 여기며 거대한 내수 시장에 집중했으며, 생산되는
와인의 90% 정도를 자국민이 소비했습니다. 1990년대 초반까지 아르헨티나는 유럽을 제외한
다른 어떤 국가보다 막대한 양을 생산했지만, 품질이 뒤받쳐주지 못해 수출 시장에서는 외면을
받았습니다. 당시 아르헨티나 생산자들은 이민자의 영향을 받아 스페인, 이탈리아의 전통적인
스타일에 만족했기에 화이트 와인은 밋밋하고 레드 와인은 너무 오래 숙성시켜 산화 뉘앙스가
강하게 나타났습니다. 하지만 최근 들어 아르헨티나는 수출량도 증가하고 있으며, 포도 품종과
산지 모두에서 빠르게 변화하고 있습니다. 또한, 과거 내수 시장을 위해 대량 생산되던 와인의
의존도를 줄이고 해외 시장에 고품질 와인, 특히 말벡을 전면에 내세워 품질을 향상시키는데
주력하고 있습니다.

01   아르헨티나 와인의 개요

◆ 남위 22~42도에 와인 산지가 분포

◆ 재배 면적 : 227,000헥타르

◆ 생산량 : 15,000,000헥토리터

[International Organisation of Vine and Wine 2015년 자료 인용]

아르헨티나는 남미 대륙의 남부에 위치한 광대한 국가입니다. 서쪽에는 안데스 산맥을 경계로 칠레와 붙어있고 북쪽에는 볼리비아, 동북쪽에는 파라과이, 동쪽에는 브라질과 우루과이와 국경을 접하고 있습니다. 2015년 기준, 와인 생산량은 세계 5위로 1,500만 헥토리터에 달하며, 포도 재배 면적은 약 22만 헥타르 정도로, 이 중 94%가 양조용 포도 품종을 재배하고 있습니다.

450년 이상의 와인 역사를 지닌 아르헨티나는 과거 품질보다는 양을 우선시 여기며 거대한 내수 시장에 집중했고, 생산되는 와인의 90% 정도를 자국민들이 소비했습니다. 1990년대 초반까지 아르헨티나는 유럽을 제외한 다른 어떤 국가보다 많은 양을 생산했지만, 품질이 뒤받쳐주지 못해 수출 시장에서 외면을 받았습니다. 당시 아르헨티나의 생산자들은 이민자의 영향을 받아 스페인, 이탈리아의 구식 스타일에 만족했기 때문에 화이트 와인은 밋밋하고 레드 와인은 너무 오래 숙성시켜 산화 뉘앙스가 강하게 나타났습니다.

20세기 전반에 걸쳐 주변 생산국인 칠레 와인이 해외 수출 시장을 장악하고 있었기 때문에, 2006년까지 아르헨티나의 와인 수출량은 전체 생산량의 10%에 불과했습니다. 하지만 최근 들어 아르헨티나는 수출량도 증가하고 있으며, 포도 품종과 산지 모두에서 빠르게 변화하고 있습니다. 과거 내수 시장을 위해 대량 생산되던 와인의 의존도를 줄이고 해외 시장에 고품질, 특히 말벡 와인을 전면에 내세워 품질을 향상시키는데 주력하고 있습니다.

현재 아르헨티나는 1,500개 이상의 포도원이 존재합니다. 그중에서 알라모스Alamos를 소유한 보데가스 에스메랄다Bodegas Esmeralda와 트라피체Trapiche를 소유한 페냐플로르Peñaflor 양대 기업형 포도원이 아르헨티나 전체 생산량의 40%을 생산하고 있으며, 수출 시장에서도 호평을 받고 있습니다.

아르헨티나는 칠레보다 빠른 1540년대에 이미 스페인으로부터 직접 포도 나무를 들여왔습니다. 그러나 본격적으로 도입된 시기는 1556년으로, 후안 세드론Juan Cedrón 신부는 칠레의 센트럴 밸리에서 포도 나뭇가지를 가져와 산 후안San Juan과 멘도사Mendoza 지방에 아르헨티나 최초의 포도밭을 만들었습니다. 이 시기에 주요 품종은 칠레의 빠이스 품종의 변종인 크리오야 치까Criolla Chica로, 이 품종은 지난 300년 동안 아르헨티나 와인 산업의 근간이 되었습니다.

1557년 예수회의 선교사에 의해 아르헨티나 북부에 위치한 산띠아고 델 에스떼로Santiago del Estero 지역에 상업적인 와인 생산이 시작되었고, 이후 멘도사 지방을 중심으로 산 후안 지방까지 와인 생산이 확대되었습니다. 1739년 아르헨티나 국세 조사에 따르면, 당시 멘도사 지방에는 120개의 포도밭이 존재했다고 기록되어 있습니다.

1853년, 아르헨티나의 멘도사 지방에 최초의 농업학교가 설립되었습니다. 1860년대 산 후안 주지사를 지낸 도밍고 파우스띠노 사르미엔또Domingo Faustino Sarmiento는 프랑스의 품종 학자인 미셸 에메 뿌제Michel Aimé Pouget를 농업학교의 교장으로 초빙해 프랑스 품종의 수입을 추진했으며, 이때부터 말벡을 비롯한 프랑스계 품종들이 아르헨티나에서 재배되기 시작했습니다. 또한 와인 산업은 국토의 서쪽을 중심으로 성장했습니다. 하지만 아르헨티나의 소비 시장이 주로 인구가 밀집된 동쪽에 위치하고 있었기 때문에 와인 운송에 어려움을 겪었으며, 판매도 저조했습니다.

1885년 훌리오 아르헨띠노 로까Julio Argentino Roca 대통령이 수도인 부에노스 아이레스와 멘도사를 잇는 부에노스 아이레스 알 빠씨피꼬Buenos Aires al Pacífico 철도를 개통하면서 규모가 훨씬 큰 부에노스 아이레스와 해외 시장으로의 길이 열리게 되었습니다. 당시 멘도사 주지사이자 트라피체Trapiche 포도원의 소유주인 띠부르씨오 베네가스Tiburcio Benegas는 아르헨티나 와인 산업이 살아남기 위해서는 소비 시장이 필요하다고 확신했기에 철도 건설 자금을 제공하였고, 이후 멘도사와 산 후안 지방에 와인 근대화가 일어났습니다.

19세기 후반에 들어서, 아르헨티나는 이탈리아, 스페인, 프랑스로부터 대규모 이민이 행해졌고 그로 인해 다양한 포도 품종과 함께 선진 와인 기술이 아르헨티나에 전해지게 되었습니다. 포도밭의 재배 면적도 확장되어 1873년에 2,023헥타르에 이르던 것이 1893년에는 5배가 증가해 10,117헥타르에 달했습니다.

　과거, 아르헨티나의 와인 산업은 칠레와 같이 저가 와인을 위주로 자국내의 왕성한 수요에만 의지하고 있었습니다. 하지만 시대가 바뀌면서 와인 소비량이 점점 줄어, 1970년대 중반에 연간 와인 소비량이 일 인당 90리터에 달했던 것이, 그 후 감소 추세로 전환되어 지금은 30리터 이하로 줄어들었습니다. 상황이 이렇게 되자, 1980년대 후반부터 일부 생산자들은 해외 수출 시장으로 눈을 돌리게 되었습니다. 그 무렵에 일시적으로 경제와 정치가 안정되었기 때문에 해외 투자도 활발히 이루어졌으며, 와인의 품질 향상도 칠레와 비슷한 패턴으로 이뤄지고 있습니다. 와인 저널리스트인 케런 맥닐Karen MacNeil은 "20세기말까지 잠자는 거인이 드디어 깨어났다."라고 아르헨티나 와인에 대해 평가하기도 했습니다.

TIBURCIO BENEGAS

1885년, 훌리오 아르헨띠노 로까 대통령이 수도인 부에노스 아이레스와 멘도사를 잇는 철도를 개통하면서 규모가 훨씬 큰 부에노스 아이레스와 해외 시장으로의 수출길이 열리게 되었습니다. 당시 멘도사 주지사이자 트라피체 포도원의 소유주인 띠부르씨오 베네가스는 아르헨티나 와인 산업이 살아남기 위해서는 소비 시장이 필요하다고 확신하였기에 철도 건설 자금을 제공하였고, 이후 멘도사와 산 후안 지방에 와인 근대화가 일어났습니다.

03 아르헨티나의 떼루아

프랑스의 4배 면적을 지닌 아르헨티나는 광활한 면적만큼 지역별로 기후도 다채롭습니다. 북부의 아열대 기후부터 중부의 온대 기후, 그리고 남부의 한대 기후까지 다양하게 나타나지만, 와인 산지는 건조한 대륙성 기후로 일교차가 심한 것이 특징입니다. 까따마르까Catamarca, 라리오하La Rioja, 산 후안, 멘도사 지방과 같은 따뜻한 산지의 경우, 여름철에는 최고 기온이 40도 이상 올라가고, 최저 기온이 10도인 날도 드물지 않을 정도로 매우 큰 일교차를 보이고 있습니다. 반면 남쪽에 위치한 리오 네그로Río Negro, 네우켄Neuquén 지방은 남극의 영향으로 기온은 항상 낮게 유지되며, 강우량은 적고 바람이 자주 붑니다.

아르헨티나의 연간 강우량은 100~250mm를 넘는 해가 드물 정도로 매우 건조하기 때문에 포도 재배를 하기 위해서는 관개가 필수입니다. 관개 시스템은 세계에서 가장 정비가 잘된 곳 중 하나로, 관개에 사용되는 용수는 안데스 산맥의 눈 녹은 물을 주로 사용하고 있습니다. 대다수의 포도밭에서 웅덩이나 우물을 설치해 물을 주는 담수 관개 방식을 여전히 사용하고 있지만 고품질을 추구하는 포도밭에서는 세류 관개로 포도 나무에 수분을 공급하고 있습니다.

와인 산지는 주로 국토의 서쪽에 집중되어 있습니다. 남위 22~42도의 범위에 펼쳐져 있는데, 포도밭은 남쪽에 위치한 리오 네그로, 네우켄 지방을 제외하고 평균 900미터 이상의 높은 표고에 자리잡고 있습니다. 가장 유명한 산지는 멘도사 지방으로, 안데스 산맥을 사이에 두고 칠레의 센트럴 밸리와 서로 마주 보고 있습니다. 아르헨티나의 대다수 토양은 충적토와 모래로 구성되어 있으며 일부 지역에서는 점토와 자갈, 석회암도 볼 수 있습니다. 특히 리오 네그로, 네우켄 지방에서는 백악질 토양의 비중이 높은 편입니다.

아주 높은 고지대의 포도밭은 대기 순환이 어려워 봄 서리 피해가 간간히 발생하지만, 그 외의 포도밭에서는 서리가 내리는 경우가 드뭅니다. 그렇지만 연간 강우량의 대부분이 여름철에 내리고 여름 우박이 잦아 재배에 어려움을 겪고 있습니다. 특히 여름 우박은 평균적으로 한 해 수확량의 10%정도를 파괴할 정도로 위력적입니다. 반면 포도 생육 기간의 대부분이 건조하기 때문에 각종 병해나 곰팡이 피해 등의 위험 요소가 적어 유기농 방식으로 포도를 재배하기에 유리한 조건을 가지고 있습니다. 실제로 아르헨티나는 유기농 와인의 주요 생산국이기도 합니다.

아르헨티나에서는 약간의 필록세라 피해를 입기도 했지만, 이 해충이 덮치기 어려운 모래질의 토양이 많아서 대부분의 포도밭에서는 아직도 접목을 행하고 있지 않습니다. 저가 와인을 생산하는 포도밭에서는 높은 수확량을 얻기 위해 이 지역에서 빠랄Parral로 불리는 페르골라Pérgola 방식으로 포도 나무의 수형을 관리하고 있지만, 수출 목적의 고품질 포도밭에서는 수확량을 낮추기 위해 귀요Guyot 또는 꼬르동Cordon 방식을 일반적으로 사용하고 있습니다.

SUBTROPICAL
아열대 기후

TEMPERATE
온대 기후

POLAR
한대 기후

광활한 면적의 아르헨티나는 지역별로 기후도 다채롭습니다. 북부의 아열대 기후부터 중부의 온대 기후, 그리고 남부의 한대 기후까지 다양하지만, 주요 와인 산지는 건조한 대륙성 기후로 일교차가 심한 것이 특징입니다. 까따마르까, 라 리오하, 산 후안, 멘도사 지방과 같은 따뜻한 산지의 경우, 여름철에는 최고 기온이 40도 이상 올라가고, 최저 기온이 10도인 날도 드물지 않을 정도로 매우 큰 일교차를 보이고 있습니다.

반면 남쪽에 위치한 리오 네그로, 네우켄 지방은 남극의 영향으로 기온은 항상 낮게 유지되며 강우량은 적고 바람이 자주 붑니다.

아르헨티나의 와인 산지는 주로 국토 서쪽에 집중되어 있으며, 남위 22~42도 범위에 펼쳐져 있습니다. 포도밭은 남쪽에 위치한 리오 네그로, 네우켄 지방을 제외하고 평균 900미터 이상의 높은 표고에 자리잡고 있습니다. 가장 유명한 산지는 멘도사 지방으로, 안데스 산맥을 사이에 두고 칠레의 센트랄 밸리와 서로 마주 보고 있습니다.

아르헨티나의 대다수 토양은 충적토와 모래로 구성되어 있으며 일부 지역에서는 점토와 자갈, 석회암도 볼 수 있습니다. 특히 리오 네그로, 네우켄 지방은 백악질 토양의 비중이 높습니다.

MENDOZA

Andes Mountains

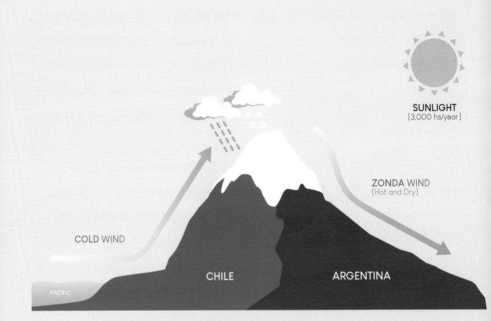

SUNLIGHT
[3,000 hs/year]

ZONDA WIND
[Hot and Dry]

COLD WIND

PACIFIC

CHILE

ARGENTINA

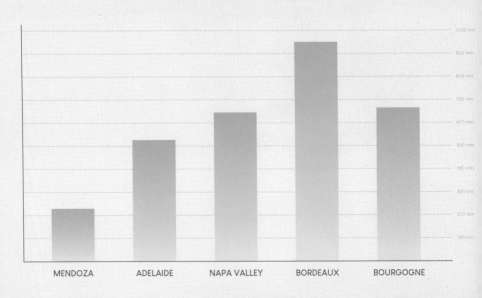

| | 1,000 mm |
| 900 mm |
| 800 mm |
| 700 mm |
| 600 mm |
| 500 mm |
| 400 mm |
| 300 mm |
| 200 mm |
| 100 mm |

MENDOZA   ADELAIDE   NAPA VALLEY   BORDEAUX   BOURGOGNE

ANUAL RAINFALL

아르헨티나의 연간 강우량은 100~250mm를 넘는 해가 드물 정도로 매우 건조하기 때문에 포도 재배를 하기 위해서는 관개가 필수입니다. 아르헨티나는 관개 시스템은 세계에서 가장 정비가 잘된 국가 중 하나로, 관개에 사용되는 용수는 안데스 산의 녹은 물을 주로 사용하고 있습니다. 대다수의 포도밭에서 웅덩이나 우물을 설치해 물을 주는 담수 관개 방식을 여전히 사용하고 있지만 고품질을 추구하는 포도밭에서는 세류 관개로 포도 나무에 수분을 공급하고 있습니다.

Drip Irrigation

고품질을 추구하는 포도밭에서는 세류 관개 사용

04

아르헨티나의 와인법

아르헨티나는 국립 포도재배 및 양조 연구소INV, Instituto Nacional de Vitivinicultura 조직이 와인에 관련되는 법 규제를 관리하고 있으며, 1993년에는 와인 산지에 DOCDenominación de Origen Controlada, 데노미나시온 데 오리헨 꼰뜨롤라다 시스템이 도입되었습니다. 현재 멘도사 지방의 루한 데 꾸요Luján de Cuyo, 산 라파엘 San Rafael 2개가 DOC로 인정받고 있으며, 미국의 AVA 체계와 마찬가지로 각 지방을 세분화하기 위해 GIGeográfica Indicación를 적용하고 있습니다.

아르헨티나는 주변 국가인 칠레와 마찬가지로 단순하게 지리적인 구분만 적용했을 뿐 유럽과 같은 떼루아를 반영한 세부적인 규제는 하지 않고, 단순하게 라벨 표기만을 규제하고 있습니다. 와인 라벨에 포도 품종을 표기하는 경우에는 해당 품종이 최소 85%이상 사용되어야만 합니다. 또한 칠레와 같이 다음과 같은 품질 보충 표시를 라벨에 기재하는 것을 인정하고 있습니다.

- 레세르바Reserva: 레드 와인은 최소 12개월, 화이트 와인은 최소 6개월 오크통 숙성을 한 경우
- 그란 레세르바Gran Reserva: 레드 와인은 최소 24개월, 화이트 와인은 최소 12개월 오크통 숙성을 한 경우
오크통 숙성이란 개념은 일반적인 오크통 뿐만 아니라 오크 칩Chip과 오크 판자Stave를 사용해 숙성한 것도 포함하고 있습니다.

TIP!

온대 기후(Temperate Climate)

온대 기후는 주로 중위도 지역에서 잘 나타나는 기후입니다. 다만 이 기후 안에서도 연교차에 따라 세부적으로 나뉘기도 하는데, 연교차가 크고 사계절의 구분이 뚜렷할 경우에는 대륙성 기후Continental Climate로 간주하고, 연교차가 비교적 작은 경우에는 해양성 기후Oceanic Climate로 분류합니다. 유럽의 대부분 국가, 미국의 대부분 지역, 대만, 중국의 중부 및 남부에서 인도 북부에 이르는 지역, 일본 대부분 지역, 아르헨티나의 많은 지역, 브라질 및 칠레의 일부 지역, 안데스 일부 산지, 아프리카 대륙 남부와 일부 고산 지대, 호주의 동부 및 서부 해안 지역, 뉴질랜드의 대부분 지역, 한국 등이 온대 기후로 분류되고 있습니다. 아르헨티나는 사계절이 뚜렷하게 나타나기 때문에 대륙성 기후라 볼 수 있습니다.

05

아르헨티나의 포도 품종

남반구에 위치한 아르헨티나는 10월 봄에 발아를 시작해 2월 가을에 수확을 시작합니다. 국립 포도재배 및 양조 연구소에서 지역별로 수확 개시일을 공표하고 있는데, 재배되는 포도 품종에 따라 수확 시기가 4월까지 늦어지는 지역도 있습니다. 현재 말벡을 중심으로 프랑스 품종과 이탈리아 품종을 다양하게 재배하고 있으며, 20세기 말부터 고품질 와인 생산을 위해 노력하고 있습니다.

주요 적포도 품종

아르헨티나는 수출 목적으로 말벡Malbec, 까베르네 쏘비뇽, 씨라, 메를로, 뗌쁘라니요 등의 품종을 재배하고 있지만, 그래도 이 나라를 대표하는 품종은 말벡입니다. 말벡은 보르도 지방이 원산지로, 아르헨티나에서 재배되는 말벡은 포도 송이와 알갱이의 크기가 프랑스에 비해 작은 것이 특징입니다. 한때 재배 면적이 50,000헥타르에 달했지만, 까베르네 쏘비뇽, 메를로 등의 우량 품종으로 옮겨심기가 진행되면서 12,000헥타르까지 줄어들었습니다. 그러나 이 후 품질이 재평가되어 현재 43,000헥타르까지 재배 면적을 회복해 현재에는 전체 적포도 품종의 37% 정도를 차지하고 있습니다.

1860년대 미셸 에메 뿌제에 의해 수입된 말벡은 다른 보르도 품종과 함께 널리 재배되었고, 초창기에는 까베르네 쏘비뇽, 메를로, 씨라 등의 품종과 주로 블렌딩되어 사용되었지만, 현재는 주로 단일 품종으로 만들고 있습니다. 말벡은 멘도사 지방을 중심으로 재배되고 있으며, 일반적으로 낮은 표고의 포도밭에서는 진한 색의 농축된 과실 향과 향신료 풍미, 그리고 묵직한 무게감을 지닌 와인이 만들어지고 있습니다. 반면 높은 표고의 포도밭에서는 풍부한 꽃 향의 신선하고 우아한 스타일의 와인이 만들어지고 있습니다. 아르헨티나의 다양한 재배 지역에서 생산되고 있는 말벡 와인은 원산지인 프랑스를 대신해 세계적으로 매력을 어필하고 있으며, 다양성을 보여주고 있습니다.

2위를 차지하고 있는 적포도 품종은 보나르다Bonarda로 유럽계 포도 품종이지만, 정확한 기원은 아직 알려지지 않았습니다. 현재 재배 면적은 18,517헥타르로 멘도사 지방 동쪽을 중심으로 재배되고 있으며, 최근 들어 인기가 높아지고 있습니다.

이 외의 적포도 품종으로는 까베르네 쏘비뇽, 씨라, 뗌쁘라니요, 메를로, 삐노 누아 등이 있는데, 특히 씨라 품종의 재배 면적이 꾸준히 증가하고 있는 추세입니다.

주요 청포도 품종

청포도 품종 중 가장 널리 재배되고 있는 것은 또론떼스Torrontés입니다. 현재 재배 면적은 7,919헥타르로 전체 청포도 품종의 20% 정도를 차지하고 있습니다. 아르헨티나에서는 또론떼스 리오하노Torrontés Riojano, 또론떼스 산후아니노Torrontés Sanjuanino, 또론떼스 멘도씨노 Torrontés Mendocino 3가지 품종이 존재합니다. 품질적으로 또론떼스 리오하노가 가장 뛰어나며, 라벨에 또론떼스라고 표기하는 대다수 와인이 또론떼스 리오하노로 만든 것입니다. 이 품종은 아직까지 기원은 밝혀지지 않았지만, 17세기 스페인의 예수회 수도사가 갈리시아 지방에서 아르헨티나 북부로 가져왔다는 설이 있습니다.

DNA검사를 통해 모스까델 데 알레한드리아Moscatel de Alejandría와 크리오야 치까의 교배종으로 밝혀진 또론떼스는 라 리오하, 살따Salta 지방 등 아르헨티나 북부에서 널리 재배되고 있으며, 최근에는 멘도사 지방까지 재배가 확산되고 있는 추세입니다. 특히 강한 바람이 많이 부는 살따 지방은 서늘하고 건조한 기후를 지니고 있어 또론떼스 품종에 적합한 산지로 알려져 있습니다.

최근까지 아르헨티나에서 만든 또론떼스 와인은 거친 질감에 산미가 부족해 쓴맛을 지니고 있었지만, 알코올 발효 과정에서의 온도 관리 등 현대적인 양조 기술을 사용하면서 이러한 문제가 사라지게 되었습니다. 현재 또론떼스 품종은 꽃 향기와 강렬한 과일 풍미, 그리고 중간 정도의 무게감과 신맛을 겸비한 매력적인 와인으로 탄생되어 해외 시장에서도 좋은 반응을 이끌어내고 있습니다.

이 외의 청포도 품종으로는 샤르도네, 쏘비뇽 블랑, 슈냉 블랑, 비오니에 등이 있으며, 국제적인 수요에 따라 샤르도네의 재배 면적이 꾸준히 늘고 있습니다. 또한 캘리포니아의 UC 데이비스 대학교에서 만든 멘도사 클론Mendoza Clone을 아르헨티나와 호주에서 널리 재배되고 있기는 하지만 이 클론은 결실 불량을 일으키는 경향이 있습니다.

TIP!

프랑스의 말벡

19세기 전반까지 말벡은 보르도 지방에서 가장 널리 재배되던 적포도 품종이었습니다. 하지만 보르도 지방에 필록세라가 출현해 큰 피해를 입은 후, 옮겨심기가 진행되었을 때 재배업자들은 말벡 대신 까베르네 쏘비뇽이나 메를로로 바꿔 심었고, 현재는 다른 품종의 블렌딩용으로만 소량 재배되고 있습니다. 포도 나무의 생육 상태가 강한 말벡은 필록세라 피해 후에 미국산 포도 나무와 접목하면서 생육 상태가 더욱 강해져서 관리가 힘들어졌기 때문에 보르도 지방에서의 인기는 시들해져 갔습니다. 반면, 프랑스 남서부 지방의 까오르Cahor 지역에서는 지금도 말벡을 주품종으로 와인을 만들고 있습니다.

아르헨티나를 상징하는 적포도 품종 ────────────

아르헨티나는 수출 목적으로 말벡, 까베르네 쏘비뇽, 씨라, 메를로 등의 품종을 재배하고 있지만 그래도 이 나라를 대표하는 품종은 말벡입니다. 1860년대 미셸 에메 뿌제에 의해 수입된 말벡은 다른 보르도 품종과 함께 널리 재배되었습니다. 초창기에는 까베르네 쏘비뇽, 메를로, 씨라 등과 주로 블렌딩되어 사용되었지만, 지금은 주로 단일 품종으로 만들고 있습니다.

말벡은 멘도사 지방을 중심으로 재배되고 있으며, 낮은 표고의 포도밭에서는 진한 색의 농축된 과실 향과 향신료 풍미, 그리고 묵직한 무게감을 지닌 와인이 만들어지고 있습니다. 반면, 높은 표고의 포도밭에서는 풍부한 꽃 향의 신선하고 우아한 와인이 만들어지고 있습니다.

ARGENTINA
아르헨티나

Salta

Catamarca

Tucumán

La Rioja

San Juan

Mendoza

Neuquén

La Pampa

Río Negro

BUENOS AIRES

Salta
Catamarca
Tucumán
La Rioja
San Juan
Mendoza
Neuquén
La Pampa
Río Negro

La Pampa

Neuquén

Río Negro

06

아르헨티나의 와인 산지

아르헨티나의 주요 산지는 안데스 산맥의 서부에 밀집되어 있습니다. 북서쪽에 위치한 살따, 까따마르까 지방과 중앙부에 위치한 라 리오하, 산 후안, 멘도사 지방, 그리고 남쪽에 위치한 리오 네그로, 네우켄 지방까지 다양한 산지에서 와인이 생산되고 있습니다. 특히 와인 산업을 이끌고 있는 멘도사 지방은 아르헨티나 전체 생산량의 2/3를 차지하고 있으며, 국제적으로도 유명한 산지입니다.

살따 지방(Salta): 3,365헥타르

볼리비아와 국경을 맞대고 있는 살따 지방은 아르헨티나 최북단에 위치한 와인 산지입니다. 주요 산지는 깔차뀌 밸리Calchaquí Valley에 집중되어 있으며, 포도밭의 표고는 1,530~3,111미터로, 세계에서 가장 높은 곳에 위치하고 있습니다. 살따 지방은 아열대 고지대 기후를 띠고 있습니다. 연 평균 기온은 15도, 연간 강우량은 203mm이고, 일년 내내 건조하고 맑은 날씨가 지속됩니다. 여름철 낮 기온은 최대 38도까지 올라가지만 높은 표고로 인해 야간 기온이 12도까지 떨어져 일교차가 매우 큰 편입니다.

살따 지방에는 아직까지 GI로 인정 받은 산지가 없습니다. 다만, 깔차뀌 밸리 내에 위치한 까파아떼Cafayate는 이 지방의 핵심 산지로서, 포도밭의 60%가 밀집되어 있습니다. 까파아떼의 연 평균 기온은 16.2도, 연간 강우량은 186~250mm이며, 포도밭 표고 1,550~2,020미터 사이에 자리잡고 있습니다. 토양은 모래성 양토로, 표토에는 둥근 자갈과 고운 모래가 덮여있습니다. 주요 포도 품종은 또론떼스로 굉장히 순수하고 농축된 화이트 와인을 만들고 있습니다. 그러나, 최근 들어 말벡, 까베르네 쏘비뇽, 따나Tannat 등의 적포도 품종도 점점 많이 재배되고 있습니다. 현재, 살따 지방은 국제적인 투자와 함께 멘도사 지방의 생산자들이 진출하고 있는 주목할 만한 지역 중 하나입니다.

까따마르까 지방(Catamarca): 2,497헥타르

살따 지방 남쪽에 위치하고 있는 까따마르까 지방은 거대한 토지 면적에 비해 작은 규모의 산지로, 포도밭은 고립된 채 여기 저기 흩어져 있습니다. 연 평균 기온은 18도, 연간 강우량은 432mm이지만, 광대한 지역답게 다양한 기후를 띠고 있습니다. 포도밭은 750~2,300미터의 높은 표고에 자리잡고 있으며, 대략 12곳 정도의 포도원에서 와인을 생산하고 있습니다. 주요 포도 품종은 또론떼스로, 재배 면적은 341헥타르 정도이며, 적포도 품종은 까베르네 쏘비뇽, 말벡, 씨라, 보나르다 순으로 재배하고 있습니다. 까따마르까 지방은 아직까지 GI로 인정을 받은 산지가 없습니다.

라 리오하 지방(La Rioja): 6,685헥타르

까따마르까 지방 남쪽에 위치한 라 리오하 지방은 아르헨티나에서 세 번째로 큰 산지입니다. 연 평균 기온은 19도, 연간 강우량은 130mm의 건조한 지역으로 관개는 필수입니다. 포도밭은 770~1,850미터 표고에 자리잡고 있으며, 주요 산지는 벨라스꼬Velasco 산맥과 파마띠나 산맥 사이의 파마띠나 밸리Famatina Valley입니다.

또론떼스는 이곳의 주요 품종으로 압도적으로 많이 재배하고 있으며, 적포도 품종은 말벡, 까베르네 쏘비뇽, 보나르다, 씨라 순으로 재배하고 있습니다. 현재, 라 리오하 지방은 협동조합에서 대량으로 생산되는 저가 와인이 대부분을 차지하고 있는데, 수출되는 와인은 스페인의 리오하 지방과 구분하기 위해 라벨에 파마띠나 명칭으로 표기하고 있습니다.

산 후안 지방(San Juan): 33,262헥타르

멘도사 지방과 함께 아르헨티나 최초의 포도밭이 만들어진 산 후안 지방은 아르헨티나에서 두 번째로 큰 와인 산지로 전체 생산량의 16.5%를 차지하고 있습니다. 산 후안 지방은 대륙성 기후이지만 캘리포니아의 UC 데이비스의 적산온도에 따라 II~V 구역까지 다양한 기후를 보이고 있습니다. 연 평균 기온은 17도, 연간 강우량은 150mm의 건조한 지역으로 관개는 필수입니다. 포도밭의 표고는 550~2,000미터이지만, 대부분이 낮은 표고에 위치하고 있어 덥고 건조합니다.

주요 산지는 서쪽 중앙에 집중되어 있는데, 현재 까링가스따Calingasta, 손다 밸리Zonda Valley, 울룸Ullum, 뻬데르날Pedernal Valley, 뚜룸 밸리Tulum Valley 5개가 GI로 인정을 받았습니다. 주요 포도 품종은 씨라, 말벡, 보나르다로 그 중에서 씨라와 말벡이 전체 적포도 품종의 20% 이상을 차지하고 있지만 품질적인 면에서는 다소 떨어집니다. 특히 가장 많이 재배되고 있는 씨라는 너무 더운 날씨로 인해 씨라 고유의 향과 풍미를 제대로 표현하지 못한다는 평가를 받았으나, 최근에 GI로 인정된 뻬데르날 밸리의 씨라 와인은 품질에 대한 가능성을 인정받고 있습니다. 청포도 품종은 또론떼스를 가장 많이 재배하고 있고, 샤르도네도 점점 증가하고 있는 추세입니다.

멘도사 지방(Mendoza): 150,763헥타르

남위 32~34도, 국토 중앙부에 위치하고 있는 멘도사 지방은 아르헨티나 전체 와인 생산량의 75%를 차지하고 있는 거대한 산지입니다. 1980년대 재배 면적이 255,000헥타르에 달했지만, 현재는 150,763헥타르까지 면적이 감소했습니다. 하지만 여전히 세계에서 가장 넓은 산지인 멘도사 지방은 아르헨티나의 와인 산업을 이끄는 중심지 역할을 하며, 유명 생산자 대부분이 이곳에 거점을 두고 있습니다.

멘도사 지방의 서쪽에는 거대한 안데스 산맥이, 동쪽에는 거대한 빰빠스Pampas 초원이 위치하고 있으며, 현재 루한 데 꾸요 Luján de Cuyo, 산 라파엘 San Rafael 두 개의 DOC가 존재하고 있습니다. 주요 포도밭은 마이뿌Maipú, 루한 데 꾸요, 우꼬 밸리에 위치하고, 포도밭의 평균 표고는 430~1,610미터로 높은 편입니다.

멘도사 지방은 대륙성 기후를 띠고 있어 전반적으로 기온이 낮고 일교차가 크지만, 표고에 따라 일조량의 차이가 있습니다. 동쪽에 위치한 빰빠스 대초원이 비를 막아주고 있어 연간 강우량은 200mm로 건조하며 관개는 필수입니다. 주요 포도 품종은 말벡과 까베르네 쏘비뇽으로, 거대한 산지답게 GI에 따라 서로 다른 개성을 지닌 와인이 생산되고 있습니다.

- 루한 데 꾸요 (Luján de Cuyo DOC): 15,514헥타르

1993년, 국립 포도재배 및 양조 연구소에서 최초로 DOC 인정을 받은 루한 데 꾸요는 멘도사 시의 남서부에 위치하고 있는 와인 산지입니다. 원산지는 14개의 생산 지역을 포함하고 있으며, 아그렐로Agrelo, 라스 꼼뿌에르따스Las Compuertas, 룬룬따Lunlunta, 바란까스Barrancas 등의 GI 명칭을 가지고 있습니다. 예전에는 루한 데 꾸요 명칭만을 라벨에 표기해 GI 명칭이 큰 의미가 없었으나, 지난 10년간 GI 명칭을 라벨에 표기함으로써 말벡을 중심으로 지역의 다양성을 홍보하는 효과를 낳았습니다.

포도밭은 690~1,300미터 표고의 척박한 토양에 자리잡고 있으며, 연간 강우량은 200mm

정도로 멘도사 강의 물을 용수로 사용해 관개를 하고 있습니다. 루한 데 꾸요는 1970~1980년 대에 주택 건설 개발을 피했기 때문에 오래된 포도 나무가 많은 것이 특징입니다. 특히 고령목 의 말벡이 많아 우수한 품질의 와인이 생산되고 있는데, 아르헨티나 최고급 와인을 만들 때 블 렌딩용으로 사용하고 있는 대부분이 루한 데 꾸요의 말벡이기도 합니다.

- 마이뿌(Maipú): 11,601헥타르

루한 데 꾸요의 동쪽에 위치한 마이뿌는 12개 지역을 포함한 원산지 명칭으로, 바란까스Barrancas, 끄루스 데 삐에드라Cruz de Piedra, 룬룬따Lunlunta 등의 GI 명칭을 가지고 있습니다. 포도 밭은 680~930미터 표고의 자갈 토양에 위치하고 기후는 비교적 따뜻한 편입니다.

주요 포도 품종은 말벡, 씨라, 까베르네 쏘비뇽으로, 이곳에서 만든 와인은 루한 데 꾸요 및 우 꼬 밸리 와인에 비해 상대적으로 높은 평가를 받지 못하고 있습니다. 파밀리아 수까르디Familia Zuccardi, 루띠니Rutini, 트라피체 등의 대기업 포도원들이 일부 포도밭을 소유하고 있으며, 마이 뿌의 동남쪽에서는 내수와 수출 시장을 위한 저가 와인들이 대량 생산되고 있습니다.

- 우꼬 밸리(Uco Valley): 28,216헥타르

16세기, 예수회 선교사에 의해 아르헨티나에서 처음으로 포도 재배를 시작한 우꼬 밸리는 루 한 데 꾸요의 남서쪽에 위치한 와인 산지입니다. 이곳의 주요 산지는 뚜누얀 강을 따라 펼쳐져 있으며, 과거에는 뚜뿐가또Tupungato 하나의 GI 명칭만 가지고 있었으나, 최근 들어 여러 개의 GI 명칭이 인정되고 있습니다.

포도밭의 표고는 900~2,200미터로 멘도사 지방에서 가장 높은 곳에 위치해 있으며, 연 평 균 기온은 14도 정도로 서늘한 편입니다. 토양은 암석과 석회암이 주를 이루고 있는 척박한 토 양으로, 북부의 뚜뿐가또와 중부의 뚜누얀Tunuyán, 그리고 남부의 산 까를로스San Carlos 3개 GI 로 나뉩니다. 북부의 뚜뿐가또는 1,080~2,200미터의 아주 높은 표고에서 포도를 재배하고 있 으며, 이곳의 석회질 토양에서 만든 샤르도네 와인은 품질이 매우 뛰어납니다.

최근에 GI로 인정을 받은 중부의 뚜누얀은 1,000미터 이상의 표고에 포도밭이 자리잡고 있 습니다. 이곳은 미셸 롤랑Michel Rolland, 프랑소아 뤼르뚱François Lurton, 샤또 레오빌 뿌아페레

Château Léoville Poyferré의 뀌벨리에Cuvelier 가문, 샤또 다쏘Château Dassault 등 보르도 지방의 유명 생산자들의 신규 투자 혜택을 톡톡히 보았습니다.

남부의 산 까를로스는 뚜누얀 강 선상지Alluvial Cone 주변에 펼쳐진 산지입니다. 최근, 산 까를로스 안의 빠라헤 알따미라Paraje Altamira가 새롭게 GI로 인정받았는데, 아르헨티나에서 가장 유명한 까떼나 사빠따Bodegas Catena Zapata 포도원이 뚜뿐가또와 함께 이곳에 포도밭을 소유하고 있습니다. 까떼나 사빠따 포도원을 운영하고 있는 니꼴라스 까떼나 사빠따Nicolás Catena Zapata 박사는 아르헨티나 말벡의 품질 혁명가로, 1994년에 뚜뿐가또의 구알따라리Gualtallary 마을에 위치한 1,500미터 표고의 아드리안나Adrianna 포도밭에서 아르헨티나 말벡의 클론 개발에 성공했습니다. 박사는 말벡의 수만 가지 클론을 수집해 분류한 뒤 여러 지역에서 실험적으로 클론을 재배해 루한 데 꾸요와 우꼬 밸리에 적합한 클론을 개발했습니다. 이곳에서 생산된 말벡 와인은 높은 고도가 보장하는 산도가 와인의 신선함을 제공할 뿐만 아니라 장기 숙성에도 도움을 주고 있습니다.

- 산 라파엘(San Rafael DOC): 22,000헥타르

멘도사 지방의 최남단에 위치한 산 라파엘은 루한 데 꾸요와 함께 1993년에 DOC 인정을 받은 산지입니다. 말벡을 중심으로 다양한 품종들을 재배하고 있지만 최근 들어 멘도사 지방에 새로운 산지가 등장하면서 예전의 명성을 잃어가고 있습니다.

SAN JUAN

MENDOZA

SANTIAGO

CHILE

MENDOZA
멘도사

2
ÐOC

● MALBEC   ● SYRAH

● CABERNET SAUVIGNON

613 m

ANDES MOUNTAINS

2.216 m

MENDOZA O

Maipú & East Mendoza

653 m

Luján de
Cuyo

1.140 m

Uco Valley

O TUNUYÁN

5.022 m

535 m

ANDES MOUNTAINS

CHILE

Maipú & East Mendoza

Luján de Cuyo DOC

Uco Valley

San Rafael DOC

N
W · E
S

San Rafael

597 m

474 m

NICOLÁS CATENA ZAPATA

아르헨티나에서 가장 유명한 까떼나 사빠따 포도원을 운영하고 있는 니꼴라스 까떼나 사빠따 박사는 아르헨티나 말벡의 품질 혁명가로, 1994년에 뚜뿐가또의 구알따라리 마을에 위치한 1,500미터 표고의 아드리안나 포도밭에서 아르헨티나 말벡의 클론 개발에 성공했습니다.
박사는 말벡의 수만 가지 클론을 수집해 분류한 뒤 여러 지역에서 실험적으로 클론을 재배해 루한 데 꾸요와 우꼬 밸리에 적합한 클론을 개발했습니다. 이곳에서 생산된 말벡 와인은 높은 고도가 보장하는 산도가 와인의 신선함을 제공할 뿐만 아니라, 장기 숙성에도 큰 도움을 주고 있습니다.

네우켄 지방(Neuquén): 1,761헥타르

아르헨티나의 빠따고니아Patagonia에 위치한 네우켄 지방은 21세기에 새롭게 개척된 산지입니다. 예전에는 사과, 배 등의 과수원이 주를 이뤘던 이곳에 조금씩 포도원들이 진출하고 있는데, 서늘한 기후와 백악질의 석회질 토양을 바탕으로 기존 산지와는 차별화된 와인을 생산하고 있습니다.

네우켄 지방은 남극의 영향을 받아 기온이 항상 낮게 유지되고 있습니다. 연 평균 기온은 14도, 연간 강우량은 150mm의 건조한 지역으로 관개는 필수입니다. 포도밭의 표고는 270~415미터로 북쪽 산지와 비교하면 훨씬 낮습니다. 주요 산지는 네우켄 시 인근의 산 빠뜨리씨오 델 차냐르San Patricio del Chañar이지만, 아직까지 네우켄 지방은 GI로 인정 받은 산지가 없습니다.

적포도 품종은 말벡, 까베르네 쏘비뇽, 씨라, 삐노 누아 순으로 재배하고 있으며, 청포도 품종은 샤르도네를 선두로 쏘비뇽 블랑, 쎄미용 등을 재배하고 있습니다. 특히 네우켄 지방의 미래는 서늘한 기후에 적합한 삐노 누아 및 샤르도네 와인과 스파클링 와인의 성공에 달려 있으며, 앞으로 지켜볼 필요가 있습니다.

리오 네그로 지방(Río Negro): 1,514헥타르

네우켄 지방의 동남쪽에 위치한 리오 네그로 지방은 꼴로라도Colorado 강과 네그로Negro 강의 분지에 위치하고 있습니다. 연 평균 기온은 15도 정도, 연간 강우량은 190mm이지만 낮은 계곡으로 갈수록 연간 강우량은 408mm정도로 높아집니다. 포도밭의 표고는 4~370미터로 다른 지역에 비해 상대적으로 낮지만, 위도의 영향을 받아 기후가 서늘하고, 일교차도 큰 편입니다.

리오 네그로 지방은 아직까지 GI 인정을 받은 산지가 없는데도 불구하고 장래가 유망한 산지입니다. 주요 포도 품종은 말벡, 메를로, 삐노 누아로, 이곳에서 생산되는 와인은 농축된 향과 풍미, 그리고 균형 잡힌 신맛을 지니고 있어 점점 더 높은 가격으로 판매되고 있습니다. 특히

2004년, 이탈리아 최고의 슈퍼 토스카나 와인, 사씨카이아Sassicaia를 소유한 피에로 인치자 델라 로께따Piero Incisa della Rocchetta 가문이 리오 네그로 지방에 차끄라Chacra 포도원을 설립한 것을 계기로 세계적인 주목을 받고 있습니다.

빠따고니아와 그 외의 남부 지방

아르헨티나는 네우켄과 리오 네그로 지방보다 더 남쪽에 산지를 개발하고 있습니다. 대표적인 곳이 추부트Chubut 지방으로 과거 포도 재배에 적합하지 않다고 생각했으나, 기후 변화로 인해 2000년대 후반부터 와인 생산을 본격적으로 시작했습니다. 삐노 누아, 메를로 등의 적포도 품종과 샤르도네, 쏘비뇽 블랑, 게뷔르츠트라미너, 리슬링, 삐노 그리 등의 청포도 품종을 재배하고 있으며, 서늘한 기후를 바탕으로 아르헨티나 와인에서 흔치 않는 11~12%의 알코올 도수의 우아한 와인을 만들고 있습니다. 오늘날 아르헨티나의 와인 산업은 계속 진화하고 있으며, 와인 애호가 입장에서는 즐거운 일이 아닐 수 없습니다.

TIP!

아르헨티나의 경제 상황과 와인 산업

1816년, 스페인으로부터 독립한 아르헨티나는 정치와 경제가 불안정한 국가로 악명이 높으며, 지금도 다양한 문제를 안고 있습니다. 20세기 초반까지 아르헨티나는 농산물 수출국으로 성공가도를 달리고 있었지만 제2차 세계대전 이후에 공업국가로 전환하는데 실패하면서 경제가 침체되었습니다. 설상가상으로 1960년대 이후에 내전의 영향과 포클랜드 제도에 대한 영유권을 가지고 영국과 200여 년 동안 경쟁하면서 경제는 한층 더 악화되었습니다.

포클랜드 분쟁 이후, 1983년에 군사 정권에서 민주 정부로 전환되었지만, 1980년대에 걸쳐 연간 최대 12,000%에 달하는 높은 인플레이션에 시달렸습니다. 경제적 어려움에 의해 1982~1992년까지 수많은 포도 나무가 뽑혀 포도밭의 36%가 유실되기도 했습니다. 1990년대에 일시적으로 경제가 안정되었지만, 그 후에 통화 위기가 찾아오면서 경제는 또 다시 파탄 상태에 이르렀고, 2001년에는 대외 채무 불이행 선언을 하기도 했습니다. 이러한 시대적 상황은 아르헨티나 와인 산업의 침체기를 가져다 주었고, 품질에도 크게 영향을 끼쳤습니다.

1983년, 아르헨티나는 군사 정권에서 민주 정부로 전환되었지만, 1980년대에 걸쳐 연간 최대 12,000%에 달하는 극심한 인플레이션에 시달렸습니다. 경제적 어려움에 의해 20세기 후반에 수많은 포도 나무가 뽑혀 포도밭의 36%가 유실되기도 했습니다. 1990년대, 일시적으로 경제가 안정되었지만, 그 후에 통화 위기가 찾아오면서 경제는 또 다시 파탄 상태에 이르렀고, 2001년 대외 채무 불이행 선언을 하기도 했습니다. 이러한 시대적 상황은 와인 산업의 침체기를 가져다 주었으며, 품질에도 크게 영향을 끼쳤습니다.

Tango

11일차

아프리카의 우월한
와인 강국, 남아프리카공화국

South Africa

SOUTH AFRICA

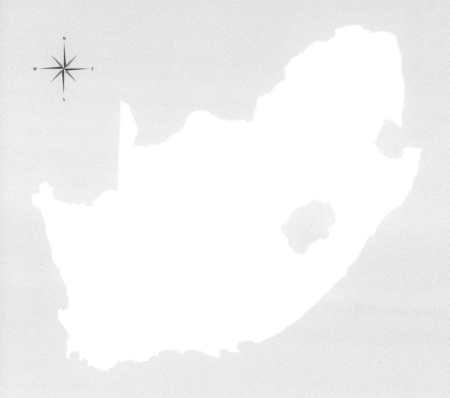

남아프리카공화국은 아프리카 대륙의 최남단에 위치하며, 주요 산지는 남위 27~34도 범위에 펼쳐져 있습니다. 국토 최남단의 희망봉 근교의 케이프 타운 주변에서 고품질 와인을 생산하는 포도원이 밀집해 있습니다. 케이프 타운을 중심으로 생산되고 있는 남아프리카공화국 와인은 구세계 산지의 우아함과 신세계 산지의 농축된 과일 풍미가 잘 어우러진 와인으로 평가 받고 있는데, 전반적으로 과실 향과 풍미가 강하고 알코올 도수가 높은 것이 특징입니다.

01   남아프리카공화국 와인의 개요

◆ 남위 27~34도에 와인 산지가 분포

◆ 재배 면적 : 99,000헥타르

◆ 생산량 : 11,000,000헥토리터

[International Organisation of Vine and Wine 2015년 자료 인용]

아프리카 대륙의 최남단에 위치한 남아프리카공화국은 동쪽으로 인도양, 서쪽으로 대서양을 끼고 있고, 동고서저의 지형을 가진 천혜의 자원 부국입니다. 2015년, 포도 재배 면적은 99,000헥타르로, 전 세계 재배 면적의 1.5%에 불과하지만, 와인 생산량은 전 세계 생산량의 4.2%, 세계 7위를 차지하고 있고, 아프리카 대륙에서는 1위의 생산량을 자랑합니다.

주요 와인 산지는 남위 27 ~34도 범위에 펼쳐져 있으며, 국토 최남단의 희망봉에 가까운 케이프 타운 주변에서 고품질 와인 생산을 지향하는 포도원이 밀집해 있습니다. 케이프 타운을 중심으로 생산되고 있는 남아프리카공화국 와인은 오랜 역사를 바탕으로 구세계 산지의 우아함과 신세계 산지의 농축된 과일 풍미가 잘 어우러진 와인으로 평가 받고 있는데, 전반적으로 과실 향과 풍미가 강하고 알코올 도수가 높은 것이 특징입니다.

남아프리카공화국은 350년이 넘는 긴 와인 역사를 자랑합니다. 하지만, 아파르트헤이트 Apartheid라 불리는 악명 높은 인종 격리 정책이 시행되는 동안, 국제 사회로부터 정치적, 경제적으로 고립되면서 수출 시장이 막혀 오로지 국내 시장에서 소비되는 와인만을 생산했습니다. 1991년 아파르트헤이트가 폐지되고, 1994년에 넬슨 만델라에 의한 민주화를 이뤄내면서 해외 시장의 수출을 전제로 한 고품질 와인 생산이 크게 늘어났으며, 현재 남아프리카공화국 생산자의 노력으로 품질과 명성을 향상시키는데 성공을 거두었습니다.

남아프리카공화국은 친환경적인 와인 생산에도 집중하고 있습니다. 1998년, 남아프리카공화국 정부는 IPWIntegrated Production of Wine라 불리는 통합 와인 생산 방침을 제정해 포도밭을 관리하고 있습니다. 이를 통해 지속 가능한 재배Sustainable Farming를 장려하며, 농약 사용을 줄이고 물 사용량을 모니터링하는 등 엄격한 환경 기준을 적용해 환경 및 인간에게 건강한 와인을 만들고 있습니다. 현재 남아프리카공화국의 포도 재배업자 및 포도원의 95%가 IPW 지침을 준수하고 있으며, 인증을 받은 와인은 IPW 씰Seal을 부착하고 있습니다.

TIP!

아파르트헤이트(Apartheid)

1910년, 남아프리카 연방이 세워진 이후, 백인들은 흑인들이 지정된 지역 외의 땅을 사거나 빌리는 것까지 제한하는 인종 차별적인 내용의 법을 만들기 시작했습니다. 게다가 1948년에는 백인들로만 치러진 선거에서 우익 정당인 국민당이 승리하면서 인종 차별과 백인 우월주의가 활개를 치게 되었고, 아프리카어로 '분리 및 격리'를 뜻하는 극단적인 인종 차별법인 아파르트헤이트가 실시되기에 이르렀습니다.

1961년, 영국으로부터 독립한 남아프리카공화국은 금, 다이아몬드 등 광물 자원이 풍부해 아프리카 대륙 안에서는 드물게 부유한 국가였지만, 악명 높은 아파르트헤이트가 시행되는 동안 국제 사회의 경제 제재를 받으며 고립되었습니다. 1991년에 아파르트헤이트의 근간법이 폐지되었지만, 30년 이상이 지난 지금도 인종 간에 실업률 격차는 존재하고 있습니다. 와인 산업에서도 포도원의 소유주나 양조 책임자 등 요직의 대부분을 백인이 독점하고 있었습니다. 그러나 최근 들어 조금씩 흑인 양조 책임자와 그들이 경영하는 포도원이 증가하고 있는 추세입니다.

Apartheid

Nelson Mandela

APARTHEID

1910년, 남아프리카 연방이 세워진 이후, 백인들은 흑인들이 지정된 지역 외의 토지를 사거나 빌리는 것까지 제한하는 인종 차별적인 내용의 법을 만들기 시작했습니다. 게다가 1948년에는 백인들만 치러진 선거에서 우익 정당이 승리하면서 인종 차별과 백인 우월주의가 활개를 치게 되었고, 아프리카어로 '분리 및 격리'를 의미하는 인종 차별 법인 아파르트헤이트가 실시되기에 이르렀습니다.

아파르트헤이트의 인종 격리가 시행되는 동안, 남아공은 국제 사회로부터 정치적, 경제적으로 고립되면서 수출 시장이 막혀 오로지 국내 시장에서 소비되는 와인만을 생산했습니다. 그리고 마침내 1991년 아파르트헤이트가 폐지되고, 1994년 넬슨 만델라에 의한 민주화를 이뤄내면서 해외 시장의 수출을 전제로 한 고품질 와인 생산이 크게 늘어났습니다. 현재 남아프라카공화국 생산자의 노력으로 품질과 명성을 향상시키는데 성공을 거두었습니다.

남아프리카공화국 와인의 역사

남아프리카에 처음으로 포도 나무가 유입된 시기는 17세기 중반입니다. 1652년, 네덜란드 동인도회사의 얀 반 리벡Jan Van Riebeeck은 자국 선박의 보급기지 및 노예, 천연 자원, 귀금속, 향신료 등의 상품을 취득하기 위해 케이프 타운에 정박소를 세웠는데, 이때 포도 나무도 함께 들어오게 되었습니다. 당시, 외과 의사 출신의 얀 반 리벡은 인도로 항해하는 선원들의 괴혈병을 예방하기 위해 포도 재배와 와인을 만들었습니다. 이후 그를 따라 네덜란드인들이 남아프리카에 본격적으로 이주하며 정착하기 시작했습니다. 1659년, 케이프 타운의 총독이 된 얀 반 리벡은 남아프리카 최초로 와인을 만들었으며, 자신의 일기에 "하느님 감사합니다. 오늘 처음 케이프에서 자란 포도로 와인을 만들었고, 방금 그 와인을 처음으로 맛 보았습니다."라고 기록했습니다.

1685년, 얀 반 리벡에 이어 두 번째 총독이 된 시몬 반 데어 스텔Simon van der Stel은 콘스탄시아 지역에 750헥타르에 달하는 포도밭과 포도원을 설립해 품질 향상을 위해 노력했습니다. 그 후, 콘스탄시아와 케이프 타운 주변의 스텔렌보쉬 지역으로 포도밭은 퍼져 나가게 되었습니다. 당시 콘스탄시아 지역에서 뮈스까 품종을 늦게 수확해서 만든 뱅 드 꽁스땅스Vin de Constance라는 스위트 와인은 수 세기 동안 유럽 귀족들의 호평을 받아왔습니다.

17세기 후반에는 네덜란드 이민자와 함께 종교적 박해를 피해 프랑스, 독일의 위그노 개신교의 백인들이 이주하기 시작했습니다. 이들은 스스로를 보어인Boer, 농민이라 부르며, 케이프 타운 해안 주변에서 점차 내륙으로 이주해 와인 제조를 발전시켰습니다.

18세기 후반, 국제적인 해운 통상국으로서 네덜란드를 물리친 영국은 케이프 타운을 점령했습니다. 1815년에 남아프리카는 네덜란드에서 영국으로 양도되면서 정식으로 영국의 식민지가 되었고, 남아프리카에서 생산되던 와인은 영국으로의 수출량이 크게 늘어났습니다. 하지만 1861년에 관세 특혜 제도가 폐지되면서, 영국 시장에서 남아프리카 와인은 경쟁력을 잃게 되었으며, 그에 따라 수출량도 감소했습니다. 엎친 데 덮친 격으로 1886년에는 남아프리카에 처음으로 필록세라 해충이 출현하면서 와인 산업에도 큰 피해를 가져다 주었습니다. 필록세라 피해를 벗어나기 위해 재배업자들은 포도 나무를 옮겨심기하는 데에만 20년이라는 세월을 소비했습니다. 당시, 옮겨심기 과정에서 쌩소Cinsault와 같은 높은 수확량을 가진 저급 품종이 우선시되었고, 1900년대 초반까지 8천만 그루 이상의 포도 나무가 심어졌습니다. 그 결과 남아프리카 와인 산업은 공급 과잉Wine Lake의 결과를 초래하였는데, 일부 생산자들은 만든 와인을 판매하지 못해 강과 하천에 버리기도 했습니다.

20세기 대부분 동안, 남아프리카공화국의 와인 산업은 공급 과잉 상태가 되었음에도 불구하고 여전히 품질보다는 생산량을 중요시 여겼습니다. 1990년 기준, 포도 수확량의 30% 정도만 와인으로 만들었을 뿐, 나머지는 증류해 브랜디를 만들었으며 때로는 포도 주스로 판매되거나 폐기되는 경우도 있었습니다. 공급 과잉의 문제가 심각해지자, 이를 해결하기 위해 1918년에 남아프리카 포도재배 협동조합, KWVKoöperatieve Wijnbouwers Vereniging van Suid-Afrika가 설립되었습니다. KWV는 찰스 콜러Charles Kohler 박사의 주도하에 웨스턴 케이프 지역의 생산자들이 함께 만든 협동조합으로, 1990년대 전반까지 남아프리카 와인 산업을 실질적으로 지배했는데, 포도원마다 생산량 할당과 최저 거래 가격 등을 일괄적으로 결정했습니다.

KWV의 관리하에 와인 산업은 점차적으로 안정되었습니다. 하지만, 고품질 와인 생산을 추구하는 일부 포도원의 경우, 이러한 규정은 품질에 걸림돌로 작용했습니다. KWV는 거의 독재에 가까운 권력으로 매입된 포도를 품질에 상관없이 고정된 가격 정책을 고수하며, 증류소와 포도 주스 공장에 제공했습니다.

1980년대까지, 남아프리카공화국에서 생산되던 저가 와인은 백인이 아닌 흑인 노동자의 필수 음료였기 때문에 생산자는 고급 와인을 만들 필요를 못 느꼈습니다. 그러나 1980년대 즈음하여, 소비자의 취향이 와인에서 맥주로 기호 변화가 일어나면서 저가 와인의 수요가 감소하게 되었습니다. 1991년 아파르트헤이트가 폐지되고 수출 시장의 문이 열리자, 포도원은 살아남기 위해서 해외 시장을 대상으로 하는 고급 와인 생산에 주력하게 되었습니다. KWV는 아파르트헤이트가 폐지된 후, 새로운 정부에 의해 스스로 중앙 집권적인 권력을 내려놓았으며, 1997

년 협동조합에서 민간 소유의 포도원으로 전환하게 되었습니다. KWV가 민간 사업으로 개편되면서 높은 품질의 포도와 와인이 더 높은 가격을 받을 수 있게 되자, 일부 생산자는 고품질 와인을 생산할 수 있는 지역을 물색하기 시작했습니다. 그로 인해 포도밭과 포도원도 서서히 늘어났는데, 1994년부터 10년 동안에 포도원은 2배 이상 증가했고, 수출량은 1993년부터 10년 동안에 10배가 넘는 경이적인 성장을 기록하였습니다. 오늘날, 남아프리카공화국의 포도원 수는 대략 600여 곳에 달합니다.

와인 산지 역시 변화가 일어나 콘스탄시아 지역에서는 과거의 명성을 되찾기 위해 늦게 수확해서 만든 뱅 드 꽁스땅스와 같은 스위트 와인의 생산이 부활했습니다. 또한 고품질 와인 생산이 적합한 서늘한 지역에서도 새롭게 포도밭이 개간되기도 했습니다. 동시에 포도밭이나 양조장에서 기술 혁신이 진행되었습니다. 포도밭에서는 식수 간격의 최적화나 포도 나무의 수형 관리 기술의 도입이 단기간에 이루어졌으며, 관개 시설도 고품질 와인 생산에 적합한 세류 관개가 1990년대 이후 급속히 보급되었습니다. 양조장에서는 말로-락틱 발효의 철저한 관리와 작은 오크통에서의 숙성 등이 널리 행해지게 되었습니다. 현재 남아프리카공화국은 포도 수확량의 86% 이상이 와인으로 생산되고 있으며, 불과 30년 전의 상황과는 크게 달라졌습니다.

TIP!

와인의 현물 지급, 돕 시스템(Dop System)

과거, 남아프리카공화국의 와인 산업에서는 포도밭이나 양조장에서 일하는 흑인 노동자에게 급여의 일부를 1리터 정도의 저급한 와인으로 현물 지급하는 돕 시스템이 보급되었습니다. 전매가 불가능했던 흑인 노동자들은 지급된 와인을 마실 수밖에 없었고 결국에는 많은 사람들이 비참한 알코올 중독증 환자가 되었습니다. 실제로 돕Dop은 아프리카 어로 '알코올에 의존'을 의미하기도 합니다. 인종격리 정책이 종식되고 들어선 흑인 정권은 돕 시스템을 불법화하는 법안을 통과시켰으나, 이를 효율적으로 집행할 수 있는 제도적 장치가 마련되지 않았습니다. 여전히 10% 정도의 포도원에서는 인권유린과 노동력 착취의 돕 시스템을 지속하고 있는 것으로 추정되며, 웨스턴 케이프 지방의 경우, 20% 정도의 흑인 노동자들이 저급한 와인으로 급여를 받는다고 알려져 있습니다.

1652년, 네덜란드 동인도회사의 얀 반 리벡은 자국 선박의 보급기지 및 노예, 천연 자원, 귀금속, 향신료 등의 상품을 취득하기 위해 케이프 타운에 정박소를 세웠는데, 이때 남아프리카공화국에 포도 나무도 함께 들어오게 되었습니다. 당시, 외과 의사 출신의 얀 반 리벡은 인도로 항해하는 선원들의 괴혈병 치료 목적으로 포도 재배와 와인을 만들었으며, 이후 그를 따라 네덜란드인들이 남아프리카에 본격적으로 이주하며 정착하기 시작했습니다.

1659년, 케이프 타운의 총독이 된 얀 반 리벡은 남아프리카 최초로 와인을 만들었으며, 자신의 일기에 "하느님 감사합니다. 오늘 처음 케이프에서 자란 포도로 와인을 만들었고, 방금 그 와인을 처음으로 맛 보았습니다."라고 기록했습니다.

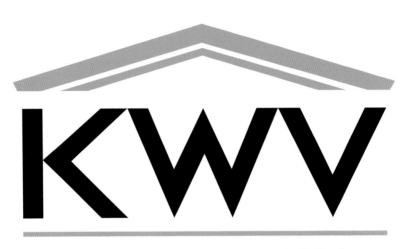

KWV의 등장

20세기 대부분 동안, 남아프리카공화국의 와인 산업은 공급 과잉 상태가 되었음에도 불구하고 여전히 품질보다는 생산량을 중요시 여겼습니다. 1990년 기준으로 포도 수확량의 30%정도만 와인으로 만들었을 뿐, 나머지는 증류해 브랜디를 만들었으며 때로는 포도 주스로 판매되거나 폐기되는 경우도 있었습니다. 공급 과잉의 문제가 심각해지자, 이를 해결하기 위해 1918년에 남아프리카 포도재배 협동조합, KWV가 설립되었습니다.

KWV는 찰스 콜러 박사의 주도하에 웨스턴 케이프 지역의 생산자들이 함께 만든 협동조합으로, 1990년대 전반까지 남아프리카 와인 산업을 실질적으로 지배했는데, 포도원마다 생산량 할당, 최저 거래 가격 등을 일괄적으로 결정했습니다.

KWV의 관리하에 와인 산업은 점차 안정되었지만 고품질 와인 생산을 추구하는 일부 포도원의 입장에서 이러한 규정은 품질에 걸림돌로 작용했습니다. KWV는 거의 독재에 가까운 권력으로 매입된 포도를 품질에 상관없이 고정된 가격 정책을 고수하며, 증류소와 포도 주스 공장에까지 포도를 제공하기도 했습니다.

DOP SYSTEM

과거, 남아공의 와인 산업에서는 포도밭이나 양조장에서 일하는 흑인 노동자에게 급여의 일부를 1리터 정도의 저급한 와인으로 현물 지급하는 돕 시스템이 보급되었습니다. 전매가 불가능했던 흑인 노동자들은 지급된 와인을 마실 수밖에 없었고, 결국 많은 사람들이 비참한 알코올 중독증 환자가 되었습니다. 실제로 돕은 아프리카 어로 '알코올에 의존'을 의미하기도 합니다.

03

남아프리카공화국의 떼루아

남아프리카공화국은 남위 27~34도에 주요 산지가 위치해 있습니다. 와인 산업의 중심지인 웨스턴 케이프 주는 인도양과 대서양의 틈새에 위치하며, 지중해성 기후를 띠고 있습니다. 이곳의 여름철 평균 기온은 23도 정도이고 최고 기온은 40도에 달할 정도로 뜨겁고 건조합니다. 하지만 남극에서 대서양 해안을 따라 흐르는 차가운 벵겔라 해류Benguela Current의 영향을 받아 위도에 비해 생각만큼 덥지는 않습니다.

남아프리카공화국은 캘리포니아 UC 데이비스의 적산 온도 구분에 따라 온난한 지역인 Ⅲ, Ⅳ, Ⅴ 구역이 주를 이루고 있지만, 남쪽에 위치한 워커 베이Walker Bay 지구와 같이 Ⅱ 구역으로 분류되는 비교적 서늘한 지역도 존재합니다. 특히 벵겔라 해류의 직접적인 영향을 받는 일부 지역은 15도 미만의 서늘한 기후를 띠고 있으며, 남쪽과 서쪽으로 갈수록, 바다와 가까울수록 더 서늘하고 비가 많이 내리는 것이 특징입니다. 또한 12월에서 2월 사이, 봄과 여름철에 케이프 닥터Cape Doctor라고 불리는 강한 남동풍이 산맥을 따라 케이프 타운의 남서부를 가로질러 불어오며 기온을 몇 도 정도 낮춰줍니다. 또한 케이프 닥터는 습도를 낮춰주어 곰팡이병과 노균병을 억제해주는 역할을 하고 있지만, 바람이 워낙 강하다 보니 어린 포도 나무를 손상시키기도 합니다.

남아프리카공화국의 연간 강우량은 200~1,500mm로, 5월에서 8월 사이의 겨울에 집중되며 지역에 따라 상당한 차이가 있습니다. 국토 절반 가량이 연간 강우량 380mm 이하이지만 동해안 지역의 경우 1,200mm에 달하기도 합니다. 특히 북쪽과 북서쪽의 강우가 적은 지역에서는 관개가 널리 행해지고 있습니다.

전 세계 와인 산지 중 지질학적으로 가장 오래된 토양으로 알려진 남아프리카공화국은 매우 다양하게 토양이 구성되어 있습니다. 해안 지역의 산에서는 사암, 화강암 또는 이판암을 볼 수 있고, 낮은 고도에서는 혈암Shale으로 둘러싸여 있습니다. 반면 내륙 쪽은 혈암과 강에 의한 퇴적 토양이 주를 이루고 있습니다. 하지만, 남아프리카공화국은 양조용 포도를 재배하기에 적합하지 않은 산성 토양이 많아서 포도밭에 석회를 갈아 넣어 개선하는 작업을 진행하고 있습니다.

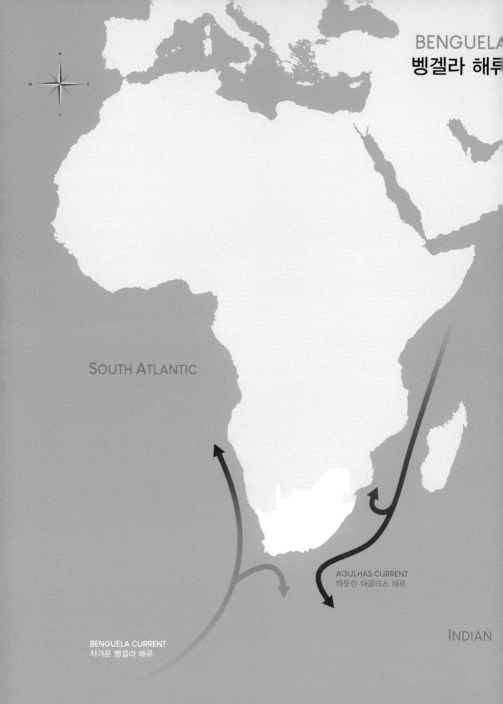

BENGUELA
벵겔라 해류

SOUTH ATLANTIC

AGULHAS CURRENT
따뜻한 아굴라스 해류

BENGUELA CURRENT
차가운 벵겔라 해류

INDIAN

남아프리카공화국은 남위 27~34도에 주요 산지가 위치해 있습니다. 와인 산업의 중심지인 웨스턴 케이프 주는 인도양과 대서양의 틈새에 위치하며, 지중해성 기후를 띠고 있습니다. 웨스턴 케이프 주의 여름 평균 기온은 23도 정도, 최고 기온은 40도에 달할 정도로 뜨겁고 건조하지만 차가운 벵겔라 해류의 영향을 받아 위도에 비해 생각만큼 덥지는 않습니다.

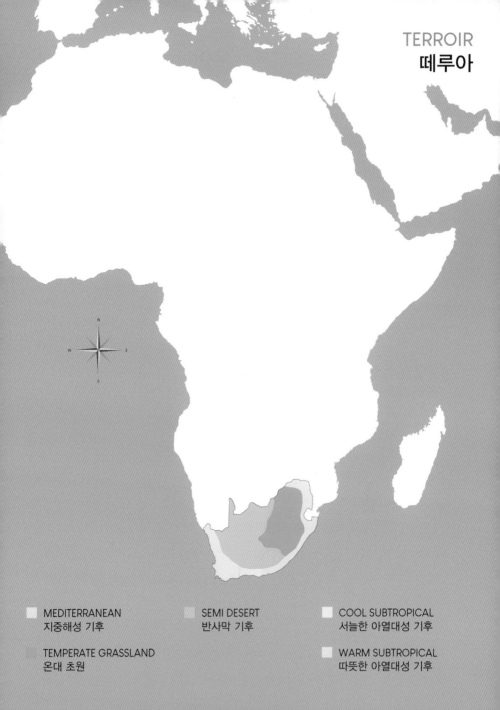

MEDITERRANEAN
지중해성 기후

SEMI DESERT
반사막 기후

COOL SUBTROPICAL
서늘한 아열대성 기후

TEMPERATE GRASSLAND
온대 초원

WARM SUBTROPICAL
따뜻한 아열대성 기후

남아프리카공화국은 UC 데이비스의 적산 온도 구분에 따라 온난한 지역인 III, IV, V구역이 주를 이루고 있지만, 남쪽에 있는 워커 베이 지구와 같이 II구역으로 분류되는 비교적 서늘한 지역도 있습니다. 특히 벵겔라 해류의 직접적인 영향을 받는 일부 지역은 15도 미만의 서늘한 기후를 띠고 있으며, 남쪽과 서쪽으로 갈수록, 바다와 가까울수록 더 서늘하고 비가 많이 오는 것이 특징입니다.

04

남아프리카공화국의 와인법

남아프리카공화국은 1957년에 제정된 와인, 기타 발효주 및 증류주법을 기반으로 1973년에 와인 오브 오리진Wine of Origin 시스템이 도입되어 지방Region, 지구District, 소지구Ward, 지리적으로 가장 작은 단위로 산지를 분류하고 있습니다. 현재 남아프리카공화국은 29개의 지구 명칭과 95개의 소지구 명칭이 인정되고 있습니다. 유명 산지인 스텔렌보쉬, 파를, 콘스탄시아 세 곳의 산지는 모두 코스탈 지방에 속하며, 스텔렌보쉬와 파를은 지구 명칭, 콘스탄시아는 소지구 명칭입니다.

와인 라벨에 포도 품종의 명칭과 수확 연도를 표시하는 경우에는 최저 비율이 모두 75%입니다. 다만, 시음 위원회의 승인을 받아 WO로 인정받은 와인은 다음과 같은 조건을 이행해야 하며, 병마다 보증 씰Certification Seal이 부착되어 있습니다.

-WO 산지 명칭: 기재된 산지의 포도를 100% 사용해야 한다.
-포도 품종을 표기할 경우: 해당 품종을 85%이상 사용해야 한다.
-수확 년도: 기재된 연도에 수확한 포도를 85%이상 사용해야 한다.

다른 신세계 산지와 마찬가지로 남아프리카공화국의 WO 제도 역시, 프랑스 AOC와 같이 떼루아를 반영한 세부적인 규제는 하지 않고, 단순하게 라벨 표기만을 규제하고 있습니다. 그 외에 병 내 2차 발효 방식으로 생산하는 스파클링 와인에는 메토드 캡 끌라시크 Méthode Cap Classique라는 문구를 와인 라벨에 표기하고 있습니다.

또한, 2010년부터 와인 & 스피릿 보드Wine and Spirit Board 기관에서 인증한 씰Seal도 병 목에 부착하고 있습니다. 이것은 와인 및 브랜디의 품질과 산지, 포도 품종, 수확 년도를 보증하기 위한 것으로, 병마다 다른 번호가 부여되어 있습니다. 와인 & 스피릿 보드 웹사이트에서 그 번호를 입력하면 생산자와 병입 일자 등의 정보를 열람할 수 있습니다.

TIP!

바이러스병의 문제

현재 남아프리카공화국 와인 산업의 최대 난제는 잎 말림병Leaf Roll, 선상엽Fanleaf 등의 포도 나무에 감염 되는 바이러스 병입니다. 바이러스 병은 어느 산지에서나 볼 수 있으며, 과일의 성장을 늦추거나 수확량을 감소시키는 문제를 발생시키고 있습니다. 포도밭의 나무에서 나무로 전염되는 바이러스 병의 대부분은 접 목을 통해 감염되는데, 한번 감염되면 아직까지 치유할 수 있는 방법이 없습니다. 남아프리카공화국에서 는 1970년에 포도밭의 거의 100%가 바이러스 병에 걸렸습니다. 오늘날 다소 개선은 되었지만 아직도 대 다수 포도밭에서는 문제가 되고 있습니다. 지금은 KWV 산하 연구 시설에서 바이러스를 옮기지 않는 묘 목을 개발해 포도원에 공급하고 있는데, 향후 서서히 이 문제가 해결될 거라는 기대감이 커지고 있습니다.

05

남아프리카공화국의 포도 품종

1990년대 이후, 남아프리카공화국에서는 시장성이 높은 우량 품종의 재배나 이식이 급속도로 진행되었습니다. 과거 증류주를 만들기 위한 목적의 포도를 대량으로 재배했지만, 수출 시장에서 경쟁력을 갖추기 위해 재정비함에 따라 포도밭의 40% 이상이 다시 심어졌습니다. 1996년까지 전체 포도밭의 80% 이상이 청포도 품종을 재배할 정도로 지배적이었지만, 2015년 기준, 55% 수준까지 떨어졌으며 적포도 품종의 재배 면적이 급격하게 증가했습니다. 현재 남아프리카공화국은 80% 정도가 양조용 포도 품종을 재배하고 있고, 94종의 품종을 공식적으로 인정하고 있습니다.

주요 적포도 품종

적포도 품종 중에서 재배 면적이 크게 증가한 것은 까베르네 쏘비뇽으로, 현재 재배 면적은 14,000헥타르, 전체 포도 품종의 13%를 차지하고 있습니다. 그 다음 품종은 씨라입니다. 재배 면적은 10,000헥타르로 전체 품종의 10%를 차지하고 있으며, 최근 10년간 현저하게 증가하고 있는 추세입니다. 적포도 품종 중 3위는 메를로입니다. 재배 면적은 7,000헥타르이고 전체 재배 면적의 7%를 차지하고 있습니다.

그렇지만 남아프리카공화국을 대표하는 적포도 품종은 피노타지Pinotage입니다. 피노타지는 1925년에 남아프리카공화국의 포도재배학자인 에이브러햄 페롤드Abraham Perold 교수가 개발한 교배종으로, 삐노 누아와 남부 프랑스에서 널리 재배되고 있는 쌩소Cinsaut를 교배한 것입니다. 피노타지는 야성미가 넘치고 개성이 강한 품종이지만, 그림 도구를 연상시키는 바나나, 사과, 배 등의 초산이소아밀Isoamyl Acetate 향 때문에 생산자들이 회피하는 경우도 있습니다. 남아프리카공화국의 토착 품종인 피노타지는 이전까지 메를로와 거의 동등한 재배 면적을 가지고 있었는데, 최근에는 약간의 침체기를 겪고 있습니다. 현지에서 사용되는 용어 중 케이프 블렌드Cape blend는 피노타지를 30~70%정도 블렌딩해 만든 와인을 지칭하기도 합니다.

주요 청포도 품종

남아프리카공화국에서 최대의 재배 면적을 자랑하는 품종은 슈냉 블랑입니다. 현재 재배 면적은 19,000헥타르로, 전체 포도 품종의 19%를 차지하고 있습니다. 현지에서는 스틴Steen이라고 불리고 있는 슈냉 블랑은 저가 와인에서 고가 와인에 이르기까지 다양한 가격대로 만들어지고 있으며, 고가 와인 중에는 오크통에서 숙성시켜 응축감이 강한 것도 있습니다. 과거 남아프리카공화국은 슈냉 블랑의 세계 최대 산지를 자랑했지만, 최근에는 감소 추세에 있습니다.

청포도 품종 중 2위는 꼴롱바르Colombard로 전체 포도 품종의 11%를 차지하고 있습니다. 브리드 리버 밸리Breede River Vallley와 같은 따뜻한 지역에서 주로 재배되고 있는데, 대다수 브랜디 생산에 사용되고 있습니다. 또한 남아프리카공화국에서는 쏘비뇽 블랑과 샤르도네 품종도 성공적으로 재배되고 있습니다. 특히 워커 베이 지구와 같은 서늘한 지역에서 만든 샤르도네 와인은 뛰어난 품질을 자랑하며, 부르고뉴 지방처럼 오크통 발효와 효모 숙성Sur-lie 방식을 사용해 만든 샤르도네 와인은 높은 가격대에 판매되고 있습니다.

그 외 청포도 품종으로는 뮈스까 달렉상드리Muscat d'Alexandrie가 있습니다. 이 품종은 1650년, 얀 반 리벡에 의해 유입된 스페인 품종Spaanse Dryven을 접목해 개발한 것으로 추측하고 있으며, 현지에서 하네푸트Hanepoot라 불리고 있습니다. 다른 품종에 비해 널리 재배되고 있지 않지만 훌륭한 품질의 스위트 와인의 주재료로 사용되고 있습니다. 뮈스까 달렉상드리 품종은 최근 콘스탄시아 소지구Constantia Ward에서 과거 영광을 재현하기 위해 만든 뱅 드 꽁스땅스의 스위트 와인뿐만 아니라 내추럴 와인과 건포도로도 생산되고 있습니다.

TIP !

다양한 식물군으로 유명한 남아프리카공화국

남아프리카공화국의 와인 산지가 집중되어 있는 웨스턴 케이프 주는 '꽃의 낙원'이라 불릴 정도로 세계에서 가장 풍부한 식물군으로 손꼽히는 지역입니다. 유네스코의 세계자연유산으로 지정된 90,000km²의 면적 안에 9,600종의 꽃식물이 분포하고 있으며, 그 중 약 70%가 이 지역 토착종입니다. 그러나 이 풍부한 식물군도 지금은 포도밭의 확장과 도시화의 영향으로 위기에 노출되어 있어, 약 1/4이 멸종 위기에 직면했습니다. 1998년 남아프리카공화국의 와인 업계는 생태계를 보호하기 위한 정부 정책에 맞춰 통합 와인 생산 계획IPW, Integrated Production of Wine을 제시했으며, 와인 생산자들은 국가 전체에 환경 보전을 위한 포도 재배를 실시하고 있습니다.

아공을 상징하는 적포도 품종 ─────────

노타지는 1925년에 남아공의 포도 재배학자인 에이브러햄 페롤드 교수가 개발한 교배종으로,
노 누아와 남부 프랑스에서 널리 재배되는 있는 쌩소를 교배한 것입니다. 피노타지는 야성미가
치고 개성이 강한 품종이지만, 그림 도구를 연상시키는 바나나, 사과, 배 등의 초산이소아밀 향
문에 생산자들이 회피하는 경우도 있습니다. 남아프리카공화국의 상징인 피노타지는 이전까지
를로와 거의 동등한 재배 면적을 가지고 있었는데, 최근에는 약간의 침체기를 겪고 있습니다.
지에서 사용되는 용어 중에 케이프 블렌드는 피노타지를 30~70%정도 블렌딩해 만든 와인을
칭하기도 합니다.

South Africa

Wine

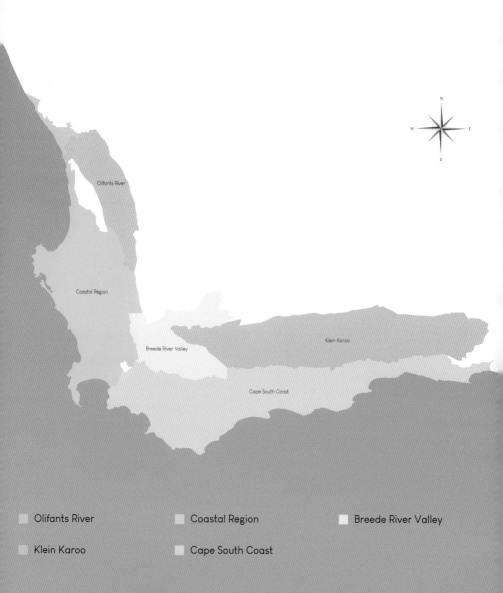

SOUTH AFRICA
남아프리카공화국

■ Olifants River   ■ Coastal Region   ■ Breede River Valley

■ Klein Karoo   ■ Cape South Coast

남아프리카공화국은 웨스턴 케이프, 이스턴 케이프, 프리 스테이트, 콰줄루-나탈, 림포포, 노던 케이프 6개 주로 나뉘며, 국가 전체 와인 생산량의 90% 이상이 웨스턴 케이프 주에서 생산되고 있습니다.

주요 산지인 웨스턴 케이프 주는 코스탈 지방, 브리드 리버 밸리, 클레인 카루, 올리판츠 리버, 케이프 사우스 코스트 5개 지방으로 나뉘고 있습니다.

Swartland

Darling

Tulbagh

Wellington

Paarl

Cape Town

Stellenbosch

Franschhoek Valley

코스탈 지방은 스텔렌보쉬, 파를, 케이프 타운, 스와트랜드, 툴바흐, 웰링턴, 달링, 프란슈후크 밸리 8개의 지구로 나뉩니다. 각각의 지구에는 다수의 소지구가 존재하며, 그 중에서 케이프 타운 지구에 있는 콘스탄시아 소지구가 역사적으로 유명합니다.

06

남아프리카공화국의 와인 산지

남아프리카공화국은 웨스턴 케이프Western Cape, 이스턴 케이프Eastern Cape, 프리 스테이트 Free State, 콰줄루-나탈KwaZulu-Natal, 림포포Limpopo, 노던 케이프Northern Cape 6개 주로 분류 하며, 국가 전체 와인 생산량의 90% 이상이 웨스턴 케이프 주에서 생산되고 있습니다.

주요 산지인 웨스턴 케이프 주는 코스탈 지방Coastal Region, 브리드 리버 밸리Breede River Valley, 클레인 카루Klein Karoo, 올리판츠 리버Olifants River, 케이프 사우스 코스트Cape South Coast 5 개 지방으로 나뉘며, 다음과 같습니다.

웨스턴 케이프 주(Western Cape)
코스탈 지방(Coastal Region)

코스탈 지방은 스텔렌보쉬Stellenbosch, 파를Paarl, 케이프 타운Cape Town, 스와트랜드Swartland, 툴바흐Tulbagh, 웰링턴Wellington, 달링Darling, 프란슈후크 밸리Franschhoek Valley 8개의 지 구로 나뉩니다. 각각의 지구에는 다수의 소지구가 존재하며, 그 중에서 케이프 타운 지구에 있 는 콘스탄시아 소지구가 역사적으로 유명합니다.

- 스텔렌보쉬 지구(Stellenbosch)
케이프 타운 시에서 동쪽으로 45km 거리에 위치한 스텔렌보쉬는 남아프리카공화국 와인 산업의 중심지입니다. 국가 전체 생산량의 10.3%를 차지하고 있지만, 고급 포도원들이 밀집해 있습니다. 또한 스텔렌보쉬 대학교의 재배 양조학부 외에도 엘센버그Elsenburg 농업학교와 니 트보루비지Nietvoorbij 농업연구센터 등의 연구 기관이 모여 있어 선진적인 기술 연구가 활발 히 진행되고 있습니다.

스텔렌보쉬 지구는 헬더버그Helderberg, 시몬스버그Simonsberg, 스텔렌보쉬 산맥이 둘러싸고 있으며, 폴스 만False Bay에서 불어오는 차가운 바람의 영향을 받아 여름은 너무 덥지 않습니다. 연간 일조량은 1,945시간이며, 여름 평균 기온은 20도 정도로 보르도 지방보다는 조금 더 따뜻한 편입니다. 연간 강우량은 713mm정도로, 겨울에 집중적으로 비가 내리기 때문에 포도 재배에 이상적인 조건을 가지고 있습니다. 반면 폴스 만에서 떨어진 북쪽 지역은 기온이 높습니다.

스텔렌보쉬 지구의 토양은 매우 다양하며, 50종류 이상이 존재합니다. 서쪽의 강 근처 계곡은 모래가 풍부한 지역으로 슈냉 블랑을 주로 재배하고 있으며, 반면 동쪽에 자리잡은 산맥의 언덕은 풍화된 화강암에서 까베르네 쏘비뇽, 메를로, 씨라, 피노타지 등의 적포도 품종을 재배하고 있습니다. 한때 슈냉 블랑 품종을 압도적으로 많이 재배했지만, 지금은 쏘비뇽 블랑, 까베르네 쏘비뇽, 메를로, 씨라, 피노타지 등을 더 많이 재배하고 있습니다. 최근 들어 이곳은 고품질 레드 와인으로 명성을 얻었는데, 특히 씨라 와인과 까베르네 쏘비뇽, 메를로를 블렌딩해 만든 보르도 스타일 와인이 대표적입니다. 또한 피노타지를 30~70%정도 블렌딩해 만든 전통적인 케이프 블렌드Cape blend 와인도 만들고 있습니다.

스텔렌보쉬 지구는 시몬스버그-스텔렌보쉬Simonsberg-Stellenbosch, 방후크Banghoek, 보틀라리Bottelary, 드본 밸리Devon Valley, 용케르스후크 밸리Jonkershoek Valley, 파페하이베르흐Papegaaiberg, 폴카드라이 힐즈Polkadraai Hills 7개의 소지구가 존재합니다.

시몬스버그-스텔렌보쉬는 첫 번째로 인정을 받은 소지구입니다. 포도밭은 웅장한 시몬스버그 산기슭의 남서쪽, 200미터 표고에 자리잡고 있어 배수가 잘 됩니다. 25km 떨어진 폴스 만에서 차가운 남서풍이 불어와 여름철의 기후는 서늘한 편이고, 연간 강우량은 600~700mm 정도입니다. 이곳은 까베르네 쏘비뇽, 메를로, 씨라 등의 레드 와인에 적합한 산지로 잘 알려져 있으며, 특히 피노타지로 만든 와인은 국내 및 국제 품평회에서 정기적으로 수상을 하고 있습니다.

보틀라리 산 주변에는 보틀라리, 드본 밸리, 파페하이베르흐, 폴카드라이 힐즈 4개의 소지구가 모여 있는데, 모두 폴스 만의 차가운 남서풍 영향을 받고 있습니다. 이중에서 보틀라리 소지구가 품질 면에서 가장 뛰어나며, 피노타지 와인을 주로 생산하고 있습니다.

스텔렌보쉬 산의 동쪽에 위치한 용케르스후크 밸리는 작지만 오래 전부터 품질을 인정 받은 산지입니다. 포도밭은 전반적으로 높은 표고에 위치하며, 토양은 붉은 점토로 구성되어 있어 까베르네 쏘비뇽을 비롯한 보르도 품종 재배에 이상적인 조건을 지니고 있습니다.

방후크 소지구는 가장 새롭게 개간된 산지로 쏘비뇽 블랑과 보르도 품종을 주로 재배하고 있습니다.

위와 같이 스텔렌보쉬 지구는 7개의 소지구가 존재하지만, 생산자들은 스텔렌보쉬 명칭으로 판매하는 것이 더 효율적이라 생각하기 때문에 현재 소지구의 명칭을 라벨에 따로 표기하고 있지 않습니다. 또한 대다수의 포도원들이 스텔렌보쉬 지구의 경계를 넘어 방대한 지역에서 포도를 공급받아 와인을 만들고 있기에 포도원마다 확인을 해야 하는 번거로움이 있습니다.

스텔렌보쉬 지구의 우수한 생산자로는 카논콥Kanonkop, 아마니 빈야즈Amani Vineyards, 워터포드 와인 엔 스피리츠Waterford Wines & Spirits, 워터클루프 와인즈Waterkloof Wines, 오리진Origin, 베르겔레겐 에스테이트Vergelegen Estate, 라츠 패밀리 와인즈Raats Family Wines, 러스텐버그Rustenberg 등이 있습니다.

- 파를 지구(Paarl)

스텔렌보쉬의 북쪽에 넓게 자리잡고 있는 파를 지구는 KWV협동조합의 본거지로 유명합니다. 예전에는 포트 와인과 같은 주정강화 와인의 중심 산지로 잘 알려졌으나, 최근에는 고품질의 스틸 와인 생산에 주력하고 있고 고급 포도원들도 많이 모여 있습니다. 진주 바위Pearl Rock를 뜻하는 파를 지구에는 호주의 울루루Uluru 다음으로 거대한 화강암 바위가 존재하는데, 비가 내린 후 아침 햇살에 반짝이는 모습에서 산지의 이름이 유래되었습니다.

국가 전체 생산량의 11%를 차지하고 파를 지구는 20세기 대부분을 남아프리카공화국 와인 산업의 중심지 역할을 해왔지만, 현재는 스텔렌보쉬 지구가 그 역할을 대신하고 있습니다.

파를 지구는 전형적인 지중해성 기후를 띠고 있습니다. 지리적으로 내륙 쪽에 위치해 있어 폴스 만의 차가운 바람에 덜 노출되기 때문에 여름 기온은 높은 편이나 밤의 차가운 기온 덕분에 적정선을 유지하는 것이 가능합니다. 연간 일조량은 2,146 시간으로 스텔렌보쉬 지구에 비해 높으며, 연간 강우량은 800~900mm정도로 빈티지에 따라 관개가 필요한 경우도 있습니다.

토양은 버그Berg 강변 주변의 사암과 북쪽의 혈암, 그리고 이 지구의 주된 화강암 토양 세 가지 유형으로 나뉩니다. 토양에 따라 슈냉 블랑, 샤르도네, 까베르네 쏘비뇽, 피노타지, 씨라 품종을 재배하고 있는데, 특히 씨라 품종이 주목할 만합니다. 또한 최근 들어서는 따뜻한 경사지에 비오니에Viognier, 무르베드르Mourvèdre 등의 프랑스 론 지방 품종도 재배하며, 다양한 와인을 생산하고 있습니다. 파를 지구에서 생산되는 와인은 지형과 표고에 따라 차이가 발생할 수 있지만, 전반적으로 스텔렌보쉬에 비해 농축미가 강하고 알코올 도수가 높은 것이 특징입니다.

파를 지구는 시몬스버그-파를Simonsberg-Paarl, 푸르 파르드베르흐Voor Paardeberg 2개의 소지구가 존재합니다. 시몬스버그-파를은 파를 지구의 서쪽에 위치한 소지구로, 포도밭은 시몬스버그 산맥의 북쪽과 동쪽 산기슭에 자리잡고 있으며 샤르도네, 씨라 와인을 주로 생산하고 있습니다.

반면 화강암 바위 주변에 위치한 푸르 파르드베르흐 소지구는 행정구역상 파를 지구에 속하지만, 와인 스타일은 스와트랜드 지구에 더 가깝습니다. 오랫동안 고품질 포도의 공급지 역할을 해왔으나, 최근에는 독자적으로 와인을 만들고 있습니다.

STELLENBOSCH
스텔렌보쉬

- Bottelary
- Polkadraai Hills
- Devon Valley
- Papegaaiberg

- Simonsberg-Stellenbosch
- Banghoek
- Jonkershoek Valley

Paarl

CAPE TOWN
South Africa

CAPE TOWN
케이프 타운

SWAR

Philadelphia

Durbanville

STELL

Hout Bay

Constantia

■ Philadelphia
■ Durbanville
■ Hout Bay
■ Constantia

N
W   E
S

대서양 인근에 위치한 케이프 타운 지구는 테이블 마운틴 아래 주요 산지가 펼쳐져 있습니다. 5~10km 정도 떨어진 폴스 만에서 불어오는 차가운 바닷바람과 함께 온화한 해양성 기후를 띠고 있으며, 연간 강우량은 1,000mm정도로 관개가 필요치 않습니다. 케이프 타운 지구에는 콘스탄시아, 더반빌, 호우트 베이, 필라델피아 4개의 소지구가 존재합니다.

- 케이프 타운 지구(Cape Town)

대서양 인근에 위치한 케이프 타운 지구는 테이블 마운틴Table Mountain 아래 주요 산지가 펼쳐져 있습니다. 5~10km 정도 떨어져 있는 폴스 만에서 불어오는 차가운 바닷바람과 함께 온화한 해양성 기후를 띠고 있으며, 연간 강우량은 1,000mm정도로 관개가 필요치 않습니다. 케이프 타운 지구에는 콘스탄시아Constantia, 더반빌Durbanville, 호우트 베이Hout Bay, 필라델피아Philadelphia 4개의 소지구가 존재합니다.

콘스탄시아 소지구(Constantia Ward)

케이프 타운 시의 바로 남쪽에 위치한 콘스탄시아 소지구는 전설적인 스위트 와인 산지입니다. 나폴레옹 1세도 유배지 세인트 헬레나St Helena 섬에서 이곳의 와인을 주문했으며, 18세기 말부터 19세기 초반까지 국제적인 명성을 얻었습니다. 하지만 19세기 후반, 남아프리카의 와인 산업 전체가 정체되면서 콘스탄시아의 명성은 점차 쇠퇴해져 갔으나, 1986년 일부 포도원에서 과거의 영광을 재현하기 위해 전통 방식으로 스위트 와인을 제조하기 시작했습니다. 대표적인 포도원이 클레인 콘스탄시아Klein Constantia로, 뮈스까 품종을 사용해 뱅 드 꽁스땅스를 만들고 있으며, 예전의 명성을 되찾고 있습니다.

콘스탄시아 소지구의 연간 일조량은 1,742시간으로, 케이프 닥터의 강한 남동풍의 영향과 바다와도 근접해 있어 매우 서늘한 기후를 띠고 있습니다. 연간 강우량은 1,056mm 정도로 관개가 필요치 않습니다. 이곳은 서늘한 기후로 인해 포도가 천천히 익으며, 예나 지금이나 뮈스까 품종을 나무에 매달려 있는 상태에서 건포도 상태가 되면 수확해 스위트 와인을 만들고 있습니다.

토양은 주로 테이블 마운틴에서 유래된 사암을 기반으로 화강암, 양토Loam로 구성되어 있으며, 점토 비율은 높지만 배수가 잘 되는 편입니다.

오늘날 콘스탄시아 소지구는 뮈스까 뿐만 아니라 쏘비뇽 블랑, 쎄미용, 샤르도네, 메를로, 까베르네 쏘비뇽, 씨라 등의 프랑스계 품종도 재배하고 있습니다. 이 중에서 쏘비뇽 블랑이 전체 재배 면적의 1/3을 차지하고 있는데, 이곳의 서늘한 기후는 쏘비뇽 블랑의 향 성분 중 하나인 메톡시파라진Methoxypyrazine 화합물 생성에 도움을 주고 있어, 쏘비뇽 블랑 와인은 구스베리, 피망, 풀 향이 나는 것이 특징입니다. 특히 케이프 반도의 서쪽 끝자락에 위치한 케이프 포인트 빈야즈Cape Point vineyards, 스틴버그Steenberg 포도원은 바다에서 불과 1.2km 떨어져 있어 기후가 매우 서늘하며, 고품질의 쏘비뇽 블랑, 쎄미용 와인이 생산되고 있습니다.

현재, 콘스탄시아 소지구는 11개 포도원에서 와인을 만들고 있으며, 그 중, 가장 오래된 곳이 1685년 시몬 반 데어 스텔에 의해 설립된 그루트 콘스탄시아Groot Constantia 포도원입니다. 그루트 콘스탄시아 포도원은 초창기 750헥타르에 달하는 광대한 포도밭을 소유하고 있었습니다. 그러나 1712년에 시몬 반 데어 스텔이 사망한 후 그루트 콘스탄시아, 클레인 콘스탄시아, 베흐블리트Bergvliet 3개의 포도원으로 분할되었고, 1885년에 정부가 매입해 표본농장으로 사용하고 있습니다. 현재 생산되는 와인 중 보르도 블렌딩 스타일의 후번누에쉬 리저브Gouverneurs Reserve가 가장 유명하지만, 2003년부터 옛 영광을 재현하기 위해 그랑 꽁스땅스Grand Constance라 불리는 스위트 와인의 생산도 시작했습니다.

더반빌 소지구(Durbanville Ward)

케이프 타운 시의 북쪽 언덕에 위치한 더반빌 소지구는 인근의 대서양에서 부는 차가운 바닷바람의 영향을 받아 서늘한 기후를 띠고 있습니다. 연간 일조량은 1,728시간이고 연간 강우량은 481mm 정도입니다. 포도밭은 주로 동쪽 경사지의 100~300미터 표고에 자리잡고 있는데, 토양은 경사암Greywacke과 이판암에서 유래된 적갈색 토양이 주를 이루고 있어 배수가 잘 됩니다. 또한 이곳은 웨스턴 케이프 주의 풍화된 토양과 달리 산성 토양이 아니며, 토양이 깊어 보수성도 뛰어나 드라이 파밍이 가능합니다.

더반빌 소지구는 쏘비뇽 블랑, 샤르도네, 메를로, 피노타지, 까베르네 쏘비뇽 품종을 재배하고 있으며, 특히 쏘비뇽 블랑 와인으로 명성을 쌓고 있습니다.

케이프 타운 지구에는 콘스탄시아, 더반빌 외에 호우트 베이Hout Bay, 필라델피아Philadelphia

소지구가 존재합니다. 케이프 반도의 서쪽, 대서양과 인접한 호우트 베이는 서부 해안의 거센 바람이 부는 곳으로, 스파클링 와인이 유명합니다. 또 다른 소지구인 필라델리아는 케이프 타운 지구의 북쪽에 위치하고 있으며, 현재까지 다른 소지구에 비해 존재감은 없습니다.

콘스탄시아는 전설적인 스위트 와인 산지로, 나폴레옹 1세도 유배지인 세인트 헬레나 섬에서 이곳의 와인을 주문했으며, 18세기 말부터 19세기 초반까지 국제적인 명성을 얻었습니다. 19세기 후반, 남아공의 와인 산업 전체가 정체되면서 콘스탄시아의 명성은 점차 쇠퇴했으나 1986년, 일부 포도원에서 과거의 영광을 재현하기 위해 전통 방식으로 스위트 와인을 만들기 시작했습니다. 대표적인 포도원이 클레인 콘스탄시아로, 뮈스까 품종으로 뱅 드 꽁스땅스를 생산하고 있으며, 조금씩 예전의 명성을 되찾고 있습니다.

- 스와트랜드 지구(Swartland)

네덜란드어로 '검은 땅'을 의미하는 스와트랜드 지구는 케이프 타운 시에서 북쪽으로 65km 떨어진 곳에 위치한 와인 산지입니다. 과거 곡물 생산 지역으로 잘 알려진 이곳은 과거 협동조합에 포도를 공급하는 역할을 하고 있었지만, 최근 들어서는 젊은 생산자들에 의해 고품질 와인 산지로 전환하고 있습니다.

스와트랜드 지구는 전형적인 지중해성 기후로 덥고 건조합니다. 여름철 평균 기온은 높으나 서쪽의 대서양에서 불어오는 바람이 열기를 식혀주고 있습니다. 연간 강우량은 300~500mm 정도로 건조한 환경이지만, 토양이 깊고 보수성이 좋아 관개를 하지 않고 재배하는 드라이 파밍 방식이 사용되고 있습니다. 이곳은 전통적으로 프랑스 론 지방과 같이 덥고 건조한 환경에서 잘 활용되는 고블레Goblet 또는 부시 바인Bush Vines 수형으로 포도 나무를 관리했었지만, 근래에는 품질 향상을 위해 다른 방식의 수형 관리도 늘고 있습니다. 토양은 혈암과 화강암이 주를 이루고 있으며, 특히 맘스베리 소지구의 북쪽은 풍회된 화강암의 적갈색 토양으로 배수가 잘 됩니다.

1960년대, 스와트랜드 지구는 화이트 와인의 인기가 높아지자 슈냉 블랑, 쏘비뇽 블랑 등의 청포도 품종을 주로 재배했습니다. 그러나 최근에는 까베르네 쏘비뇽, 피노타지, 씨라 등의 적포도 품종의 재배가 증가하고 있는 추세입니다. 이곳에서 생산되는 레드 와인은 무게감이 묵직한 것이 특징이며, 전통적인 주정 강화 와인도 품질이 훌륭합니다.

현재 스와트랜드 지구는 맘스베리Malmesbury, 리벡베르흐Riebeekberg, 리벡스 리버Riebeeks Rrvier, 세인트 헬레나 베이St Helena Bay 4개의 소지구가 존재하며, 우수한 생산자로는 바덴호스트 패밀리 와인즈Badenhorst Family Wines, 데이비트 엔 나디아 와인즈David & Nadia Wines, 펄핏 락 와이즈Pulpit Rock Wines 등이 있습니다.

코스탈 지방(Coastal Region)의 기타 산지

웨스턴 케이프 주의 코스탈 지방에는 이 외에도 툴바흐Tulbagh, 웰링턴Wellington, 달링Darling, 프란슈후크 밸리Franschhoek Valley 지구가 존재합니다. 스와트랜드와 파를 지구 사이에 위치한 툴바흐 지구는 세 개의 산이 둘러싸고 있는 분지로, 야간에 내려오는 차가운 공기로 인해 일교차가 큰 것이 특징입니다. 기후는 산의 표고와 지형, 경사지의 각도에 따라 다양하지만 전반적으로 서늘한 편이며, 토양 역시 다채롭게 구성되어 있습니다.

가장 많이 재배되고 있는 청포도 품종은 슈냉 블랑으로 꼴롱바르와 샤르도네가 그 뒤를 잇고 있습니다. 주요 적포도 품종은 씨라, 까베르네 쏘비뇽, 피노타지, 메를로이고, 특히 씨라와 피노타지 와인의 품질이 훌륭합니다. 또한 메토드 캡 끌라시크로 만든 스파클링 와인의 명성도 점점 높아지고 있습니다.

파를 지구 북쪽에 위치한 웰링턴 지구는 최근에 급성장하고 있는 와인 산지입니다. 해안보다 일교차가 훨씬 큰 지역으로 포도밭은 하웨쿠아Hawequa 산맥의 산기슭과 스와트랜드 지구의 완만한 구릉지까지 뻗어있습니다. 토양은 주로 화강암과 사암으로 구성되어 있지만, 버그 강Berg River 주변에는 충적토도 볼 수 있습니다.

청포도 품종은 슈냉 블랑을 가장 많이 재배하고 있고, 적포도 품종은 까베르네 쏘비뇽, 씨라, 피노타지 순으로 재배하고 있습니다. 특히 씨라 와인이 품질적으로 인정을 받고 있습니다. 또한 웰링턴 지구는 남아프리카공화국의 포도 나무 묘목의 85%를 공급하고 공급지로도 유명하며, 현재 30개의 포도 나무 묘목장이 있습니다.

쏘비뇽 블랑으로 유명한 달링 지구는 차가운 대서양에서 약 10km떨어진 곳에 위치한 서늘한 산지입니다. 지리적으로는 스와트랜드 지구의 일부에 속하지만, 기후적으로 매우 큰 차이를 보이고 있으며, 쏘비뇽 블랑, 까베르네 쏘비뇽, 메를로, 씨라와 소량의 삐노 누아를 재배하고 있습니다. 이중에서 쏘비뇽 블랑 와인이 높은 평가를 받고 있습니다.

프란슈후크 밸리 지구는 파를 지구 남동쪽에 위치한 와인 산지로 일찍부터 프랑스 위그노 신자들이 이주한 곳이기도 합니다. 삼면이 산으로 둘러싸여 있으며, 기후와 토양 조건도 상당히 다양합니다. 청포도 품종은 쏘비뇽 블랑, 샤르도네, 쎄미용을 주로 재배하고 있는데, 쎄미용의 수령이 100년이 넘는 것도 있습니다.

적포도 품종은 까베르네 쏘비뇽, 메를로, 씨라를 주로 재배하고 있습니다. 프란슈후크 밸리 지구는 특히 까베르네 쏘비뇽, 샤르도네, 쎄미용 와인의 품질이 뛰어납니다. 또한 이곳은 남아 프리카공화국 최고의 스파클링 와인 산지 중 하나로 평가 받고 있으며, 스파클링 와인은 메토드 캡 끌라시크 방식으로 생산하고 있습니다.

TIP!

플레이버 케미스토리(와인 풍미의 화학 성분)의 악용

와인 속의 향 성분이 특정되어 감에 따라, 인위적으로 유출 또는 합성된 물질을 와인에 첨가하는 도핑이 현실적으로 양조가 앞에 나타났습니다. 현재 도핑 기술은 대다수 국가에서 위법행위로 간주하고 있는데, 스캔들로서 표면화된 것으로는 남아프리카산 쏘비뇽 블랑의 사례가 있습니다. 2004년, 남아프리카공화국의 최대 협동조합인 KWV에 근무하는 두 명의 양조가가 풀 향이 나는 메톡시파라진 성분을 쏘비뇽 블랑 와인에 첨가한 것입니다. 결국 이들은 도핑 기술을 사용한 위법 행위에 대해 유죄 판결을 받게 되었고, 포도원에서 해고되었습니다.

BREEDE RIVER VALLEY

- Breedekloof
- Worcester
- Robertson

KLEIN KEROO

- Calitzdorp

브리드 리버 밸리 지방은 브리드클루프, 로버트슨, 우스터 3 개의 지구가 존재하며, 각각의 지구에는 다수의 소지구가 존재합니다. 특히, 브리드 리버 밸리 지방에서 주목할 만한 곳은 로버트슨 지구로 완성도 높은 샤르도네, 쏘비뇽 블랑, 씨라 와인을 생산하고 있습니다.

클레인 카루 지방에는 다수의 지구가 존재하는데, 그 중에서 칼리츠도르프는 남아공 최고의 주정 강화 와인 산지로 손꼽히고 있습니다. 칼리츠도르프에서는 전통적으로 띤따 바로카와 또리가 나시오나우, 그리고 소량의 소자웅 등의 포르투갈 품종을 사용해 주정 강화 와인을 만들고 있습니다.

브리드 리버 밸리 지방(Breede River Vallley)

남아프리카공화국 전체 생산량의 1/4이상을 차지하고 있는 브리드 리버 밸리 지방은 드라켄스테인Drakenstein 산맥의 동쪽에 위치한 산지입니다. 인근에 위치한 대서양의 영향으로 온화한 기후를 띠고 있지만, 그래도 덥고 건조해서 관개가 필요합니다. 이곳은 브리드 강에서 쉽게 관개 용수를 확보할 수 있어서 수확량이 높은 품종으로 대부분 브랜디를 만들고 있으며, 저렴한 가격대의 벌크 와인도 대량으로 생산하고 있습니다.

브리드 리버 밸리 지방은 브리드클루프Breedekloof, 로버트슨Robertson, 우스터Worcester 3개의 지구가 존재하며, 각각의 지구에는 다수의 소지구가 존재합니다. 이 지방에서 주목할 만한 곳은 로버트슨 지구로 완성도 높은 샤르도네, 쏘비뇽 블랑, 씨라 와인을 생산하고 있습니다.

- 로버트슨 지구(Robertson)

남아프리카공화국에서 세 번째로 재배 면적이 큰 로버트슨 지구는 우스터 지구의 동쪽에 위치하고 있습니다. 기후는 우스터 지구와 비슷하지만 계곡으로 유입되는 남동풍의 영향을 받아 일교차가 크고 약간 더 서늘한 것이 특징입니다. 연간 강우량은 280~400mm정도로 건조하며, 여름은 뜨겁지만 남동풍이 인도양의 습기를 머금은 서늘한 바닷바람을 계곡 쪽으로 옮겨주고 있습니다.

토양은 크게 브리드 강 주변의 충적 토양, 혈암, 그리고 석회암 3가지 유형으로 나뉩니다. 특히 이곳은 석회암이 풍부해 전통적으로 화이트 와인 산지로 잘 알려져 있습니다. 청포도 품종은 꼴롱바르를 가장 많이 재배하고 있으며, 샤르도네, 슈냉 블랑, 쏘비뇽 블랑이 그 뒤를 잇고 있습니다. 적포도 품종은 까베르네 쏘비뇽, 씨라, 피노타지를 재배하고 있습니다.

로버트슨 지구는 훌륭한 협동조합 와인을 비롯해 소수의 포도원에서 우수한 품질의 와인도 생산되고 있습니다. 특히 석회암 토양에서 만든 샤르도네 와인은 풍부한 향과 무게감이 묵직한 것이 특징이고, 최근에는 놀라울 정도의 허브 향을 지닌 쏘비뇽 블랑 와인의 평가도 점점 좋아지고 있습니다. 또한 레드 와인 역시 명성이 높아지고 있는데, 씨라, 까베르네 쏘비뇽이 대표적입니다.

현재 로버트슨 지구는 9개의 소지구가 존재하며, 와인은 토양에 따라 다양성을 반영하고 있습니다.

- 우스터 지구(Worcester): 19,560헥타르
브리드 리버 밸리 지방 서쪽에 위치한 우스터 지구는 국가 전체 생산량의 12.9%를 차지하고 있는 산지입니다. 온난하고 건조한 지중해성 기후로 관개가 필수이며, 브리드 강물을 용수로 사용하고 있습니다. 토양은 충적토, 양토, 모래 양토로 구성되어 있으며, 전반적으로 비옥한 편입니다.

청포도 품종은 슈냉 블랑, 꼴롱바르를 가장 많이 재배하고 있고, 대부분 브랜디 생산에 사용되고 있습니다. 적포도 품종은 씨라가 지배적이며 까베르네 쏘비뇽, 피노타지가 그 뒤를 잇고 있습니다. 우스터 지구는 가장 중요한 브랜디 생산지이지만, 가성비 좋은 화이트, 레드 와인도 대량으로 생산되고 있습니다. 과거 국가 전체 재배 면적의 7.2%를 차지하고 있었는데, 최근에는 포도밭이 점점 더 확장되고 있는 추세입니다.

우스터 지구는 헥스 리버 밸리Hex River Valley, 누이Nuy, 스케르펜후블Scherpenheuvel, 스테틴Stettyn 4개의 소지구가 존재합니다.

클레인 카루 지방(Klein Karoo)

동부 내륙의 광대하고 건조한 관목 지대인 클라인 카루 지방은 동서방향으로 길게 뻗어 있는 산지입니다. 지방 자체 면적은 방대하지만 와인은 국가 전체 생산량의 1.8% 정도 밖에 되지 않는 작은 산지입니다. 이 지방은 양과 타조 양식으로 더 잘 알려져 있으며, 타조 고기와 타조 깃털이 특산품이기도 합니다.

클라인 카루 지방은 반 사막 기후입니다. 연간 일조량은 2,154시간으로 여름 기온이 매우 높고, 연간 강우량은 200mm 정도로 매우 건조해 관개가 필수입니다. 이곳에서는 포트 와인과 같은 주정 강화 와인을 주로 생산하고 있으며, 뮈스까 품종으로 스위트 와인도 만들고 있습니다. 또한 최근에는 와인의 다양성을 위해 쏘비뇽 블랑과 삐노 누아 품종도 재배하고 있습니다.

클레인 카루 지방에는 다수의 지구가 존재하는데, 그 중 칼리츠도르프Calitzdorp 지구는 남아프리카공화국 최고의 주정 강화 와인 산지로 손 꼽히고 있습니다. 칼리츠도르프 지구에서는 전통적으로 띤따 바로카Tinta Barocca, 또리가 나시오나우Touriga Nacional 그리고 소량의 소자웅Sousão과 같은 포르투갈 품종을 사용해 주정 강화 와인을 만들고 있습니다. 그러나 최근 들어 이러한 품종으로 드라이 레드 와인을 만들어 관심을 끌고 있으며, 메를로, 씨라 품종으로 만든 캐주얼한 스타일도 늘고 있습니다.

OLIFANTS RIVER

- Lutzville Valley
- Citrusdal Valley

CAPE SOUTH COAST

- Elgin
- Walker Bay
- Cape Agulhas

올리판츠 리버 지방은 루츠빌 밸리와 시트루스달 밸리 2개 지구에서 대부분의 와인을 생산하고 있습니다. 루츠빌 밸리 지구에 있는 밤부스 베이 소지구는 대서양과 바로 붙어있어 위도에 비해 훨씬 섬세한 스타일의 쏘비뇽 블랑 와인을 만들고 있습니다. 시트루스달 밸리 지구에는 램버츠 베이, 세더버그 2개가 새롭게 소지구로 인정을 받았습니다. 특히 올리판츠 리버 지방의 경계에 위치한 세더버그 소지구는 남아공의 포도밭 중 표고가 가장 높고 기후가 서늘해 우수한 와인이 생산되고 있습니다.

남아공에서도 다른 신세계 산지와 마찬가지로 더 서늘한 기후를 가진 곳을 찾기 위한 움직임이 일고 있습니다. 대표적인 지역이 케이프 사우스 코스트 지방으로 아직 국가 전체 생산량의 0.7% 정도로 아주 작은 산지이지만, 큰 잠재성을 지니고 있습니다. 특히 엘진, 워커 베이 2개 지구를 중심으로 우수한 와인이 생산되고 있습니다.

올리판츠 리버 지방(Olifants River)

웨스턴 케이프 주의 최북단에 위치한 올리판츠 리버 지방은 올리판츠 강의 넓은 계곡을 따라 북쪽의 루츠빌 밸리Lutzville Valley에서 남쪽의 시트루스달 밸리Citrusdal Valley까지 145km 사이에 산지가 자리잡고 있습니다. 남아프리카공화국의 슈냉 블랑, 꼴롱바르 품종의 대부분이 이곳에서 재배되고 있으며, 남아프리카공화국을 세계 최고의 저렴한 화이트 와인 공급처로 만든 곳이기도 합니다.

램버츠 베이Lambert's Bay, 밤부스 베이Bamboes Bay와 같이 해안에 인접한 서늘한 지역은 슈냉 블랑, 쏘비뇽 블랑 등의 청포도 품종에 적합하며, 내륙과 산의 높은 표고에 위치한 지역은 까베르네 쏘비뇽, 피노타지, 씨라 등의 적포도 품종에 적합한 떼루아를 지니고 있습니다.

올리판츠 리버 지방의 북쪽은 비교적 평야 지대이지만 중앙 지역과 남쪽은 산이 많은 것이 특징입니다. 강우량도 상당한 차이를 보이고 있습니다. 북쪽은 인근의 나마콸란드Namaqualand 사막의 영향을 받아 강우량이 매우 적습니다. 연간 강우량은 165mm로 관개는 필수이며, 올리판츠 강물을 용수로 사용하고 있습니다. 반면 남쪽의 시트루스달 밸리는 북쪽보다 3배 정도 강우량이 많지만 이곳 또한 관개가 필요한 지역입니다.

토양 역시 북쪽과 남쪽에 차이가 있습니다 북쪽의 올리판츠 강 평야 지대는 양토의 충적 토양인 반면, 남쪽은 테이블 마운틴에서 유래된 사암과 혈암으로 구성되어 있습니다. 이 지방은 국가 전체 생산량의 14.2%를 차지하고 있는데, 일반적으로 대량 생산되는 저가 와인의 산지로 잘 알려져 있습니다. 하지만, 일부 포도원의 경우 떼루아의 혜택을 볼 수 있는 산과 해안을 따라 고품질 와인을 생산하고 있습니다.

올리판츠 리버 지방은 루츠빌 밸리와 시트루스달 밸리 2개의 지구에서 대다수 와인을 생산하고 있습니다. 루츠빌 밸리 지구에 있는 밤부스 베이 소지구는 대서양과 바로 붙어있어 위도에 비해 훨씬 섬세한 쏘비뇽 블랑 와인을 만들고 있습니다.

시트루스달 밸리 지구에는 램버츠 베이, 세더버그Cederberg 2개가 새롭게 소지구로 인정을 받았습니다. 특히 올리판츠 리버 지방의 경계에 위치한 세더버그 소지구는 남아프리카공화국의 포도밭 중 표고가 가장 높고 기후가 서늘해 우수한 와인이 생산되고 있습니다.

케이프 사우스 코스트 지방(Cape South Coast)

남아프리카공화국에서도 다른 신세계 와인 산지와 마찬가지로 좀 더 서늘한 기후를 가진 곳을 찾기 위한 움직임이 일고 있습니다. 대표적인 지역이 케이프 사우스 코스트 지방으로 아직 국가 전체 생산량의 0.7% 정도로 아주 작은 산지이지만, 큰 잠재성을 지니고 있습니다. 엘진Elgin, 워커 베이Walker Bay 2개의 지구를 중심으로 우수한 와인이 생산되고 있습니다.

- 엘진 지구(Elgin)

사과 재배 지역으로 유명한 엘진 지구는 케이프 타운 시에서 남동쪽으로 약 70km 떨어진 곳에 위치하며, 바다와도 인접해 있는 산지입니다. 1980년대부터 여러 포도 품종들의 재배를 시도했으나, 1990년대까지 설립된 포도원은 폴 크루버Paul Cluver만이 유일했습니다. 또한 2001년부터 본격적으로 포도원이 설립되기 시작했지만, 여전히 엘진 지구는 와인보다는 사과가 대표 특산품이며, 남아프리카공화국 사과 수출의 60%를 담당하고 있습니다.

엘진 지구는 200~400미터 표고의 내륙 고원에 포도밭이 자리잡고 있어 고지대의 서늘한 기후를 띠고 있습니다. 연간 일조량은 1,502시간이고, 여름철, 2월 평균 기온은 19.7도 정도로 따뜻하지만 남동쪽의 대서양 바닷바람이 유입되어 야간의 기온을 낮춰줍니다. 연간 강우량은 1,011mm 정도로 많은 편이지만 주로 겨울에 집중되기 때문에 고품질 화이트 와인과 레드 와인 생산에 이상적인 떼루아를 가지고 있습니다.

엘진 지구의 주요 품종은 샤르도네, 쏘비뇽 블랑, 리슬링, 삐노 누아, 메를로, 씨라이며, 포도가 천천히 익기 때문에 방향성이 풍부하고 복합적인 풍미를 지닌 우아한 와인이 생산되고 있습니다. 엘진 지구의 우수한 생산자로는 선구자인 폴 크루버Paul Cluver, 리차드 커쇼Richard Kershaw, 캐서린 마셜Catherine Marshall 등이 있습니다.

- 워커 베이 지구(Walker Bay)

워커 베이 지구는 웨스턴 케이프 주의 남쪽 해안 산지로, 케이프 타운 시에서 남동쪽으로 95km 떨어진 곳에 위치해 있습니다. 세 개의 강과 해안선으로 구성된 워커 베이 지구는 보트 리버Bot River, 헤르마누스Hermanus, 스탠포드Stanford의 세 개 마을에 주요 산지가 자리잡고 있습니다.

대서양과 인접한 워커 베이 지구는 서늘한 해양성 기후로 바다의 영향을 많이 받습니다. 연간 일조량은 1,660시간 정도이고 남극에서 대서양 해안을 따라 흐르는 차가운 벵겔라 해류가 여름 기온을 낮춰주고 있습니다. 이러한 자연 환경은 포도가 천천히 익는 효과를 가져다 줘, 포도의 자연적인 산도를 유지하면서 농축된 풍미를 얻는 것이 가능합니다.

토양은 혈암, 화강암, 그리고 테이블 마운틴에서 유래된 사암으로 구성되어 있으며, 헤멜-엔-아르데 밸리 소지구는 점토 함유량이 높습니다. 전반적으로 토양은 배수가 잘 되고 보수성이 좋아 고품질 와인 생산에 적합한데, 이곳에서 생산되는 부르고뉴 스타일의 삐노 누아, 샤르도네 와인과 더불어 쏘비뇽 블랑 와인이 높은 평가를 받고 있습니다.

워커 베이 지구는 보트 리버Bot River, 헤멜-엔-아르데 릿지Hemel-en-Aarde Ridge, 헤멜-엔-아르데 밸리Hemel-en-Aarde Valley, 스탠포드 풋힐즈Stanford Foothills, 선데이스 글렌Sunday's Glen, 어퍼 헤멜-엔-아르데 밸리Upper Hemel-en-Aarde Valley 6개의 소지구가 존재하며, 특히 해안에서 동서방향에 뻗어 있는 헤멜-엔-아르데 밸리 소지구가 가장 주목할 만한 산지입니다.

워커 베이 지구는 보트 리버, 헤멜-엔-아르데 릿지, 헤멜-엔-아르데 밸리, 스탠포드 풋힐즈, 선데이스 글렌, 어퍼 헤멜-엔-아르데 밸리 6개의 소지구가 존재하며, 특히 해안 동서방향에 뻗어 있는 헤멜-엔-아르데 밸리 소지구가 가장 주목할 만한 산지입니다.

- Bot River
- Hemel-en-Aarde Ridge
- Upper Hemel-en-Aarde Valley
- Hemel-en-Aarde Valley
- Stanford Foothills
- Sunday's Glen

헤멜-엔-아르데 밸리 소지구(Hemel-en-Aarde Valley)

헤르마누스 마을의 해변을 둘러싸고 있는 헤멜-엔-아르데 밸리는 워커 베이 지구에서 가장 높은 평가를 받고 있는 소지구입니다. 헤멜-엔-아르데 밸리, 어퍼 헤멜-엔-아르데 밸리, 헤멜-엔-아르데 릿지 세 개의 소지구를 포함하고 있으며, 이중에서 헤멜-엔-아르데 밸리가 가장 먼저 소지구로 인정을 받았습니다. 또한, 계곡을 따라 올라가면 상류 쪽에 두 번째 소지구인 어퍼 헤멜-엔-아르데 밸리가 위치하는데, 세 개 소지구 중 가장 큰 산지입니다. 마지막 소지구인 헤멜-엔-아르데 릿지는 내륙 쪽에 위치하며 바다와 가장 멀리 떨어져 있습니다. 또한 세 개 소지구 중 표고가 가장 높은 것이 특징입니다. 내륙 쪽으로 갈수록 대륙성 기후가 뚜렷하게 나타나고 표고가 높기 때문에 헤멜-엔-아르데 릿지가 다른 두 개의 소지구에 비해 포도가 가장 늦게 익는 편입니다.

연간 강우량은 722mm이지만, 내륙 쪽의 배수가 잘 되는 일부 포도밭에서는 관개가 필요합니다. 토양은 주로 혈암과 사암, 화강암으로 구성되어 있으며, 몇몇 곳에서는 점토질 토양도 볼수 있습니다. 특히 헤멜-엔-아르데 밸리와 헤멜-엔-아르데 릿지 소지구는 점토 함량이 대단히 높은 편이며, 25~55%까지 다양합니다. 이곳은 부르고뉴 지방의 꼬뜨 도르Côte d'Or 지구와 점토 함량이 비슷하지만, 토양 깊이가 얕고 훨씬 더 단단한 것이 특징입니다.

헤멜-엔-아르데 밸리 소지구는 서늘한 기후에 적합한 샤르도네, 슈냉 블랑, 쏘비뇽 블랑, 메를로, 삐노 누아, 씨라 품종을 재배하며, 남아프리카공화국의 최고의 샤르도네, 삐노 누아 와인을 생산하고 있습니다. 헤멜-엔-아르데 밸리 소지구의 우수한 생산자는 부샤르 핀레이슨 Bouchard Finlayson, 해밀턴 러셀Hamilton Russell 등이 있는데, 이들은 스텔렌보쉬 지구의 최고 생산자와 견줄만한 우수한 품질의 와인을 생산하고 있습니다. 참고로 헤르마누스 마을은 세계 최고의 고래 견학지로, 6월~11월이 되면 수많은 관광객들이 고래를 보기 위해 찾는 걸로도 매우 유명합니다.

- 케이프 아굴라스 지구(Cape Agulhas)

아프리카 최남단, 워커 베이 지구의 남동쪽에 위치한 케이프 아굴라스 지구는 한때 곡물과 가축 농장이 주를 이뤘습니다. 하지만 좀 더 서늘한 산지를 찾고자 하는 생산자들에 의해 1996년 엘림Elim 주변 지역에 처음으로 포도 나무를 심기 시작했습니다.

현재 아굴라스 지구에는 엘림 소지구 하나만 존재합니다. 이곳의 서늘한 기후와 미네랄이 풍부한 토양에서 쏘비뇽 블랑, 쎄미용, 씨라 품종을 재배하고 있으며, 특히 쏘비뇽 블랑 와인이 유명합니다. 풋풋한 사과, 잔디 등의 향과 미네랄 풍미를 지닌 우아한 스타일의 쏘비뇽 블랑은 엘림 소지구의 시그니처이기도 합니다. 또한 복합적인 향과 향신료 풍미를 지닌 여성스러운 씨라 와인 역시 떠오르고 있습니다.

South Africa

12일차   세계 와인 산업의 동향

PRECISION
VITICULTURE

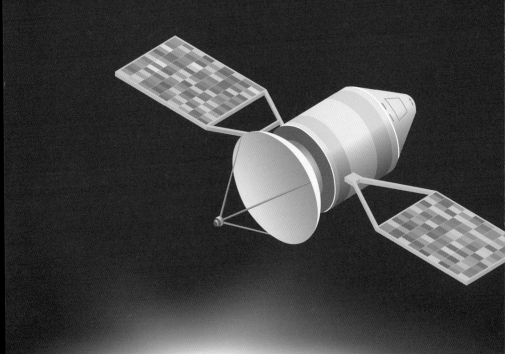

01

사전적으로 '정밀한 포도 재배'를 의미하는 프레시전 비티컬쳐는 컴퓨터 기술을 통해 포도밭의 상황을 세밀하게 파악하여 떼루아를 구성하는 아주 미세한 부분까지 대응할 수 있는 재배 관리 기술의 총칭입니다. 프레시전 비티컬쳐 기술을 이용해 각 지역마다 서로 다른 미세 기후 및 토양과 지형, 포도 나무의 건강 상태 등 수확량과 품질에 영향을 미치는 요인을 측정해 포도 나무의 수형 관리, 가지치기, 비료의 적용, 관개, 수확 시기 등을 적용하게 됩니다. 그 결과 아주 넓은 구획의 포도밭도 부르고뉴 지방의 포도밭 수준이나 또는 그 이상의 수준까지 정교하게 관리할 수 있으며, 환경 영향과 위험을 최소화하면서 수확량과 품질을 극대화할 수 있습니다. 현재 미국의 캘리포니아 주와 호주에서 각각 선행 실험을 한 후, 세계적으로 적용되어 확대되고 있으며, 향후 품질에 있어서 엄청난 향상을 가져올 것이라고 기대하고 있습니다.

프레시전 비티컬쳐의 핵심은 하나의 포도밭에 있는 조건의 차이를 정확히 파악해 세부적인 지도로 만드는 것입니다. 이러한 지도 제작을 위해 사용되고 있는 기술이 NDVI^Normalized Difference Vegetation Index, 식생 지표 데이터입니다. 캘리포니아에서 개발된 NDVI는 원격탐사를 통해 나무가 자라나는 기세나 상태, 즉 수세를 파악한 데이터로, 비행기나 인공위성을 이용하여 상공으로부터 포도밭의 지표를 탐사하고, 포도밭에서 방출되는 특정 파장을 흡수해 어떤 장소에서 어느 정도의 초목이 무성하게 우거져 있는지를 지도로 파악하는 것입니다. 토양의 차이나 나무의 나이 등 여러 가지 요인에 의해서 수세는 차이가 나지만, 일반적으로 수세가 강한 장소일수록 과일이 익는 데까지 많은 시간이 걸리고 과일의 품질도 낮아지게 됩니다.

이 기술이 개발되기 전까지만 해도 하나의 포도밭에서는 수확이나 각종 재배 관리를 같은 시기에 동일한 방식으로 행하는 것이 일반적이었습니다. 하지만 NDVI 기술이 개발되면서 하나의 포도밭을 과학적인 데이터에 의해 세분화하여 보다 정밀한 접근이 가능해졌습니다.

일반적으로 수세가 강해 과일이 늦게 익는 지역은 수확 시기도 다른 지역보다 늦어지게 되고, 그 결과 과일의 품질 역시 떨어져 저가 와인의 재료로 주로 사용되게 됩니다. 하지만 수세가 강한 지역에서도 비료의 양 조절, 관개 방식, 토양의 개선 및 피복 작물의 재배 등 관리를 통해 강력하게 수세를 조절할 경우, 작업 효율과 품질이 동시에 향상될 수 있습니다. 또한 수세가 강한 지역은 위성 항법 장치인 GPSGlobal Positioning System와 지리 정보 시스템인 GISGeographic Information System 기술을 통해 정교하게 관리할 수도 있습니다. GPS가 탑재된 트랙터에 GIS을 이용해 지도화 된 포도밭의 정보를 등록하면 수세가 약한 지역만 피복 작물을 제초하고 강한 지역은 제초하지 않고 남겨두는 복잡한 작업도 컴퓨터 제어에 의해 자동으로 이루어집니다.

호주에서는 NDVI 데이터와 다른 방법으로 포도밭의 자세한 지도를 얻기도 합니다. 수확 기계에 수확량을 측정할 수 있는 모니터를 설치해 포도밭에 따라 수확량을 산출하여 지도화하는 방법입니다. 수확량은 수세와 비례하기 때문에 수확량 모니터로 만들어지는 지도는 NDVI 데이터 지도와 거의 일치하는 수준입니다.

또한 호주와 미국에서는 EM38 기술도 사용하고 있습니다. 이 기술은 토양의 전기 전도를 측정하는 센서를 사용해 토양 입자 중 특히 점토의 함량과 토양의 염도 및 수분 정도 등 토양 조직의 차이를 그래프화하여 포도밭의 서로 다른 토양 구역을 식별해줍니다.

TIP!

피복작물(Cover Crop)

피복작물이란 포도밭에 의도적으로 심는 식물의 총칭으로 겨자, 호밀, 클로버 등 다양한 종류가 있습니다. 토양 속 유기물 증가, 토양의 유출 방지, 잡초의 번식 억제, 포도 나무의 수세 제어 등을 목적으로 폭넓은 범위에서 효용성이 입증되었습니다. 수세가 강한 지역에서는 피복작물을 통해 토양의 수분과 영양분의 흡수를 두고 포도 나무와 경쟁을 벌이게 함으로써, 인위적으로 수세를 억제해 과일의 품질을 향상시켜 주고 있습니다.

프레시전 비티컬쳐

정밀한 포도 재배를 의미하는 프레시전 비티컬쳐는 컴퓨터 기술을 통해 포도밭의 상황을 세밀하게 파악하여, 떼루아를 구성하는 아주 미세한 부분까지 대응할 수 있는 재배 관리 기술의 총칭입니다. 프레시전 비티컬쳐 기술을 이용해 각 지역마다 서로 다른 미세 기후 및 토양과 지형, 포도 나무의 건강 상태 등 수확량과 품질에 영향을 미치는 요인을 측정해 포도 나무의 수형 관리, 가지치기, 비료의 적용, 관개, 수확 시기 등을 적용하게 됩니다. 그 결과, 아주 넓은 구획의 포도밭도 부르고뉴 지방의 포도밭 수준이나 그 이상 수준까지 정교하게 관리할 수 있으며, 환경 영향과 위험을 최소화하면서 수확량과 품질을 극대화할 수 있습니다. 현재 미국의 캘리포니아 주와 호주에서 각각 선행 실험을 한 후, 세계적으로 적용되어 확대되고 있으며, 향후 품질에 있어서 엄청난 향상을 가져올 것이라고 기대하고 있습니다.

프레시전 비티컬쳐의 핵심은 하나의 포도밭에 있는 조건의 차이를 정확히 파악해 세부적인 지도로 만드는 것입니다. 이러한 지도 제작을 위해 사용되고 있는 기술이 NDVI, 식생 지표 데이터입니다. 캘리포니아에서 개발된 NDVI 기술은 원격 탐사를 통해 나무의 수세를 파악한 데이터로, 비행기, 드론, 인공위성을 이용해 상공에서 포도밭의 지표를 탐사하고 포도밭에서 방출되는 특정 파장을 흡수해 어떤 장소에서 어느 정도의 초목이 무성하게 우거져 있는지를 지도로 파악하는 것입니다. 토양의 차이나 나무의 나이 등 여러 가지 요인에 의해서 수세는 차이가 나지만, 일반적으로 수세가 강한 장소일수록 과일이 익는 데까지 많은 시간이 걸리고 과일의 품질도 낮아지게 됩니다.

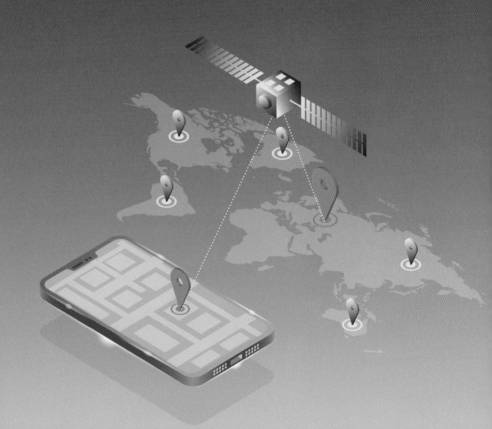

NDVI
식생 지표 데이터

일반적으로 수세가 강해 과일이 늦게 익는 지역은 수확 시기도 타 지역보다 늦어지게 되고 그 결과, 과일 품질 역시 떨어져 주로 저가 와인의 재료로 사용되게 됩니다. 하지만 수세가 강한 지역에서도 비료 양의 조절 및 관개 방식, 토양의 개선 및 피복 작물 재배 등의 관리를 통해 강력하게 수세를 조절할 경우, 작업 효율과 품질이 동시에 향상될 수 있습니다.
또한 수세가 강한 지역은 GPS와 GIS 기술을 통해 정교하게 관리할 수도 있습니다. GPS가 탑재된 트랙터에 GIS를 이용하여 지도화된 포도밭의 정보를 등록하면 수세가 약한 지역만 피복 작물을 제초하고, 수세가 강한 지역은 제초하지 않고 남겨두는 복잡한 작업도 컴퓨터 제어에 의해 자동으로 이루어집니다.

아르헨티나 트라피체 포도원의 NDVI

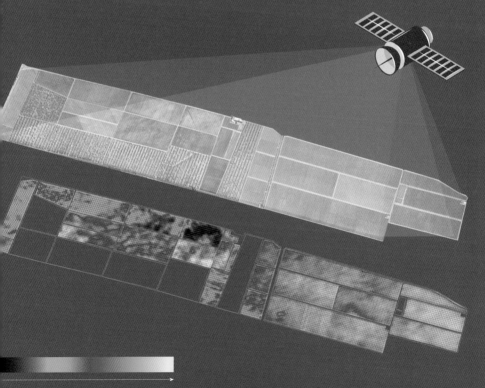

수세 약한 수세

02

캐노피 매니지먼트

- 캐노피 매니지먼트의 정교함과 치밀함

캐노피Canopy란 잎, 꽃, 과일, 줄기 등을 포함해 지상에 나온 나무의 모든 부분을 의미하는 재배 용어로, 이것을 관리하는 재배 기술을 캐노피 매니지먼트Canopy Management라고 합니다. 이 기술은 포도 나무의 줄기나 잎의 전개를 연구하는 과정을 통해서 보다 많은 수확량이나 품질 향상을 이끌어내는 것이 목적입니다.

캐노피 매니지먼트에는 포도 잎의 제거와 그린 하베스트Green Harvest 작업과 같이 매년 반복적으로 행하는 것과 재배 방법의 변경이나 식재 밀도 등 그 영향이 몇 년에 걸쳐 나타나는 것이 있습니다. 또한, 신세계 산지에서 널리 사용되는 관개 작업 또한 수세에 영향을 미치므로 캐노피 매니지먼트 작업의 일부라 할 수 있습니다.

- 새로운 수형 관리(Training System) 방법의 개발

나무가 자라나는 모양을 인위적으로 관리하는 기술을 수형 관리라고 합니다. 1960년대 이후부터, 신세계 산지를 중심으로 높은 수확량을 유지하면서 고품질 포도 열매를 생산하기 위해 새로운 수형 관리 방법이 개발되었습니다. 새롭게 개발된 수형 관리의 핵심은 나뭇잎의 표면적을 늘리면서도 나뭇잎이 서로 겹쳐져서 그늘에 의해 광합성 활동이 떨어지는 것을 막아주는 것입니다. 나뭇잎의 표면적을 늘리게 되면 광합성 활동이 활발해져 포도의 성숙도가 높아지기는 하지만, 가지의 수와 열매의 수량도 함께 늘어나기 때문에 수확량 증가로 인한 포도 열매의 품질 저하 문제가 발생하게 됩니다. 포도 나무는 가지치기와 포도 송이를 솎아내는 그린 하베스트 작업을 하지 않는 한 수확량이 계속 증가하게 됩니다. 그렇기 때문에 포도 재배학자들은 새로운 수형 관리 방법을 개발해 높은 수확량과 고품질 포도 열매의 생산이라는 두 마리 토끼를 잡으려 노력하고 있습니다.

현재 고품질 열매와 높은 수확량을 동시에 향상시키는 것에 대한 논쟁이 자주 일어나고 있습니다. 일부 학자의 경우 나뭇잎끼리 겹쳐 생기는 그늘이 없다는 전제하에 수확량이 늘어나도

광합성 활동을 하는 나뭇잎의 표면적이 충분하다면 품질 저하는 생기지 않는다고 주장하고 있습니다. 반면, 나무 한 그루 당 최대한 포도 송이 수를 적게 유지하는 것이 고품질의 열쇠라고 주장하는 학자도 있습니다. 이러한 주장에 의하면, 기요 상플Guyot Simple같은 전통적인 수형 관리 방법을 사용해 새로운 가지를 적게 유지하는 것이 제일 좋은 방법이 됩니다.

결과적으로, 어느 정도가 최적의 수확량인가는 그 지역의 일조량과 토양의 비옥도, 수세, 포도 품종, 나무의 수령, 병의 유무 등 다양한 요소에 의해서 결정되므로 헥타르당 50헥토리터 이하가 좋다, 또는 포도 나무 한 그루당 8송이 정도가 적절하다라는 수치는 의미가 없습니다.

1960년대 이후 개발된 새로운 수형 관리 방법 중에 수세를 조절하고 수확량을 늘리기 위해 줄기를 수평 방향 또는 수직 방향으로 분할하는 방법이 있습니다. 수평 분할 형으로는 제네바 더블 커튼Geneva Double Curtain과 릴Rill이 있고, 수직 분할 형으로는 스캇 헨리Scott Henry와 스마트 다이슨Smart Dyson 그리고 TK2T라는 수형 관리 방법이 대표적입니다.

캐노피 매니지먼트

캐노피란 잎, 꽃, 과일, 줄기 등을 포함해 지상에 나온 나무의 모든 부분을 뜻하는 재배 용어로 이것을 관리하는 기술을 캐노피 매니지먼트라고 합니다. 이 기술은 나무의 줄기나 잎의 전개를 연구하는 과정을 통해서 보다 많은 수확량이나 품질 향상을 이끌어내는 것이 목적입니다.
캐노피 매니지먼트에는 포도 잎의 제거와 그린 하베스트 작업과 같이 매년 반복적으로 행하는 것과 재배 방법의 변경과 식재 밀도 등 그 영향이 몇 년에 걸쳐 나타나는 것이 있습니다. 또한, 신세계 산지에서 널리 사용되는 관개 작업 또한 수세에 영향을 미치므로 캐노피 매니지먼트의 일부라 할 수 있습니다.

현재 고품질 열매와 높은 수확량을 동시에 향상시키는 것에 대한 논쟁이 자주 일어나고 있습니다. 일부 학자의 경우, 나뭇잎끼리 겹쳐 생기는 그늘이 없다는 전제하에 수확량이 늘어나도 광합성 활동을 하는 잎의 표면적이 충분하다면 품질 저하는 생기지 않는다라고 주장을 하고 있습니다. 반면, 나무 한 그루 당 최대한 포도 송이 수를 적게 유지하는 것이 고품질의 열쇠라고 주장하는 학자도 있습니다. 이러한 주장에 의하면, 기요 상플과 같은 전통적인 수형 관리 방법을 사용해 새로운 가지를 적게 유지하는 것이 제일 좋은 방법이 됩니다.

Guyot Simple

Cordon Double

포도 나무의 식재 밀도

식재 밀도는 단위 면적당 심는 나무의 수량을 의미합니다. 프랑스 보르도 지방이나 부르고뉴 지방의 경우 1헥타르당 최대 10,000그루 정도의 포도 나무를 심고 있습니다. 이렇게 빽빽하게 심는 것을 '밀식', 또는 '식재 밀도가 높다'라 하며 유럽에서는 일반적으로 높은 식재 밀도가 고품질의 와인의 조건이라 인식하고 있습니다. 하지만 신세계 와인 산지의 경우, 프랑스 보르도 지방이나 부르고뉴 지방에 비해 식재 밀도가 상당히 낮은 편입니다. 예를 들면, 캘리포니아에서는 1980년대까지 헥타르당 1,100그루 정도가 표준적인 수량이었습니다.

포도 나무를 드문드문 심는 것에는 몇 가지 이유가 있습니다. 첫 번째, 미국을 비롯한 유럽 이외의 산지에서는 일반적으로 식재 밀도를 낮게 하고 있는데, 이는 토양이 비교적 비옥하기 때문입니다. 토양이 비옥한 산지에서는 식재 밀도를 낮게 하여 나무를 더욱 크게 재배하는 것이 수세를 조절하는데 쉽기 때문입니다. 만약 이러한 조건의 산지에서 극단적으로 식재 밀도를 높이게 되면 가지와 잎을 자라게 하는 힘이 지나치게 강해져 오히려 품질이 낮아지는 경우도 있습니다.

두 번째는 트랙터 등 경작 기계의 크기 때문입니다. 프랑스처럼 포도 재배의 역사가 오래된 나라에서는 좁은 고랑의 포도밭에서도 왕복 가능한 소형 트랙터가 상용화 되어있지만, 역사가 짧은 신세계 산지에서는 최근까지 포도밭 전용 트랙터가 판매되고 있지 않았기 때문에 다른 과일 나무나 야채 밭에서 사용하는 대형 트랙터를 사용하고 있습니다. 그래서 포도밭의 고랑을 더 좁게 만들고 싶어도 트랙터의 폭 이하로는 줄일 수가 없었습니다.

1990년대에 접어들면서 높은 식재 밀도가 고품질 와인의 조건이라는 생각이 신세계 와인 산지에 널리 퍼지게 되었습니다. 실제로 식재 밀도를 높여 빽빽하게 심으면 나무 1그루당 할당되는 토양 속 수분과 영양분이 감소해, 포도 나무끼리 서로 경쟁하면서 스트레스가 생겨 품질 향상으로 이어지게 됩니다. 또한 포도 나무 사이의 간격이 좁기 때문에 옆으로 퍼질 수도 없고 뿌리가 땅속 깊이 내려가 안정적으로 수분을 공급할 수 있다는 점도 높은 식재 밀도의 장점으로 들 수 있습니다. 최근 들어서는 높은 식재 밀도와 함께 인위적인 수확 감량까지 병행하고 있어 포도의 풍미도 매우 강해지고 있습니다.

그렇다고 해서, 높은 식재 밀도 효과가 세계적으로 인정받고 있는 것은 아닙니다. 밀식을 하게 되면 수확량이 같아도 나무 한 그루당 포도 송이의 중량이 줄어든다는 점을 중시하는 생산자가 증가하고 있는 추세입니다. 이러한 사고방식에 영향을 받아서 신세계 각국에서도 최근 들어 포도 나무의 심는 방법을 바꾸거나 새로운 포도밭에서는 이전보다 넓은 식수 간격을 채용하고 있습니다.

현재, 어떠한 조건을 막론하고 고품질을 추구하는 생산자는 포도 나무의 밸런스를 철저히 지켜나가면서 포도밭이나 포도 품종에 따라 최적의 식수 간격을 연구하고 있습니다.

TIP!

화이트 와인의 수확량과 품질

화이트 와인은 포도 껍질을 사용하지 않기 때문에 레드 와인에 비해 수확량이 늘어나도 품질에 악영향을 미치지 않습니다. 일반적으로 낮은 수확량의 포도는 포도 송이의 수도 적을 뿐만 아니라 크기도 작은 편입니다. 포도 송이가 작다는 것은 과즙에 대한 껍질의 비율이 높다는 것을 의미하고, 이는 껍질의 성분 추출량이 늘어나 결과적으로 응축된 풍미를 지닌 와인이 생산된다는 뜻이기도 합니다. 하지만 화이트 와인은 포도 껍질에서 성분을 추출하지 않으므로 높은 수확량에 의해 과즙 비율이 높아져도 품질에 그다지 영향을 미치지 않습니다. 물론 수확량에 의한 안 좋은 영향은 과즙 비율이 높아지는 것만으로는 알 수 없지만, 화이트 와인의 수확량이 많아질수록 품질이 좋다는 것을 의미하는 것은 아닙니다.

식재 밀도에 관해 ————————————————

1990년대에 접어들면서 높은 식재 밀도가 고품질 와인의 조건이라는 생각이 신세계 와인 산지에 널리 퍼지게 되었습니다. 실제로 식재 밀도를 높여 빽빽하게 심으면 나무 1그루당 할당되는 토양 속 수분과 영양분이 감소해, 나무끼리 서로 경쟁하면서 스트레스가 생겨 품질 향상으로 이어지게 됩니다. 또한 포도 나무의 간격이 좁기 때문에, 옆으로 퍼질 수도 없으며 뿌리가 땅속 깊이 내려가 안정적으로 수분을 공급할 수 있다는 점도 높은 식재 밀도의 장점으로 들 수 있습니다. 최근 들어 높은 식재 밀도와 함께 인위적인 수확 감량까지 병행하고 있어 포도의 풍미도 강해지고 있습니다.

화이트 와인의
수확량과 품질 관계

화이트 와인은 포도 껍질을 사용하지 않기 때문에 레드 와인에 비해 수확량이 늘어나도 품질에 악영향을 미치지 않습니다. 일반적으로 낮은 수확량의 포도는 포도 송이의 수도 적을 뿐만 아니라 크기도 작은 편입니다. 포도 송이가 작다는 것은 과즙에 대한 껍질의 비율이 높다는 것을 의미하며, 이는 껍질에서 성분 추출량이 늘어나 결과적으로 응축된 풍미를 지닌 와인이 생산된다는 뜻이기도 합니다. 하지만 화이트 와인은 포도 껍질에서 성분을 추출하지 않으므로 높은 수확량에 의해 과즙 비율이 높아져도 품질에 큰 영향을 미치지 않습니다.

03   관개 기술의 발전

포도 생육에 필요한 수분을 자연적인 강우만으로는 충분히 조달할 수 없는 신세계의 산지에서는 인위적으로 수분을 공급하는 관개가 널리 사용되고 있습니다. 계획적인 관개는 천연 강우와는 달리 포도 나무까지의 수분 공급량을 완전히 조절할 수 있으므로 품질 향상을 위한 강력한 수단이 되기도 합니다. 호주와 미국 같은 신세계 산지에서는 최근 관개 기술의 첨단화가 눈부시게 발전하고 있습니다.

관개에는 몇 가지 방법이 있습니다. 가장 원시적인 것은 담수 관개Flood Irrigation로 용수로에서 끌어들인 물을 포도밭에 흘려 보내 포도밭 전체를 침수시키는 방법입니다. 이 방법은 비용은 가장 저렴하지만 물의 양을 세세하게 조절할 수 없기 때문에 주로 저가 와인을 생산하는 포도밭에서만 이용하고 있습니다.

이보다 조금 많은 비용이 드는 방법이 팔로우 관개Follow Irrigation입니다. 포도밭 도랑에 용수로를 만들어서 물을 공급하는 방법과 함께 포도밭에 거대한 스프링클러를 설치하여 급수하는 방법도 있습니다.

최근 들어 고급 와인을 생산하는 포도밭에서는 세류 관개Drip Irrigation 방법이 주를 이루고 있습니다. 세류 관개는 포도밭의 이랑을 따라서 물이 흐르는 플라스틱 튜브를 설치하여 포도 나무의 뿌리에 직접 물을 공급하는 방식입니다. 설치된 튜브에는 구멍이 뚫려 있어 그 구멍에서 물방울이 뚝뚝 떨어지면서 물을 공급하게 됩니다. 세류 관개는 시설비나 유지비가 비싸지만 수분의 공급량을 철저히 조절할 수 있으므로 품질 향상에 가장 효과적인 방법입니다.

관개 용수를 확보하기 위해서는 몇 가지 방법이 있습니다. 강이 근처에 있는 경우에는 강에서 용수로를 빼거나 우물을 파서 지하수를 끌어올릴 수도 있습니다. 겨울에 비가 내리는 지중해성 기후의 산지에서는 저수지를 만들어 겨울에 내리는 비를 모아두었다가 봄과 여름에 걸쳐 이용할 수 있습니다. 관개를 하지 않으면 재배가 불가능한 산지의 경우, 새로 개간하는 포도밭에 관개 용수 배급 가능 유무가 매우 중요한 포인트가 되기도 합니다. 토양이나 지형이 우수한 떼루아 조건일지라도 물 확보가 어려우면 포도를 심지 않는 경우도 있습니다.

포도 나무에 필요한 최소량의 수분 공급

포도 나무는 일반적으로 적당한 수분 스트레스가 있어야 고품질의 과일을 생산할 수 있습니다. 고품질 와인 생산을 위해서는 포도 나무에 필요한 최소량의 수분만을 공급해야만 합니다. 최소 수분 양은 RDIRegulated Deficit Irrigation 전용 기기로 토양의 수분량이나 포도 나무 잎의 수분량을 측정해 결정하게 됩니다.

최근에는 호주에서 개발된 PRDPartial Rootzone Drying라는 새로운 관개 기술이 널리 이용되고 있습니다. 이 기술은 포도 나무 이랑의 한쪽 측면만 물을 공급하는 방식으로, 이렇게 한쪽 측면만 물을 공급해도 뿌리에 수분이 공급되기 때문에 포도 나무는 수분 스트레스에 의한 손상을 입지 않습니다. 한편으로는 뿌리 일부가 건조한 상태가 되므로 포도 나무는 자신이 수분 스트레스에 걸려 있다는 착각을 일으키게 되어 가지나 잎의 성장을 멈추고, 과일의 성숙에 에너지를 돌려 높은 품질의 과일을 생산하게 됩니다. PRD 기술은 포도의 생리적인 부분에 허를 찌르는 방법으로 포도 나무의 건강 상태를 유지하면서도 고품질의 포도 송이를 맺게 할 수 있는 매우 진보한 기술입니다.

관개 기술을 바라보는 유럽 생산자의 시각

유럽의 거의 모든 와인 산지에서는 어린 묘목을 제외하고 지금까지도 와인법으로 관개를 금하고 있습니다. 이는 관개를 통해 포도 나무에 필요 이상의 수분을 공급하게 되면 얼마든지 수확량을 늘릴 수 있기 때문입니다. 그리고 수분 과다는 수세를 강하게 만들기 때문에 그 점에 있어서도 품질 저하로 이어지게 됩니다. 또한, 인위적으로 관개를 한 포도밭에서는 포도의 뿌리가 지하수까지 도달할 필요가 없어서 뿌리가 얕게 자라는 문제가 발생하기도 합니다. 유럽 생산자의 경우, 포도 나무의 뿌리가 깊게 내릴수록 품질이 좋아진다고 생각하고 있으며, 자연적인 강우도 빈티지의 개성의 일부라는 생각이 유럽 전체에 뿌리내려져 있는 것도 유럽에서 관개가 금지된 배경 중의 하나입니다.

포도 생육 기간 중 충분히 비가 내리지 않는 프랑스 남부나 스페인 같은 지역에서는 가뭄이 일어나면 과도한 수분 스트레스가 발생해 품질 저하나 극단적인 수확량 감소의 원인이 되기도 합니다. 1990년대 후반 이후, 스페인 등 일부 유럽 지역에서 관개가 허가되고 있지만, 대부분의 지역에서는 지금까지도 금지되고 있습니다. 부르고뉴나 보르도 지방은 강우량이 비교적 많은 지역임에도 불구하고 2003년과 같이 폭염과 강우량이 적었던 해에는 관개가 품질 향상에 기여할 수 있다는 의견도 있습니다.

Flood Irrigation

Drip Irrigation

PARTIAL ROOTZONE DRYING _____

호주에서 개발된 PRD라는 관개 기술은 포도 나무 이랑의 한쪽 측면만 물을 공급하는 방식으로, 이렇게 한쪽 측면에만 물을 공급해도 뿌리에 수분이 공급되기에 포도 나무는 수분 스트레스에 의한 손상을 입지 않습니다. 한편으로는 뿌리 일부가 건조한 상태가 되므로 포도 나무는 자신이 수분 스트레스에 걸려 있다는 착각을 일으키게 되어 가지나 잎의 성장을 멈추고, 과일의 성숙에 에너지를 돌려 높은 품질의 과일을 생산하게 됩니다.

VINE SELECTION

04 포도 나무의 선택

클론 선별(Clonal Selection)과 모종 선별(Massale Selection)

동일한 유전자를 가진 포도 나무를 클론Clone이라고 합니다. 대략 클론은 포도 품종의 하위 개념 명칭으로 같은 포도 품종이라도 클론이 다르면 수확량과 풍미, 특성, 품질 등이 달라지게 됩니다. 1960년대 이후, 프랑스를 비롯한 주요 와인 생산국에서는 연구 기관을 중심으로 품질이나 수확량, 병충해에 대한 내성, 성장 속도 등에 대해 보다 우월한 클론을 선별하기 위해 적극적으로 연구해 왔습니다. 오늘날 포도 재배업자들은 여러 선택지 중에서 자신의 목적에 가장 적합한 클론을 선택해 재배하고 있습니다.

주요 포도 품종 중에는 다수의 클론이 존재합니다. 압도적으로 수가 많은 것이 삐노 누아로, 이 품종은 유전적으로 불안정하기 때문에 돌연변이가 쉽게 일어납니다. 현재, 프랑스에서 공인된 것만으로도 43종류가 있는데, 아직 공인되지 않은 것까지 합산하면 세계적으로 수 백만 종류의 삐노 누아 클론이 유통되고 있습니다. 클론의 명칭은 알파벳이나 숫자코드 번호로 부르는 것이 일반적이지만, 뽀마르Pommard, 라 따슈La Tâche 클론 등과 같이 태어난 원산지, 또는 포도밭의 명칭에서 따오기도 합니다. 또한 디종Dijon 클론과 같이 동일한 연구기관에서 선별된 클론 그룹이 그 토지의 이름으로 총칭되는 경우도 있습니다.

각국의 와인 산지에서는 병충해에 강한 묘목이라 연구기관에서 인정한 공인 클론이 판매되고 있습니다. 대부분의 국가가 자국 내에서 다른 재배업자로부터 공인되지 않은 클론을 구매하는 것을 불법행위로 여기지 않지만, 식물검역을 통과하지 않은 채 외국에서 포도 묘목이나 가지를 가지고 들어 오는 것은 불법행위로 간주하고 있습니다. 식물검역을 통과하기 위해서는 몇 년이 걸릴 수도 있으므로 일부 재배업자는 슈트케이스나 부츠 안에 마른 포도 나무 가지를 숨겨 밀수하는 경우도 있습니다. 이렇게 밀수된 가지로부터 번식된 클론을 '슈트 케이스Suit Case 클론' 또는 '부츠Boots 클론'이라고 부르고 있습니다.

단일 포도밭에서 하나의 우량 클론을 선택해 재배하는 방식을 클론 선별Clonal Selection이라 합니다. 우량 클론의 보급에 의해 세계적으로 와인의 품질이나 수확량이 향상되고 있지만 특정 클론의 재배가 집중되면 포도 나무의 유전학적 다양성이 상실된다는 우려 섞인 목소리도 나오고 있습니다. 또한 유전자의 다양성이 없어지면 새롭게 발생하는 병충해에 의해 포도 나무가 전멸될 수 있는 위험성이 높아질 뿐만 아니라 단일 클론만으로 생산되는 와인은 풍미가 단조롭다는 지적도 있습니다.

이와 반대로, 유전자의 다양성과 풍미의 복합성을 추구하는 일부 재배업자는 전통적인 방식의 모종 선별Massale Selection을 고수하고 있습니다. 모종 선별이란, 발아, 개화, 착색, 수확 등의 포도 생육 기간 중 가장 중요한 시기에 포도밭에 심어진 우수한 포도 나무를 표시하여 겨울에 수목이 되는 마른 가지를 필요량 만큼 채집하는 것입니다. 이렇게 얻은 수목은 접목해 포도밭에 심게 되며, 모종 선별을 통해 포도밭에 유전자의 다양성이 유지될 수 있습니다. 단, 클론 선별 방식을 사용하는 재배업자도 여러 종류의 클론을 포도밭에 심는 방법으로 유전자의 다양성을 유지할 수 있습니다.

CLONAL
SELECTION

우량 클론을 선택

종묘장에서 번식

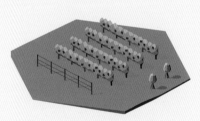

단일 클론의 포도밭

MASSALE
SELECTION

같은 포도밭에서 여러 클론 선택

선별된 모종을 접목

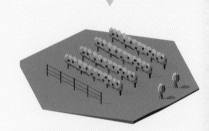

다양한 클론의 포도밭

단일 포도밭에서 하나의 우량 클론을 선택해 재배하는 방식을 클론 선별이라고 합니다. 반면, 유전자의 다양성과 풍미의 복합성을 추구하는 일부 재배업자는 전통적인 방식의 모종 선별을 고수하고 있습니다. 모종 선별이란, 발아, 개화, 착색, 수확 등 포도 생육 기간 중 가장 중요한 시기에 포도밭에 심어진 우수한 포도 나무를 표시해 겨울에 수목이 되는 마른 가지를 필요량 만큼 채집하는 것입니다. 이렇게 얻은 수목은 접목해 포도밭에 심게 되며, 모종 선별을 통해 포도밭에 유전자의 다양성이 유지될 수 있습니다.

05 자연 포도 재배의 복권

제2차 세계대전 이후, 세계적으로 널리 퍼진 관행 농법은 수확량 향상과 작업 효율을 획기적으로 높여 주었습니다. 하지만 이러한 효율 우선의 관행 농법은 장기적인 안목에서 보면 토양의 활력을 떨어뜨려 와인의 품질 저하를 이끌어 냅니다. 또한, 계속적인 화학 합성 농약의 사용은 생태계에도 영향을 미쳐서 포도밭에서 일하는 사람들의 건강까지도 해치는 경우가 있습니다. 그래서 1980년대 이후, 프랑스를 비롯한 세계 주요 와인 산지에서는 옛날 방식의 자연 포도 재배로의 회귀 운동이 일어났습니다.

대표적인 움직임이 유기농과 비오디나미La Biodynamie, Bio-Dynamic 재배입니다. 유기농은 화학 비료나 제초제, 살충제 등의 합성화학 농약을 전혀 사용하지 않는 농법입니다. 그리고 1920년대 오스트리아의 신비주의 사상가 루돌프 슈타이너Rudolf Steiner가 창시한 비오디나미는 독특한 농법으로, 화학 비료와 합성화학 농약을 사용하지 않는다는 기본 노선은 유기농 재배와 동일합니다. 그러나 비오디나미에는 이 외의 독자적인 주술적 방법들이 다양하게 사용되고 있습니다. 천체의 운행에 맞춰서 특정 시기에 특정 작업을 행하거나, 소 똥이나 석영 분말 등의 특수한 재료 혼합액을 포도밭에 극소량 살포하는 것 등이 있지만 비오디나미 농법의 효용성에는 여전히 찬반 논란이 일고 있습니다.

뤼트 래조네Lutte Raisonnée란, 프랑스어로 '합리적인 싸움'을 의미합니다. 의역하면 '감축 합성화학 농법', 또는 '환경 보전 농법' 정도로 해설할 수 있는 재배 방식의 총칭으로, 영어의 서스테이너블 비티컬쳐Sustainable Viticulture, 지속 가능한 포도 재배와 같은 뜻이기도 합니다. 뤼트 래조네 방식은 유기농, 비오디나미 농법처럼 화학 비료 및 합성화학 농약의 사용을 일체 금하는 것이 아니라, 어쩔 수 없이 필요한 경우에 한하여 최소한의 수준은 사용이 인정되고 있습니다. 재배업자들은 화학 비료나 합성화학 농약을 가능한 최소한의 양을 사용하려 노력하고 있으며, 최근에는 이러한 자연 포도 재배법을 선택하는 생산자가 증가하고 있습니다.

TIP!

아이피엠(IPM)

IPM이란 뤼트 래조네 재배에서 자주 사용하는 용어로, 종합적인 병충해 관리Integrated Pest Management 의 약자입니다. 해충, 곰팡이균, 잡초 등의 관리에서 살충제, 곰팡이 제거제, 제초제의 사용을 최소량으로 유지하는 방법 체계를 IPM이라고 합니다.

해충이나 곰팡이, 잡초를 기계적으로 제거하는 것이 아니고 개체 수나 번식 정도에 맞춰 조절하는 것으로 허용 한도 범위 내로 피해를 낮추는 것입니다. 예를 들면, 해충의 경우, 포도밭의 생태학적 환경에 주목해 기온 등의 외적 요소나 해충과 그 천적의 생육 사이클을 고려하여 해충의 개체 수를 조절합니다. 또 IPM은 해충 방제의 경우에 한해 사용하기도 합니다.

CONVENTIONAL
관행 농법

화학 비료

농약

화학 제품 감축

지속 가능한 재배 방식

LUTTE RAISONNÉE
뤼트 래조네

화학 제품 사용 금지

자연친화적인 재배 방식

ORGANIC
유기농

BIO-DYNAMIC
바이오-다이나믹

제2차 세계대전 이후, 세계적으로 널리 퍼진 관행 농법은 수확량 향상과 작업 효율을 획기적으로 높여 주었습니다. 하지만 이러한 효율 우선의 관행 농법은 장기적인 안목에서 보면 토양의 활력을 떨어뜨려 와인의 품질 저하를 이끌어 냅니다. 또한, 계속적인 화학합성 농약의 사용은 생태계에도 영향을 미쳐서 포도밭에서 일하는 사람들의 건강까지도 해치는 경우가 있습니다. 1980년대 이후, 세계 주요 산지에서는 옛날 방식의 자연 포도 재배로의 회귀 운동이 일어났습니다.

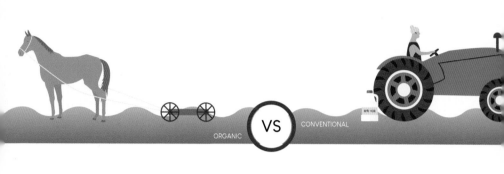

ORGANIC VS CONVENTIONAL

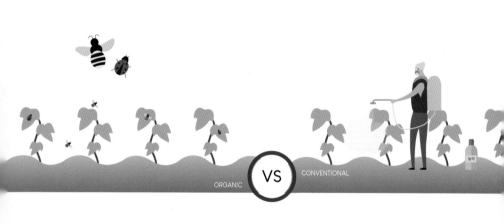

ORGANIC VS CONVENTIONAL

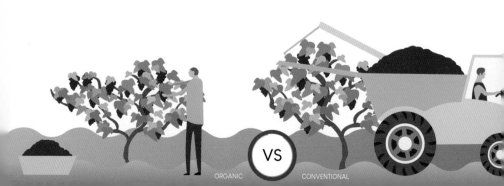

ORGANIC VS CONVENTIONAL

과즙 농축 기술

프랑스 보르도, 부르고뉴 지방 등의 구세계 산지에서는 작황이 좋지 않으면 포도가 잘 익지 않는 것이 일반적입니다. 포도의 완숙 부족은 와인의 알코올 도수, 색소, 풍미 등의 성분 부족 등에 직접적인 영향을 주게 되며, 이러한 문제를 해결하기 위해 과거 가당을 통해 알코올 성분을 증가시키거나, 쎄녜Saignée라는 전통적인 방식을 사용했습니다. 하지만 1980년대에 역침투막이나 저압력 농축기 등과 같은 첨단 양조 기술을 이용해 과즙에서 수분만을 추출하는 기술이 상용화되었습니다. 이러한 설비를 이용하게 되면 당분과 풍미 화합물 등 모든 성분이 농축됩니다.

역침투막이란 극도로 세밀한 필터를 사용해 수분과 알코올 이외의 물질을 전부 걸러내는 기술입니다. 역침투막 설비에 포도 과즙을 통과시키면 수분만을 추출해 낼 수 있기 때문에 과즙의 농축이 가능해집니다. 반면, 저압력 농축기는 기압이 내려갈수록 물의 끓는점도 내려간다는 물리적인 법칙을 이용한 기기입니다. 0기압의 진공 챔버 안에 포도 과즙을 넣게 되면, 26도 정도의 저온에서 과즙이 끓어올라 수분이 증발하기 시작합니다. 이 기계를 사용하면 과즙 안의 성분이 높은 열에 의해 변질되는 일 없이 수분만을 제거할 수 있습니다. 현재 보르도 지방의 그랑 크뤼 포도원뿐만 아니라 자본력이 있는 고급 와인 생산자들 대부분이 이러한 첨단 양조 기기를 갖추고 있습니다.

*쎄녜는 적포도를 파쇄한 직후 10~20% 정도 과즙만 따로 빼내어 과즙에 대한 껍질의 비율을 높이는 기술입니다. 이 기술을 사용하면 와인의 양은 줄어들지만 색이나 풍미는 강해지게 됩니다. 빼낸 과즙은 따로 발효를 진행해 로제 와인을 만들게 되며, 쎄녜는 로제 와인의 양조 방법을 나타내는 말로도 사용되기도 합니다.

알코올 저감 기술

구세계 산지와는 달리 캘리포니아, 호주 등 온난한 신세계 산지에서는 포도가 너무 익어 버리는 문제가 발생합니다. 포도가 과하게 익게 되면 와인의 알코올 도수가 지나치게 높아지게 되는데, 캘리포니아의 진판델의 경우 평균 알코올 도수가 15%를 초과하는 경우도 있습니다. 이를 해결하기 위해 1990년대에 양조가 막 끝난 와인에서 알코올 성분만을 제거하는 첨단 양조 기술이 개발되었습니다. SCCSpinning Cone Column라는 원심력을 이용하는 기계를 사용하면 포도의 성숙도와 관계없이 와인의 알코올 도수를 임의로 설정할 수 있는데, 일부 생산자의 경우, 와인의 밸런스를 맞추기 위해 SCC기계로 1~2% 정도의 알코올 도수를 줄이기도 합니다. 캘리포니아 주에서는 이러한 알코올 조정 기술을 보편적으로 사용하고 있으며 다른 지역의 산지에도 확대 되고 있습니다.

미크로-뷜라주(Micro-Bullage)

견고한 구조감의 레드 와인을 오크통에서 숙성시키면 미량의 산소가 공급되어 품질이 향상됩니다. 이러한 미량의 산소 공급을 오크통 대신 첨단 양조 기술로 대체해 인위적으로 조절해주는 것이 미크로-뷜라주입니다. 미크로-뷜라주 또는 마이크로-옥시지네이션Micro Oxygenation이라고 불리는 기술은 1991년에 프랑스 남서부의 마디랑 생산자인 빠트릭 뒤쿠르노에 의해 개발되었습니다. 이 기술은 스테인리스 스틸 탱크나 오크통에서 숙성 중인 와인에 전용 기구를 넣어 컴퓨터 제어로 필요한 산소를 와인에 녹이는 것입니다. 오크통 숙성에 의한 산소 공급이 나무에 의한 대략적인 산소 공급이라면, 미크로-뷜라주는 사람에 의해서 산소량을 엄격히 조절합니다.

이 기술을 사용하면 레드 와인의 색상 안정화와 타닌 촉감의 향상, 식물의 풋내나 환원취 등 불쾌한 냄새를 제거하거나 발생을 방지하는 효과를 볼 수 있습니다. 또한, 레드 와인을 쉬르-리 Sur-Lie의 상태로 숙성시킬 수 있는 이점도 있습니다. 일반적으로 레드 와인을 쉬르-리 방식으로 숙성시키면 환원 경향이 너무 강해져서 황화수소 등의 불쾌한 냄새가 발생하지만, 미크로-뷜라주에 의해 산소 공급이 적절히 이루어지면 환원취 발생을 막을 수 있습니다. 참고로, 쉬르-리는 와인의 복합적인 향과 풍미를 위해 감칠맛 성분이 함유되어 있는 효모 침전물과 와인을 함께 숙성시키는 양조 기술로 화이트 와인에 주로 사용되고 있습니다.

1996년, 유럽연합은 미크로-뷜라주 기술의 사용을 허가해주었는데, 오늘날 프랑스뿐만 아니라 미국과 칠레 등을 포함해 적어도 11개 국가에서 널리 사용되고 있습니다. 또한, 근래에 들어서 미크로-뷜라주 기술과 오크 칩을 병용할 경우, 저렴한 비용으로 오크통 숙성의 효과를 대체할 수 있다고 주장하는 학자들도 있습니다.

미크로-뷜라주 기술을 사용할 때, 과도하게 산소를 주입하면 산화 등의 와인 결함이 발생할 수 있습니다. 전통 방식인 오크통에서 숙성을 시키는 것보다 비용과 시간적인 면에서 경제적인 장점을 가지고 있지만, 인간의 지나친 인위적 개입과 너무 과도하게 숙성되는 경향이 있다는 비판의 목소리도 있습니다. 2012년 연구 결과에 따르면 미세 산소와 와인의 화학적 반응이 너무 복잡해 과학적으로 증명되지 않았다고 합니다.

TIP!

미크로-뷜라주의 원리

미크로-뷜라주는 산소 탱크와 연결된 두 개의 커다란 공급실Chamber을 통해 미세한 산소를 와인에 주입하는 기술로, 공급실에서 와인의 부피와 동일하게 산소를 보정한 후 바닥에 위치한 다공성 세라믹 돌을 통해 산소를 공급해줍니다. 와인 1리터당 0.75~3입방 센티미터 범위까지 산소 주입량을 조절하며, 알코올 발효 초기 단계 또는 숙성 과정 중에 사용될 수 있습니다. 미세 산소는 와인의 색상과 방향성, 입안에서의 질감과 페놀 성분에 영향을 주게 됩니다.

1991년 마디랑 마을의 빠트릭 뒤쿠르노에 의해 개발된 기술로, 1996년부터 유럽 연합은
미크로-뷜라주 기술의 사용을 허가해주고 있습니다. 현재 보르도 지방 뿐만 아니라 미국,
칠레 등을 포함해 11개 이상의 국가에서도 널리 사용되고 있습니다.
알코올 발효 초기 단계 및 숙성 과정 중에 사용될 수 있으며, 미세 산소를 주입해줌으로써
와인의 색상과 방향성, 입안에서의 질감과 페놀 성분에 영향을 주게 됩니다. 전통 방식인
오크통에서 숙성시키는 것보다 비용과 시간적인 면에서 경제적인 장점을 가지고 있지만
인간의 지나친 인위적 개입과 너무 과도하게 숙성되는 경향이 있다는 비판도 있습니다.

수확의 지연과 생리적 숙성

1980년대 이후부터 세계 주요 와인 산지에서는 포도의 수확이 점점 늦어지고 있는 추세입니다. 포도를 늦게 수확하면 포도 알갱이 속의 수분이 증발해 과즙이 농축됨과 동시에 여러 종류의 향 성분이나 타닌의 성숙도 일어납니다. 그 결과, 농후한 풍미가 가득하고 타닌이 부드러운 와인이 탄생됩니다.

생리적 성숙이란 향 성분이나 타닌의 성숙을 의미합니다. 과거에는 수확 시기를 결정할 때 당도와 산도가 지표로 사용되었는데, 최근에는 생리적 성숙으로 바뀌었습니다. 생리적 성숙의 정도는 화학 분석에 의해 어느 정도 측정이 가능하지만 가장 중시되는 것은 사람의 미각에 의한 평가입니다.

1990년대 이후부터, 생리적 성숙을 중요하게 여기는 움직임이 계속 늘어나고 있습니다. 특히, 가을에 비가 내리지 않아서 얼마든지 수확을 늦추는 것이 가능한 지역에서 이러한 경향이 뚜렷이 나타나고 있습니다. 포도가 건포도에 가까운 상태이거나, 혹은 완전히 건포도가 된 상태로 늦게 수확해 엄청난 농축감을 자랑하는 와인이 계속해서 탄생하게 되었습니다. 이렇게 생산된 와인은 큰 파장을 불러 일으켰으나, 너무 농후하고 알코올 도수가 높아서 '요리와 잘 어울리지 않는다', '쉽게 질려버린다'라는 거센 비판을 듣기도 했습니다. 또한 수확을 너무 늦게 하면 포도가 과숙해 일부 향 성분을 잃어버릴 수 있으며, 와인에서 건포도 향이 주를 이뤄 포도 품종이나 떼루아의 개성이 없어져 버리는 단점도 존재합니다. 최근에는 수확의 지연에 의해 산도가 너무 낮아져서 와인의 수명이 줄어드는 것이 아니냐는 의문도 끊임없이 제기되고 있습니다.

과거에는 포도의 당도 상승이 알코올 도수의 상승과 직결되었으므로 재배업자들은 적당한 당도 수준에서 수확을 진행했습니다. 하지만 알코올 저감 기술이 보급되면서 양조 후 얼마든지 알코올 도수 조절이 가능하기 때문에 수확의 지연 경향은 점점 확산되고 있습니다. 그러나 수년 전부터 조금씩 수확 지연의 움직임이 줄어들고 있으며, 의도적으로 성숙도가 낮은 포도를 수확하는 신세계 생산자도 조금씩 늘어나고 있습니다.

TIP!

로버트 파커의 영향과 리처드 스마트 박사의 비판

생산자들 사이에서 생리적 성숙을 중요시하는 것이 널리 확산된 계기는 절대적 영향력을 가진 로버트 파커의 영향이 컸습니다. 그는 과성숙된 포도로 만든 농후한 와인에 높은 점수를 주는 경우가 많았는데, 실제로 파커에게 높은 점수를 받은 와인들은 상업적으로도 큰 성공을 거두었습니다.

한편, 생리적 성숙을 반대하는 이도 있습니다. 대표적인 인물이 재배 컨설턴트인 리처드 스마트Richard Smart 박사입니다. 박사는 그의 저서에서 "같은 지역 내에 동일한 포도 품종으로 비교할 경우, 포도가 가장 빨리 익는 장소가 가장 우수한 떼루아다."라고 주장하며 의도적인 수확의 지연을 비판했습니다. 또 생리적 성숙Physiological Ripeness이란 과일의 심리적 성숙Psychological Ripeness 이외에는 아무것도 아니라고 했으며, 품질상의 장점은 없다고 주장했습니다.

VINE GROWTH CYCLE
포도 나무의 생육 주기

휴면기

전정 작업

발아

수확

착색

개화

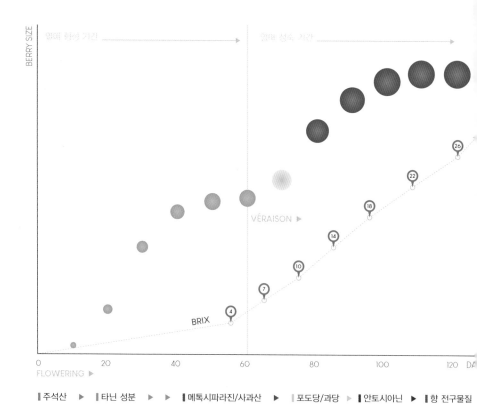

1980년대 이후부터 세계 주요 와인 산지에서는 포도의 수확이 점점 늦어지고 있는 추세입니디
포도를 늦게 수확하면 포도 알갱이 속의 수분이 증발해 과즙이 농축됨과 동시에 여러 종류의 향
성분이나 타닌의 성숙도 일어납니다. 그 결과, 농후한 풍미가 가득하고 타닌이 부드러운 와인(
탄생됩니다.
생리적 성숙이란 향 성분이나 타닌의 성숙을 의미합니다. 과거에는 수확 시기를 결정할 때 당도
산도가 지표로 사용되었는데, 최근에는 생리적 성숙으로 바뀌었습니다. 생리적 성숙 정도는 화획
분석에 의해 어느 정도 측정 가능하지만 가장 중시되는 것은 사람의 미각에 의한 평가입니다.

HOW TO OPEN A WINE BOTTLE

1. 캡슐을 제거한다.

2. 스크류를 코르크 마개에 꽂는다.

3. 스크류를 돌려준다.

4. 스크류를 병에 거치해
코르크 마개를 빼낸다.

5. 스크류를 지랫대 삼아
코르크 마개를 끝까지 빼낸다.

6. 코르크 마개를 손으로
천천히 뽑아낸다.